建筑节能原理与实践理论

余晓平 著

北京大学出版社

PEKING UNIVERSITY PRESS

内 容 简 介

本书共 8 章，第 1 章绪论涵盖了建筑节能的内涵、国内外建筑节能发展史和建筑节能理念的演变；第 2 章和第 3 章分别从建筑节能的认识论和方法论两个维度构建建筑节能的科学观体系；第 4 章至第 6 章基于建筑节能的三原理，从建筑节能的系统协调性原理出发建立建筑节能工程系统观，从建筑节能的气候适应性原理出发建立建筑节能适宜技术观，从建筑节能的社会适应性原理出发建立建筑节能社会发展观；第 7 章从建筑节能工程实践出发，探索工程思维的特点及工程教育中工程思维的培养路径；第 8 章基于仿生学原理，从建筑发展史及建筑仿生原理角度分析建筑节能发展机制，探索从建筑节能到绿色建筑的内在演化动力。

全书内容基于科学发展观原理，突出建筑节能认识与实践的"知识体系的完整性和工程系统的有效性"，以服务建筑可持续发展为着眼点，融入建筑整体节能、系统节能与绿色发展的理念，着重探索建筑节能的认识体系和方法体系，以建筑节能工程实践和工程思维为落脚点，可为人们科学认识建筑节能工程实践中存在的问题提供理论参考。

本书既可以作为土木类和建筑类工程专业教师和研究生的参考用书，又可以供从事建筑节能和绿色建筑工程设计、施工、管理、咨询和运行岗位的工程技术人员及建设行业主管部门的工作人员阅读和使用。

图书在版编目 (CIP) 数据

建筑节能原理与实践理论 / 余晓平著. —北京：北京大学出版社，2018.3
ISBN 978-7-301-29300-3

Ⅰ．①建⋯　Ⅱ．①余⋯　Ⅲ．①建筑—节能　Ⅳ．① TU111.4

中国版本图书馆 CIP 数据核字 (2018) 第 036448 号

书　　　　名	建筑节能原理与实践理论
	JIANZHU JIENENG YUANLI YU SHIJIAN LILUN
著作责任者	余晓平　著
策划编辑	吴　迪
责任编辑	李瑞芳
标准书号	ISBN 978-7-301-29300-3
出版发行	北京大学出版社
地　　　址	北京市海淀区成府路 205 号　100871
网　　　址	http://www.pup.cn　新浪微博：@ 北京大学出版社
电子信箱	pup_6@163.com
电　　　话	邮购部 62752015　发行部 62750672　编辑部 62750667
印　刷　者	北京虎彩文化传播有限公司
经　销　者	新华书店
	787 毫米 × 1092 毫米　16 开本　13 印张　300 千字
	2018 年 3 月第 1 版　2019 年 1 月第 2 次印刷
定　　　价	52.00 元

序

节能成为国际社会关注的热点，起因是 20 世纪 70 年代的中东石油危机。近半个世纪以来，油价在波动中下跌，当初的原因消解了，但节能却方兴未艾，其新背景是缓解全球气候变化，必须减排 CO_2。

建筑节能与工业节能、交通节能是当今社会节能领域的三大板块：

工业能耗取决于生产什么？生产多少？怎样生产？

交通能耗取决于运输什么？运输多少？怎样运输？

建筑能耗，即建筑使用中的能耗，取决于使用什么建筑？使用多少？怎样使用？

各大板块的前两者，都取决于社会发展需要，节能领域自身不能决定，而是努力地满足社会需求。

长期以来，对于怎样生产、怎样运输，工业和交通业都有完整系统性的、由科学技术基础支撑的工艺体系，并随着社会科学技术的发展持续地提升。工业和交通节能主要依靠专业技术人员进行。除少数特殊领域外，还没有关于怎样使用建筑的工艺体系和技术标准。社会全体人员，不管是否有关于建筑使用的知识和技能，都不同程度地直接参与了建筑的使用。这是建筑节能与工业、交通节能的主要区别，工业、交通节能的科学技术体系是不能直接套用的。

另外，怎样使用建筑？以及使用什么建筑、使用多少？这取决于社会发展水平。成熟的现代社会，社会发展水平相对稳定，对建筑的需求也相对稳定。我国社会处于快速发展之中，对建筑的需求不断提高、不断增强。这是我国建筑节能与欧美等国家的主要区别。欧美国家的建筑节能体系，甚至具体的建筑节能技术，是不能照搬的；关于节能建筑的评价标准和方法、参数与标尺，也不能草率地一概而论。

再有，气候条件对建筑的使用能耗影响很大。不但各国之间气候差异很大，我国不同地区的气候差异也非常明显。在不同的建筑气候区之间，也不能照搬建筑节能方法。实际上，各城市之间，甚至同一城市的不同区域，建筑能耗的规律也有差别。

工业、交通的节能技术强调标准化，全国、全世界统一标准，为工业、交通节能技术的开发和推广创立了良好的大平台。而建筑节能技术更要注意差异性，强调适应性。这就不是建筑节能技术能单独解决的问题。建筑节能需要科学理论的指导。但是，不论国际还是国内，建筑节能都是在能源环境危机的紧迫形势下仓促开展的。大家都急于获得节能量，要拿数据说话，没有静下心来研究建筑节能理论问题。这样，在强烈的功利目标的驱动下，慌不择路地开始了建筑节能这一复杂的社会行动。结果，事与愿违，得不偿失。例如，欧美国家最初单纯采用减少新风量来降低建筑能耗，引发了室内空气质量问题，空调病、密闭建筑综合征流行泛滥，造成的生命财产损失远超过获得的节能收益。又如，为了提高建筑热工性能而开发生产的保温隔热技术与产品，在使用中引发建筑火灾，造成重大的生命损失，伤害了建筑节能的正常开展。

在我国，还有一个让人很难理解，也很难解释的问题——"建筑节能不节能"或"节能建筑不节能"。在不少地区和城市，其建筑总能耗或单位建筑面积年能耗随着建筑节能的开展，不但没有下降，反而增加。如何评价这些地区和城市的建筑节能绩效，进而建筑节能怎样以人为本，怎样服务于我国人民对美好生活的追求，不是三言两语能讲明白的。为此，我们应该发展怎样的建筑节能科学技术体系，都在呼唤理论的指导。但系统的建筑节能理论研究远远地落在后面。

近30年来，笔者一直努力地开展建筑节能的理论研究，步履蹒跚地追赶着跑在前面的建筑节能实践。终于在2008年出版了《建筑节能原理与技术》，提出了一个基本观念——建筑节能的可持续发展观；三个原理——气候适应性原理、社会适应性原理和整体协调性原理；五方面措施——综合调节阳光、改善通风、合理保温、高效设备和用户调节。尽管有一定道理，但离构建建筑节能理论体系还相差甚远。从建筑节能的社会实践中提炼理论，非少数人所能完成的，需要"长江后浪推前浪"地共同努力。当前可喜的是余晓平教授在此基础上经过潜心研究，写出了《建筑节能原理及实践理论》。

本书从工程思维的角度研究了建筑节能的认识论和方法论，进而提出了建筑节能的工程系统观、适宜技术观和社会发展观，为建筑节能理论体系的构建做出了贡献。

相信本书的出版，会引起建筑节能理论界的注意，推动更多的人加入建筑节能的理论研究。对于从事建筑节能技术、工程和管理等的实践工作者，本书也是一本值得学习的著作。它能帮助实践者更好地把握建筑节能全局，开展自己的工作。对于刚步入建筑节能领域的研究生，本书也是一本很好的学习参考书。

付祥钊
2017年秋于虎溪

前　　言

随着全球环境可持续发展理念的增强，人们对建筑环境安全、健康和舒适水平的要求日益提高，建筑节能与建筑环境质量保障已经成为新的民生需求。党中央在十八届五中全会上提出的五大发展理念是"创新、协调、绿色、开放、共享"；新时期的建筑方针是"适用、经济、绿色、美观"。其中，"绿色"是一个非常重要的发展理念。建筑节能作为一种可持续的社会行动，也是一项复杂的系统工程，从建筑节能到绿色建筑，再到绿色城市，这是建筑节能发展的必然趋势。建筑节能工程实践坚持以人为本的原则，基于"建筑－人－环境"的三元关系，从建筑的系统属性、自然属性和社会属性出发，围绕建筑节能的认识论和方法论问题，在时间维度上包括建筑的规划、设计、施工、调适、运行管理等不同寿命周期阶段的建筑节能，在空间维度上涵盖单体建筑、建筑群、城市建筑等不同空间范围的建筑节能，都需要复杂科学的认识理论和实践方法作为指导。

本书力求理论体系完整，理论联系实际，在系统介绍建筑节能的基本概念、发展历史与发展理念演变的基础上，从认识论和方法论角度构建了建筑节能的科学观体系，阐述了建筑节能的工程系统观、适宜技术观和社会发展观，并结合工程实践案例提出了工程思维及其工程教育途径，最后基于建筑仿生原理探讨了从建筑节能到绿色建筑的发展机制。

本书是在笔者博士论文的基础上编著而成的，融合了导师重庆大学付祥钊教授建筑节能三原理的核心思想和对建筑节能长期深入细致的思考。在此也感谢付教授近 20 年来对笔者工作和生活的指引与帮助。

由于笔者水平、时间所限，本书在内容取舍、章节安排和文字表达等方面一定还有许多不尽如人意之处，恳请读者批评指正，并提出宝贵建议。关于本书的相关意见和建议，请发至邮箱：yuxiaoping2001@126.com。对您的意见和建议，笔者深表感谢。

余晓平

2017 年 8 月于重庆科技学院

目　　录

第1章 建筑节能的发展

我国《建筑节能和绿色建筑"十三五"规划》明确指出，推进建筑节能和绿色建筑发展，是落实国家能源生产和消费革命战略的客观要求，是加快生态文明建设、走新型城镇化道路的重要体现，是推进节能减排和应对气候变化的有效手段，是创新驱动增强经济发展新动能的着力点，是全面建成小康社会，增加人民群众获得感的重要内容，对于建设节能低碳、绿色生态、集约高效的建筑用能体系，推动住房城乡建设领域供给侧结构性改革，实现绿色发展具有重要的现实意义和深远的战略意义。本章从回顾国内外建筑节能发展历史出发，总结了不同时期建筑节能理念的内容及特点，介绍了本书关于研究建筑节能科学观和工程实践理论的必要性及其构建方法，并建立了全书的内容框架。

1.1 建筑节能发展概述

节约能源是资源节约型社会的重要组成部分。建筑领域的节能问题，已经成为全世界范围内共同关注的问题之一。目前全球建筑能源消耗已超过工业和交通，占到总能源消耗的41%。在建筑领域的能源消耗，不同类型国家所占的比例不同，工业化国家占52%，发展中国家占23%；但发展中国家建筑能耗增长最快，达到6.1%每年，而工业化国家仅为0.6%每年。建筑用能排放的CO_2占到全球排放总量的1/3，温室气体减排已成为建筑节能的基本动力，建筑的运行能耗大约为全社会商品用能的1/3[1~2]。

随着经济发展，人民生活水平提高，对建筑功能、舒适等要求逐渐增加，未来人均建筑能耗将有上升趋势。而中国是自然资源水平比较匮乏的国家，尽管自然资源总量多，但人均资源占有量远低于世界平均水平，2013年人均煤炭资源占有量为世界水平的76.07%；人均石油占有量为世界水平的12.64%，具体见表1-1。

表1-1 2013年中国与世界主要资源水平对比

主要资源	总量(亿单位)	人　　均	世界人均	占世界平均水平
水资源(立方米)	27957.86	2054.64	7337.99	28.00%
森林面积(公顷)	2.0769	0.15	0.6	25.44%
耕地面积(亩)	20.27	1.49	4.8	31.03%
草原面积(公顷)	3.9283	0.29	0.64	45.11%

主要资源	总量(亿单位)	人　均	世界人均	占世界平均水平
石油储量(吨)	33.6732	2.47	19.57	12.64%
煤炭储量(吨)	2362.9	173.65	228.29	76.07%

统计数据显示，2015年中国建筑行业总产值为18万亿元，占GDP比例为26.6%，建筑行业作为国民经济的重要组成部分，已成为社会节能减排治理的首要对象。我国建筑能耗的总量逐年上升，在能源总消费量中所占比约34%。人均建筑能耗水平为423kgce(千克标准煤)，人均能耗较低。中国建筑规模世界最大，建筑节能已成为建设资源节约环境友好型社会、迈向低碳排放的一个关键领域，在发展建筑节能产业的道路上需要面对在有限资源、能源条件下如何稳步改善人民居住生活环境，促进建筑节能事业健康跨越式发展的难题。

1. 国内外建筑节能发展史

1) 国际发展史

国外开展建筑节能研究与实践相对国内较早，发达国家近40年社会发展稳定，居住条件和生活方式与水平没有显著变化，其建筑节能市场框架体系比较完善，形成了相对稳定的建筑节能工程技术实践体系，各国针对自身的气候资源条件、社会经济发展水平和居住文化传统形成各自的建筑节能发展特色，值得我们研究和借鉴。

(1) 德国[3~6]。

德国是欧洲最大的经济体，政府为了推行建筑节能，十分鼓励建筑节能相关法规、标准体系的制定和更新，平均每三年更新一次。自1952年起，德国的建筑标准开始提出了最低保温要求，在1973年第一次石油危机后，节能目标首次成为人们关注的焦点，1977年德国首部《保温条例》正式颁布实施，其中对新建建筑的外露建筑部件的热工质量提出了具体要求。2002年，《节能条例》取代了《保温条例》，首次将包含技术设备在内的建筑物作为一个系统，并且用一次性能源需求取代热需求作为最重要的节能考核参数，实现了从保温证书过渡到能源证书管理，将低能耗房屋变成了普遍适用的标准。在2004年、2007年和2009年版《节能条例》中相关要求进一步提高，而根据能源、气候一体化计划(IEKP)，自2012年起，建筑能效要求还将进一步提高，最大幅度可达30%，从低能耗房屋、被动式房屋到零能耗房屋(主要指采暖能耗)标准中，德国依据建筑物所处的气候区域、地理位置以及具体房屋用途和目的，从建筑设计、围护结构、技术设备等方面因地制宜采取最佳节能措施。2014年的《建筑节能法规》要求从2016年1月1日起，新建建筑达到一次能源消耗减少到总消耗的25%的目标。德国建筑节能法规和标准的发展历史，反映了德国建筑节能政策从关注做法到关注终端能耗的思想转变。德国建筑节能技术政策演变史详见附录表A-1。

（2）日本[7~9]。

日本建筑节能理念由工业延伸而来，基本出发点是提高效率，在提高建筑物性能的同时推进建筑节能技术。日本在经历了 1973 年和 1979 年的两次石油危机后，节能技术开发和相关的节能法规建设都得到了很大发展，其建筑能耗占据全社会能耗约 27%。隶属于《节省能源法》的《住宅节省能源基准》就经历了 1980 年、1992 年和 1999 年的 3 次修订，逐渐强化了日照和热损失基准值，设置了采暖空调标准，扩大完善了气密性保温隔热设计的适用范围，并且根据不同区域、地域的自然条件，因地制宜地制定了包括建筑换气、空调采暖、空气污染在内的一系列规定条款。日本建立了健全的住宅节能体系，推动了节能环保的产业化发展，重视提高整个社会节能环保意识。比如，在依据 2000 年开始实施的《品确法（住宅品质确保促进法）》而产生的《住宅性能表示制度》中，对住宅的热工环境、节能等项目设定了评价基准。日本作为高效的建筑运行管理典范，2003 年开始实施的《修正节能法》，将建筑运行过程的节能纳入日常管理中，确保建筑节能的各项措施效益最大化。

（3）美国[10~12]。

美国人均住房面积近 $60m^2$，近 2/3 的家庭拥有自己的房屋，其中大部分住宅都是 3 层以下的独立房屋，热水、暖气、空调设备齐全，而且供暖、空调全部是分户设置，电力、煤气、燃油等能源是家庭日常开销的一个主要部分。建筑节能关系到每个家庭的支出，每个家庭根据能源价格、自身收入和生活水平等因素来选择建筑能源消费方式和水平。美国政府提倡自愿的节能标识，能源效率在同类建筑中领先 25% 的范围内，室内环境质量达标的建筑授予能源之星建筑标识。美国作为建筑节能市场化典范，依靠市场机制，制定建筑行业和节能产品标准、开发和推荐能源新技术等，同时推行强制节能标准。美国以行业协会牵头、政府机构示范推进公共建筑节能。"美国绿色建筑协会"积极推行以节能为主旨的《绿色建筑评估体系》，劳伦斯伯克利实验室对住宅节能技术进行了重点研究，和一些州政府合作建设"节能样板房"，为大型公共建筑节能起到表率作用。

（4）波兰[13]。

在 20 世纪七八十年代，波兰建了不少以煤炭为能源的大板房，房屋能耗非常高。波兰 2004 年加入欧盟，在住宅节能上需严格按照欧盟标准执行，即房屋的耗能量不超过 $30kW/(m^2 \cdot a)$；不管是在房屋租赁还是买卖时，出租方或卖方必须给出该房屋的能耗曲线，使租房者或买房者知道该房屋的能耗量是多少。政府通过推行一个"取暖现代化计划"，将向全国居民提供约 2.4 亿欧元的"取暖现代化贷款"，以支持那些身居旧房的居民通过节能改造来实现旧房翻新和居住条件的现代化。节能改造后的住宅，耗能量由以前的 $130kW/(m^2 \cdot a)$ 普遍降到了 $30kW/(m^2 \cdot a)$ 以内，有的甚至可控制在 $9kW/(m^2 \cdot a)$ 之内，波兰实现了旧房"取暖现代化"。

从发达国家建筑发展过程看，从 20 世纪五六十年代起，经过了 15~20 年的时间，单位建筑面积能耗增加了 1~1.5 倍。在近二三十年间能耗强度大致稳定，与经济发展同步的全社会总建筑拥有量呈现缓慢增长，由此使建筑能耗总量持续增长，并逐渐成为制造、交通、建筑三大能源消费领域中的比例最大者[14]。发达国家的建筑节能已从 20 世纪 70 年代初为应付能源危机而被迫实行节约和缩减，逐步演变成以提高能源利用效益、减少环境污染、改善居住生活质量和改进公共关系为目标的绿色建筑发展阶段。

2）国内发展史[15~20]

建筑节能是以建筑业发展过程为物质基础的。新中国成立之初，中国城市住宅数量缺乏，卫生条件极差，当时针对全国 50 个城市人均居住面积只有 3.6m² 的现状，制定每人居住面积 4m² 的设计标准，实行了 30 年。到 1978 年 10 月，国务院批转原国家建委《关于加快城市住宅建设的报告》，要求迅速解决职工住房紧张问题，到 1985 年，城市平均每人居住面积才达到 5m²。1984 年 11 月原国家科委提出到 2000 年争取实现城镇居民每户有一套经济实惠的住宅，全国居民人均居住面积达到 8m² 的目标。1994 年国务院提出了实施国家"安居工程"计划，平均每套建筑面积 60m² 左右，1995—1997 年三年共有近 245 个城市被批准实施，建筑面积近 5000 万平方米。1994—2000 年，全国各地有七批共 70 多个小康住宅示范小区设计通过审查进入实施，2000 年后示范小区并入康居工程。2004 年 11 月 22 日，原建设部政策研究中心颁布了我国居民住房的小康标准。截至 2006 年年底，城镇居民住房自有率达到 83%。按户籍人口计算，2008 年，城镇人均住宅建筑面积达到了 28m² 左右，全国城镇住宅投资总额已达到 6.7 万亿元，年均竣工住宅超过 6 亿平方米。截至 2016 年，中国城市人均住宅建筑面积为 32.91m²，农村人均住房面积为 37.09m²。随着居民收入水平的提高，未来改善性居住的需求还很大，城镇住宅建设面积从数量上已与发达国家居住水平接近，居住环境得到改善，但住宅建设过程中土地、能源、材料浪费和环境污染严重，城镇居住建筑能耗总量逐年增长，住宅建筑节能问题日益突出。

同样，公共建筑建设规模和能耗总量也逐年上升。城镇公共建筑总面积，2005 年达到 57 亿平方米，其中，大型公共建筑 6.6 亿平方米，一般公共建筑 50 亿平方米。公共建筑能耗占建筑总能耗的比例已近 20%。其中，一般公共建筑总耗电量从 1995 年的全国平均 24kW·h/(m²·a) 升高到 2005 年的 28kW·h/(m²·a)，大型公共建筑则从平均 148 提高到 168kW·h/(m²·a)，单位面积年耗电量大型公共建筑是一般公共建筑的 6 倍左右。随着建筑服务水平要求的提高，建筑能耗也逐年增长，2007 年和 2008 年建筑能耗约占当年社会总能耗的 23%，建筑电力消耗为社会总电耗的 22%[21~22]。2015 年，中国已有建筑面积约为 580 亿平方米，施工面积 124.3 亿平方米，竣工面积 42.08 亿平方米。预计 2020 年，竣工面积将达到 58 亿平方米。

根据《中国建筑节能年度发展研究报告（2015 年）》，从 2001—2013 年，我国城镇化高速发展，城镇化率从 37.7% 增长到 53.7%，城乡建筑面积大幅增加。从面积看，2013 年农村住宅建筑面积为 238 亿平方米，占全国建筑总面积的 44%；城镇建筑中，住宅面积为 208 亿平方米，公共建筑面积为 99 亿平方米。从用能总量来看，公共建筑、北方采暖、城镇住宅和农村住宅这四类用能各占建筑能耗的 1/4 左右。2013 年，北方城镇供暖能耗为 1.81 亿 tce，占建筑能耗的 24.0%；城镇住宅（不含北方供暖）为 1.85 亿 tce，占建筑总商品能耗的 24.5%，其中电力消耗 5302 亿 kW·h；公共建筑（不含北方供暖））为 2.04 亿 tce，占建筑能耗的 26.9%，其中电力消耗 5427 亿 kW·h；农村住宅的商品能耗为 1.79 亿 tce，占建筑总能耗的 23.6%，其中电力消耗 1614 亿 kW·h，此外，农村生物质能的消耗约折合 1.06 亿 tce。

中国建筑节能技术政策演变史详见附录表 A-2。从国家对建筑节能管理的角度分析，中国建筑节能大致经历了五个阶段[23]。

（1）1986 年之前为理论探索阶段，主要是在理论方面进行了一些研究，了解、借鉴国际上建筑节能的情况和经验，对我国建筑节能做初步探索，1986 年出台了《民用建筑节能设计标准》，提出建筑节能率目标是 30%。

（2）1986—2000 年为第二阶段，试点示范与推广阶段。建设部加强了对建筑节能的领导，并从 1994 年开始有组织地出台了一系列的政策法规、技术标准与规范，制定了建筑节能政策并组织实施。如《建筑节能九五计划和 2010 年规划》，修订节能 50% 的新标准等。

（3）2000—2005 年是第三个阶段，一个承上启下的转型阶段，形成建筑节能标准体系。这一时期，地方建筑节能工作广泛开展，建筑节能趋向深化，地方性的节能目标、节能规划纷纷出台，28 个省市制定了"十一五"建筑节能专项规划；各地建设项目在设计阶段执行设计标准的比例提高到 57.7%，部分省市提前实施了 65% 的设计标准。2005 年修订的《民用建筑节能管理规定》，是在总结以往经验和教训，针对建筑节能工作面临的新情况进行的，对全面指导建筑节能工作具有重要意义。

（4）2005—2014 年是节能建筑全面开展阶段，其重要标志是新修订的《中华人民共和国节约能源法》成为建筑节能上位法，以及《民用建筑节能条例》《公共机构节能条例》的实施，节能设计执行率为 99%，施工执行率为 95.4%，逐渐向绿色建筑方向深化，大量法规颁布。2014 年 11 月 20 日，国务院办公厅发布了《能源发展战略行动计划（2014—2020 年）》，提出了"节约优先、立足国内、绿色低碳、创新驱动"四大战略，并再次强调了推进重点领域和关键环节，合理控制能源消费，以较少的能源消费支撑经济社会较快发展。

（5）2015 年以来，进入建筑能效全面提升阶段，建筑节能向绿色建筑发展阶段，即龙惟定教授提出的建筑节能 2.0 时代。节能政策由措施控制转为总量控制，制定并颁布《民用建筑能耗标准》（GB/T 51161—2016），除对建筑的用能进行限额管理外，还对城市规模总量进行管理。在城市建设过程中，各级政府和相关部门可根据社会能耗总量控制目标和建筑的规模总量进行管理，进行建筑用能顶层设计，制定相应的专项规划。2016 年，

《中共中央国务院关于进一步加强城市规划建设管理工作的若干意见》提出，全面推广建筑节能技术、实施城市节能工程，推进节能城市建设。2030 年的目标是新建建筑在满足国家健康卫生和环境标准的前提下供暖空调能耗强度低于 $15kW \cdot h/(m^2 \cdot a)$［按未来的热电转换效率计算，折合标准煤约为 $4.5kg/(m^2 \cdot a)$］。

中国建筑发展历程及能耗现状研究表明，随着社会经济发展，城市化进程加快，人们对居住环境质量水平要求的提升，建筑能耗规模还将持续增加，必将给能源供应安全带来极大压力。建筑耗能占总耗能比例大、高耗能建筑比例高、节能状况落后，这些都表明推动建筑节能事业健康的紧迫性[24]。

3）国内外建筑节能发展比较

对比美国、日本等发达国家建筑能耗水平，我国城市的单位面积建筑能耗水平、经济发展水平与美国 20 世纪 50 年代及日本 20 世纪 60 年代末的水平非常接近，与现在的美国、日本相比则只是 40%～60%[25]。根据发达国家走过的历程，我国建筑节能如果不能解决人口快速增长带来的资源、能源消费急速增加的问题，15～20 年后很可能就会达到他们的能耗水平。但是，中国人口总量太大，国土面积和资源量有限，并且不可能像美国、日本那样大规模借助于国外的自然资源，无论从能源供应，能源的运输还是能源转换后的碳排放，都不可能承担这样大的能源消耗量。从人均资源、能源和综合资源禀赋来看，中国的建筑气候条件、能源资源状况和社会经济发展水平与发达国家不同，决定了中国不能照搬发达国家建筑节能管理制度和技术体系，需要研究、开发适合中国国情的建筑节能技术体系和管理制度，使建筑能耗规模和能源服务水平控制在合理水平，保持建筑能耗总量的适度增长。面对建筑节能领域这一系列问题，中国学术界、工程界需要开展深入分析、研究与实践，探索有中国特色的建筑节能发展之路[26]。

2. 国内外建筑节能理念的形成与内涵

理念是一个哲学性的概念，是人类主体对客观事物的主观反映或主观意识。正确的理念是形成科学观的基础，科学观是对理念的提炼和归纳，通过认识论主要解决"是什么"的问题，通过方法论主要解决"怎么办"的问题。

1）建筑节能理念的内涵

建筑节能理念泛指人们对建筑节能的看法、观念、思想，是一种抽象的观念形态，是人们在建筑节能实践中长期理性思考及实践积淀所形成的比较成熟的观点和信念，是通过交流、传播成为一定社会群体普遍认同的观念、思想。建筑节能理念来源于社会实践活动，是建筑社会节能思想的组成部分，通过系统归纳、总结和提炼形成建筑节能理论，并通过建筑节能工程技术方案的实施表现出来。将人类社会已有的科学理念和建筑节能领域的社会实践相结合形成建筑节能的科学理念，提炼出建筑节能的科学观和工程理念。如何理解建筑节能理念的内涵，将不仅影响人们对于建筑节能的态度，更直接关系到在推动建

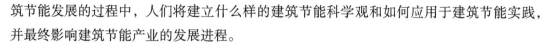

筑节能发展的过程中，人们将建立什么样的建筑节能科学观和如何应用于建筑节能实践，并最终影响建筑节能产业的发展进程。

2）建筑节能理念的演变[27~32]

古代西方建筑思想主要体现在古罗马的维特鲁威的《建筑十书》，主张一切建筑物都应考虑"实用、坚固、美观"，包含了有利于绿色建筑发展的思想，如其所提出的"自然的适合"，即建筑适应地域自然环境的思想。

从城市环境和绿色建筑观念演变过程来看，1933 年《雅典宪章》提出"人－建筑－城市－社会"关系，强调的是人本主义，到《马丘比丘宪章》从"人－建筑－城市－自然"关系开始强调人与自然关系的协调；1972 年联合国人类环境会议通过《斯德哥尔摩宣言》，提出了人与人工环境、自然环境保持协调的原则；1987 年世界环境与发展委员会公布的报告《我们共同的未来》，向全世界正式提出了可持续发展战略，得到了国际社会的广泛接受和认可。该报告对可持续发展定义为："持续发展是既满足当代人的需要，又不对后代人满足其需要的能力构成危害的发展。"它包括两个重要的理念：尤其是世界上贫困人民的基本需要，应将此放在特别优先的地位来考虑；技术状况和社会组织对环境满足眼前和将来需要的能力施加限制。1992 年，在巴西里约热内卢召开的联合国环境与发展大会上，提出了《21 世纪议程》，国际社会广泛接受了可持续发展的概念，并明确提出"绿色建筑"的概念；1999 年《北京宪章》提出"人－建筑－环境"关系，强调的是人与社会和自然和谐发展，体现明确的可持续发展生态观。

各种建筑理念的关系如图 1.1 所示。从建筑本身发展的思想观念、物质形态和文化制度等不同层面实现传统建筑向生态化发展的历程中，关于建筑的不同称谓，如绿色建筑、生态建筑和可持续建筑都与建筑节能有密切联系，折射出对建筑节能实践的差异，但都体现出相似的建筑节能思想。生态型建筑在日本被称为环境共生建筑，以低环境影响、高自然调和、宜人与健康为三个层次发展目标；可持续建筑，更注重解决生态平衡、环境保护、物种多样性、资源回收利用、再生能源及节能等生态与可持续发展问题，其外延比绿色建筑更广泛；绿色建筑则包含建筑节能在内的"四节一环保"，追求能源效率提高与节能、资源与材料的妥善利用、室内环境品质及符合环境承载力等实践原则。生态建筑是基于生态学原则出发，强调建筑用能与自然环境的和谐适应关系，也包含了建筑节能。建筑节能理念的形成是从应对能源危机开始，经历了忽视建筑室内品质换取能源节约的惨痛历史教训，到协调建筑节能与建筑室内环境营造的双重使命，并担负其应对环境危机实现 CO_2 减排的责任，再到现在各国都积极推行的绿色建筑、生态建筑、可持续建筑等，但建筑节能仍然是其核心和关键。

从宏观上看，建筑节能理念受社会节能理念的影响，经历了从国家能源安全理念推动、国家环保理念推动到回归能源价值理念推动三个阶段的发展过程[31]。我国传统的建筑方针是"适用、经济、在可能的条件下注意美观"。张钦楠[32]提出："建筑设计的任务

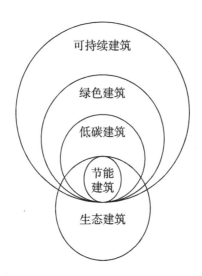

图 1.1 各类建筑理念之间的关系[33]

是全面贯彻适用、安全、经济、美观的方针。高质量、高效率地设计出具有时代性、民族性和地方性的建筑和建筑环境，不断提高工程的经济、社会和环境效益，为人民造福。"其中，四个因素即"适用、安全、经济、美观"，三个属性即"时代性、民族性和地方性"，三个效益即"经济效益、社会效益、环境效益"全面地概括了建筑实践活动的几乎所有因素。住房和城乡建设部颁布的《绿色建筑技术导则》《绿色建筑评价标准》也提出了节约、健康、适用、高效、人与自然和谐等绿色建筑理念。新时期的建筑方针是适用、经济、绿色、美观。2015 年年底，中国召开了 37 年以来的第一次中央城市工作会议，对旧的建筑方针进行了修订，提出了新时期的建筑方针，增加了"绿色"，去掉了"在可能的条件下"。其中，"适用"是前提，"经济"是必须把握的，"绿色"是时代的特征和未来发展的要求。党中央在十八届五中全会上提出了五大发展理念：创新、协调、绿色、开放、共享。其中，"绿色"是一个非常重要的理念。

从建筑能源消耗来看，建筑节能最初被称为 Energy saving in buildings，指建筑节约用能，通过减少建筑能源的消耗，来应对由石油危机引发的能源危机。随后，建筑节能改称为 Energy conservation in buildings，就是通过采取提高建筑物密封性能、减少建筑物通风量等手段来降低建筑能耗，减少能量散失。由于病态建筑综合征或建筑相关疾病的爆发，人们才开始反思建筑节能与建筑室内环境质量的关系，认识到建筑节能不能以牺牲室内空气品质为代价。后来，建筑节能又普遍称为 Energy efficiency in buildings，旨在从积极意义上提高建筑能源利用效率，即建筑能效，是指建筑物在实现功能、符合安全和健康标准、适应气候、满足需求的前提下减少实际消耗的能源量，包括建筑供暖、供冷、供热水、通风和照明所消耗的一次能源量。提升建筑能效，就是要强调建筑用能的科学性和合理性，最终要看节能的绩效。这是发达国家在社会发展达到稳定时期、居住水平发展到一定程度，建筑节能主要面对既有建筑的运行用能，通过提高建筑设备用能效率来实现建筑运行节能的阶段。

3）我国建筑节能理念发展

建筑节能理念是绿色建筑理念的重要组成部分。面对建筑节能实践过程中的一些基本问题，要凝练成为系统的并符合中国国情的建筑节能理论，还需要一个过程。近几年来，国内高等院校、科研院所针对建筑节能领域存在的主要问题开展了大量的研究与实践，比较有代表性的观点或理论方法集中体现在一些具体成果上。

龙惟定[34]从管理的角度研究建筑节能，倡导"能源管理是一种服务"和"节能的目标不是限制用能，而是提高能源转换和利用效率"等建筑节能管理的理念。

江亿等[35]以住宅节能性不仅影响居住者使用过程中的能源消耗的经济成本，还影响到居住者的生活质量和身体健康为认识基础，体现了"住宅节能的经济效益和社会效益并重"的理念；并以住宅能耗为住宅节能性能的重要指标，从技术角度出发，总结了国外住宅节能设计理念和技术方法的基础上，结合自身实践过程中积累的成熟技术与方法，形成了住宅节能技术体系，体现了"新技术与传统技术的集成支撑住宅节能设计"的"住宅系统节能"技术理念。2009 年《中国建筑节能年度发展研究报告（2009）》从建筑节能评价理论的角度分析比较了四种建筑节能评价方法，试图回答用什么评价标准来评估一个建筑是否节能这一基本问题，并认为只有从实际能耗数据出发，树立"建筑节能必须以能耗数据为导向"的工程理念，才能实现中国特色的建筑节能。

薛志峰[36~37]以公共建筑为对象，立足我国不同类型建筑的用能特点和建筑全生命周期过程，在规划、设计、运行等各个阶段通过技术集成化解决手段来降低建筑能源需求、优化供能系统设计、开发新型能源系统方式和提高运行效率，提出了节能诊断 OTI 方法，体现了"建筑节能项目全过程管理"理念、新建公共建筑采用"先进的节能技术与配套的管理措施、新经济手段相融合"的节能建造理念和既有建筑改造中"无成本/低成本节能措施"实现建筑管理节能的理念。

当代建筑节能理论与政策论丛[38~41]从经济学角度分析了建筑节能的经济基础，将建筑节能放在中国节能大市场环境中进行研究，通过构建适用于建筑节能的"经济激励政策体系"，体现了"建筑节能活动是一项经济活动，应该服从市场经济发展规律"的认识基础。

龙恩深[42]将从微观到宏观的基因分析方法引入建筑能耗的研究，剖析建筑能耗的成因，提出了具有全局观的建筑能耗基因概念，构建了建筑能耗基因理论体系。该研究成果体现了"将哲学思想融入并指导建筑节能理论研究与实践过程"的理念和具体操作方法。

郝斌[43]基于循环经济原理和清洁生产机制，从建筑节能与清洁发展机制有机结合的角度出发，列举并分析了部分具有建筑节能减排特征的 CDM 和类似的 PCDM 项目，重点对建筑领域开展 PCDM 项目进行了初步的构想和实践，指明在建筑领域应用清洁发展机制的有效途径，体现了"建筑节能产业利用清洁发展机制实现可持续发展"的节能理念。

涂逢祥[44]认为中国开展建筑节能的基本目标就是：在有限的资源能源条件下努力改

善中国人民的生活环境，增进人民健康，促进社会和谐，引导中国建筑节能事业取得健康的跨越式发展，创新中国建筑节能理论思维，加快构建低碳排放为特征的建筑体系，创新生活方式，把建筑节能产业建成一个现代化的战略产业，产生一批杰出的建筑节能学术大师和技术巨匠，开辟中国特色的建筑节能发展道路。这一认识体现了建筑节能"以人为本"的思想，体现了建筑节能要符合不同时期、不同国家国情的地域特征，也反映了建筑节能的发展需要有科学的理论为指导、完善的建筑体系为保障和依托健康的建筑节能产业发展的理念。

对于正在处于城市化进程中，正在步入现代化，同时又面临能源与环境的严重制约的中国，"应该怎样建设我们的城市，应该按照哪个途径营造室内环境？"这也属于建筑节能理念的问题[45]。为解决建筑密闭带来的健康问题，在舒适与节能的关系问题上，有两种不同的思路：一种思路是从机械论"人定胜天"出发，增加连续运行的机械通风系统来保证足够的室内外换气量，但运行能耗进一步增加；另一种思路则是全面反思这种营造室内环境的方法，回归到"天人合一"，通过各种方法加强自然通风，在环境控制的理念上回归到传统建筑，以自然调节为主，机械系统为辅。

江亿等[46]提出"改善型"室内环境营造理念，即居住者能与自然界有效沟通，并对局部环境具有一定调控能力。他认为舒适、健康的室内环境应该是按气候适应性原理进行设计，既能营造舒适健康的居住和生活环境，又不增加能源消耗，与建筑节能的目标是一致的。

付祥钊等[46]从社会学角度探索了住宅空调舒适与节能的关系，认为舒适与节能是有矛盾的，但也是可以协调一致的，认为通过发展多种形式的高性能空调技术，尤其是以可再生能源为支撑的绿色空调技术是突破"舒适"与"节能"矛盾的可行之路。

1.2　本书主要内容

1. 建筑节能的认识论基础

建筑节能科学观的构建分为两个部分，即认识论和方法论。第2章将分别从能源的概念及其发展角度认识节能的内涵；从建筑科学发展角度认识建筑节能在科学体系中的位置；从学科发展角度认识建筑节能在学科知识体系构建中的地位；通过对建筑节能内涵的重新定义，分析建筑节能的内容、目标、主体和客体，以及彼此之间的关系。从建筑节能社会实践主体角度构建建筑节能整体认识，形成对建筑节能多角度、多层次的认识体系，反映建筑节能的本质、结构，回答"建筑节能是什么？"的问题。

2. 建筑节能的方法论基础

建筑节能的方法论是关于认识建筑节能的方法和建筑节能实践方法的理论总称，是建筑节能科学观的重要组成部分，适用于建筑节能科学并起指导作用的范畴、原则、理论、方法和手段的总和，回答"建筑节能怎么做?"的基本问题。第 3 章分析建筑节能的方法理论，体现建筑节能方法论与认识论的一致性，从而构成建筑节能科学思维体系。将现代科学思维方法与建筑节能相结合，形成建筑节能的方法理论基础，从系统分析方法、决策方法、价值评价方法等角度进行研究。价值评价是建筑节能评价体系的核心，是建筑节能方法理论的重要内容。

3. 建筑节能的系统协调性原理

将建筑节能科学观应用于建筑节能工程，形成建筑节能的工程观及工程方法。从知识的角度，工程可以看成是以一种核心专业技术或几种核心专业技术加上相关配套的专业技术知识和其他相关知识所构成的集成性知识体系。工程的本质特征就是集成与构建，工程最基本的属性在于它的实践性。建筑节能工程不同于一般的工程，有自身的特性。第 4 章应用建筑节能科学观，通过对建筑节能工程内涵再认识，研究建筑节能工程的特性，形成建筑节能的工程观；并通过建筑节能工程系统构建，研究建筑节能工程的管理系统、技术系统、经济系统、社会系统和生态系统特性，重点对建筑节能工程系统中工程管理目标、工程技术目标、工程经济目标、工程社会和工程生态目标进行分析，探索建筑节能工程系统体系结构及其系统分析方法和系统设计方法，构建建筑节能的工程系统观和工程系统方法。

4. 建筑节能的气候适应性原理

将建筑节能的科学观应用于建筑节能的地域性研究，从自然和社会地域性角度研究建筑节能技术的适宜性问题，是建筑节能科学观体系的重要组成部分，也是系统理论与地域理论在建筑节能领域相结合的重要认识基础。第 5 章内容主要包括：从建筑节能的自然地域性和社会地域性两个方面进行分析，研究国家、地域或城市、建设项目这三个纵向层次的建筑节能政策和技术体系地域性特征；通过对建筑节能适宜技术概念的分析，研究与地域观相适应的建筑节能技术的适宜性问题；以太阳能和地热利用为例，结合可再生能源在建筑中利用的关键问题及评价基础，进一步分析建筑节能适宜技术的选择原则和发展方向，构建建筑节能的适宜技术观。

5. 建筑节能的社会适应性原理

从社会学原理出发，建筑节能系统具有自组织特性，将建筑节能科学观与建筑节能技术发展机制问题相结合，应用自组织理论与方法分析建筑节能技术系统发展动力，形成对建筑节能技术系统的认识与实践体系。第 6 章通过对建筑节能系统内部各子系统及各要素之间的关系进行研究，分析系统发展和演变过程中的相干性和协同性问题，探索建筑节能工程技术系统与管理系统、生态系统、经济系统和社会系统之间，以及工程技术系统内部不同要素之间的相干性和协同性，构建建筑节能相干性和协同性系统模型，并通过实践分析揭示建筑节能相干性作用机制与协同性作用机制，是自组织理论在建筑节能系统分析中的具体结合与应用，构建了建筑节能的社会发展观。

6. 建筑节能工程实践与工程思维培养

建筑节能理论来源于实践，并在社会实践中不断发展，表明建筑节能科学观及其应用理论是一个发展的历史性概念。将建筑节能科学观应用于建筑节能工程和技术，从而形成建筑节能工程和技术的科学认识体系和方法体系。第 7 章运用本文建立的建筑节能科学观及工程技术认识方法，以典型建筑节能项目或建筑节能实践中发生的典型问题为例，按照"从实践中提炼理论，从具体典型案例中提炼观点"的思路，验证本文所构建的建筑节能科学观在实践中的有效性。从工程教育出发，探索建筑节能工程思维特点及其培养途径。

7. 建筑节能发展的内在机制

建筑节能和绿色建筑的能源系统需要从规划设计、施工、运维到拆除的全过程进行管理，避免"重设计、轻运行"和"重技术、轻管理"。第 8 章进一步借鉴生物系统的演化机制，提出建筑节能发展要学习生物界生命周期的新陈代谢原理，考虑每个阶段需要材料、能源的流动和对环境产生的排放。把建筑环境看成一个"建筑－人－环境"的复合有机生命系统，使能量、物质和信息通过系统流动，集约使用能源和资源，保护和加强建筑全生命周期的技术适应性和多样性相互依存。这既是对自然界生生不息的生命原理的借鉴，又是为了与自然生态环境相协调，保持生态平衡。

1.3　本书研究思路

1. 复杂系统的分析研究方法

建筑是一个开放、复杂、动态的巨系统，建筑既具有人文社会科学的特性，又有工程技术科学的特征，还具有显著的地域属性。建筑科学属于应用科学，同时又与自然科学和社会科学交叉，其研究具有显著的复杂性。建筑节能的研究需要采用系统的、综合的方法，才能回答建筑节能的基本问题。从系统科学的高度，采用现代科学的研究方法，借鉴社会学的理论，从宏观定性到微观定量都要综合多学科的理论和方法，才能应对建筑节能这一复杂问题。建筑节能的系统分析方法强调自然属性与社会属性的统一，运行社会学的基本理论与方法来分析建筑节能实践中的具体问题，并结合中国独特的社会背景，克服单纯从技术和工程角度认识建筑节能的观念局限，有利于更全面深入地把握建筑节能工程各个因素间的交叉作用，从而更准确地理解建筑节能工程的运行机制，提高建筑节能发展的质量和效率。

2. 比较的研究方法

建筑系统与人类生命圈类似，建筑是一个开放的、复杂的巨系统，具有"生命系统"的典型特征，建筑系统是一个有机系统。建筑节能的研究可以借鉴"生命科学"的理论与方法去研究建筑节能从规划设计、施工调试、运行维护到节能改造等寿命周期各阶段的不同问题。纵向比较主要指微观建设项目寿命周期纵向分析，对时间上建设项目纵向的比较研究。比较包括将建筑节能作为社会系统节能的一个方面，与交通节能、生产节能等领域的节能进行比较，通过建筑节能的复杂性研究建筑节能的特殊性，认识建筑节能发展的规律。比较的研究方法还包括不同气候地区的建筑节能发展规律比较，也包括将我国的建筑节能发展与国外先进国家建筑节能发展进行比较，研究中国特色的建筑节能发展之路。

3. 宏观理论与微观理论相结合的研究方法

宏观研究与微观研究，两者存在着一种不可缺少、相辅相成的互补关系，而且建筑实践活动往往是从微观出发的，整体性也是以微观的协调发展来反映的。由于建设项目本身的不可重复性，从空间上，不同国家、区域、城市、小区或建筑的宏观能耗都是由建筑不同功能区域的不同房间的所有微观构件单元共同产生的；从时间上，建筑寿命周期能耗是由寿命周期内不同年份的逐月、逐日、逐时的瞬间能耗构成的。所以，建筑节能的研究，既要分析建筑节能不同子系统的作用机制；又要研究大到整个国家宏观的建筑节能发展机制，从建筑单体节能到城市建筑能源规划，从微观到宏观集成，又由宏观理论指导微观实践的研究思路。

4. 理论结合实践的研究方法

理论研究是为工程实践服务的，建筑节能的科学观是指导建筑节能理论研究的指导思想，是建筑节能社会实践活动的认识基础和方法基础。本研究在建立建筑节能的认识论和方法论的基础上，所构建的建筑节能科学观体系，以及对建筑节能科学观应用与工程技术及教育等问题的研究，都是以国内外建筑节能实践开展近四十年来的具体问题作为研究对象，通过结合工程实践中的典型问题进行剖析，澄清一些建筑节能的模糊认识，探索建筑节能发展及科学认识方面存在的根本问题。只有将建筑节能理论与实践相结合，才能使建筑节能的科学观与应用理论真正指导建筑节能整个社会实践。

1.4　新时期科学认识建筑节能的意义

1. 研究建筑节能科学观的必要性

科学观指对科学基本的、总体的看法。把科学作为探索和反思对象，提出各种各样的看法，形成不同的科学观。科学观包含认识论和方法论两部分内容。认识论是探索人类认识的本质、结构，认识与客观实在的关系，认识的前提和基础，认识发生、发展的过程及其规律，认识的真理标准等问题的哲学学说。方法论是人们认识世界、改造世界的一般方法，是人们用什么样的方式、方法来观察事物和处理问题。建筑节能科学观就是对建筑节能科学基本的、总体的看法，包括建筑节能科学的认识体系和方法体系两个方面。

国内外文献研究表明，高等院校的上百篇建筑节能相关博士或硕士学位论文，以及大量重点期刊的建筑节能专栏的学术论文，从建筑节能规划设计、建筑能耗调查统计、运行实测、模拟评价等角度对建筑能耗影响因素进行了大量研究，涉及不同气候地区住宅、商场、宾馆、办公楼等典型建筑能耗，探索了建立中国特色的建筑节能技术体系与策略，但在回答"什么是建筑节能？""节能建筑是否真正节能？""如何开展建筑节能？"等基本问题时，对建筑节能科学性认识还不明确，均未从理论研究中揭示出建筑节能系统的发展演变机制，所提出的建筑节能评价标准也缺乏理论基础，至今还没有形成大多数人认可的建筑节能科学观。这些研究表明，我国目前的建筑节能理念尚未形成，对建筑节能理论的研究还处在初级阶段，对建筑节能的复杂性认识还不充分，对建筑能耗形成发展规律认识还不深入，对建筑节能工程的评价标准还不完善，常常忽视社会文化对建筑节能发展的影响，也没有发挥公众作为建筑节能主体参与节能实践的功能。

国内广泛开展的建筑节能工程实践需要大量基础研究和科学方法指导，才能正确处理好建筑节能这一大系统发展演变规律。用建筑节能科学观指导工程实践活动，使建筑节能工程中各利益主体之间相互协调，形成多赢局面，建筑节能事业才能可持续开展下去。在文献检索范围内，关于建筑节能的认识还没有形成一个普遍接受的理论，对建筑节能的内涵和外延都需要明确和完善，国内尚未见建筑节能科学观及应用研究方面的理论成果。

进入 21 世纪，中国建筑节能面临更好的发展局面，同时，建筑节能领域存在的许多亟待研究和解决的问题，如当前我国建筑节能工程实践中存在盲目引入国外高新技术和手段，示范工程大量堆砌建筑节能技术、措施及产品等现状，产生建筑节能技术不恰当使用的反作用，导致诸多"节能建筑"不节能等反常现象。建筑节能仍"叫好不叫座"，并未获得预期的发展，公建用能总量和能耗水平不降反升；在推动建筑节能的工作中，"重技术、重资金、轻管理"观念普遍存在，出现好的节能技术不能实施、节能技术使用后达不到应有的效果、简便可行的低成本甚至无成本措施不愿落实等各类"非技术问题"；建筑节能评价标准不一致，混淆建筑节能指标与建筑节能目标之间的本质区别，追求数字节能；建设部门还没有调顺建筑节能内在的推动机制而仅从外部技术手段强推节能等一系列问题和现象。

2. 本书的主要目的和现实意义

我们不能照搬国外发达国家建筑节能的理论和方法，必须探索一条适合中国特色的建筑节能可持续发展的科学之道，构建具有中国特色的建筑节能科学观体系。

1）构建建筑节能科学观的认识体系

建筑节能科学活动就是节能理论与技术在人居环境科学中建筑领域的社会活动的总称。建筑节能的科学观，从哲学层面看，是关于建筑节能发展的本质的、内涵的和要求的总体看法和根本观点。有什么样的建筑节能科学观，就会有什么样的发展道路、发展模式和发展战略，就会对建筑节能的实践产生根本性、全局性的重大影响。建筑节能科学观既包括建筑节能科学认识问题，也包括建筑节能实践方法问题，它涉及整个建筑活动过程，涉及与建筑相关的工程学、社会学、文化学、经济学和人类居住学的各个方面。建筑节能理论、建筑节能技术都需要以人居环境科学理论为指导，统一于建筑科学大范畴。在建筑节能这一社会活动领域，核心是要解决好建筑与人、建筑与环境的关系问题。建筑节能的科学认识就是需要通过建筑节能实践确立建筑节能的指导思想、目标、节能主体和对象等具体内容，回答"建筑节能是什么？"的问题，建立建筑节能科学观的认识论基础。

2）构建建筑节能科学观的方法体系

建筑节能科学方法论指关于建筑节能科学认识中的逻辑、原则、方法和手段，是建筑节能科学观的重要组成部分。对建筑节能复杂问题的研究需要从方法论角度回答"建筑节能怎么做？"的问题，深入探析建筑节能实践方法的科学内涵。通过综合分析方法形成建筑节能科学思维，建立建筑节能的方法理论基础。坚持建筑节能的科学认识理论为指导，通过建筑节能实践活动，围绕建筑节能最终目标要求，形成建筑节能的社会效益、环境效益和经济效益等方面综合效益的多元价值，实现建筑节能各利益方主体的共赢局面，建筑节能事业才能可持续发展。

3）形成与时代发展相适应的建筑节能科学理念

从建筑的自然属性、社会属性和系统属性出发，揭示建筑节能的三大基本原理，即气候适应性原理、社会适应性原理和系统协调性原理。从建筑地域观的角度分析建筑节能技术的适宜性，从建筑人本观的角度分析建筑节能的工程思维、工程文化与工程价值，从建筑整体观的角度分析建筑节能系统之间的作用机制。通过对建筑节能原理的认识，建立建筑节能理论的基本框架，既是建筑节能认识论的成果，也是建筑节能方法论的实践原则。

4）用工程思维指导建筑节能工程实践

建筑节能工程、技术与产业的发展需要建筑节能科学观的指导。用建筑节能的科学观指导建筑节能实践，认识建筑节能工程的内涵和特性，为工程主体在多目标决策、利益协调、全过程设计与管理中提供理论与方法，推动建筑节能工程技术创新，实现建筑、人与自然和社会环境之间关系的协调。通过建筑节能实践也发展建筑节能工程教育，培养建筑节能工程思维，从而形成科学、工程、技术和产业这一建筑节能的知识链，促进建筑节能事业可持续发展。

1.5　研究路线及全书结构

本书内容框架如图 1.2 所示。

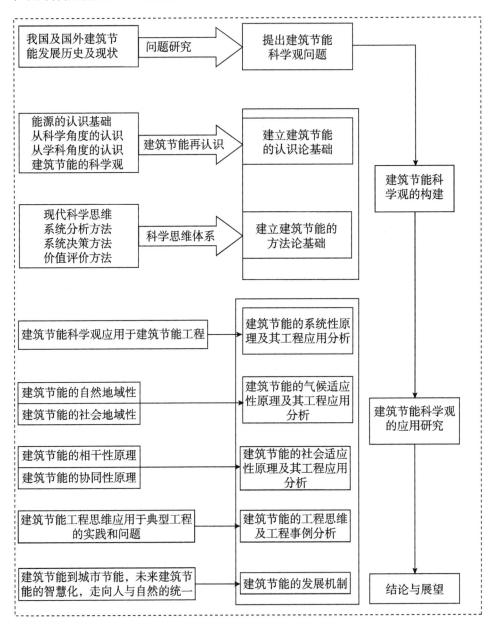

图 1.2　本书内容框架

本章主要参考文献

［1］涂逢祥．住宅建筑节能形式［J］．住宅科技，2005(9)：20－26.

［2］Naki'cenovi'c N，Grübler A，McDonald A. Global Energy Perspectives［M］. Cambridge：Cambridge University Press，1998.

［3］卢求．德国2006建筑节能规范及能源证书体系［J］．建筑学报，2006(11)：26－28.

［4］卢求，Henrik Wings(德)．德国低能耗建筑技术体系及发展趋势［J］．建筑学报，2007(9)：23－27.

［5］侯冰洋，张颖．德国建筑"能源证书"简介［J］．建筑学报，2008(3)：36－38.

［6］Dena. Dieneue Energieeinsparverordnung(EnEV 2007). 2007［M］. Berlin：dena，2007：1－8.

［7］柳杨．浅析日本在建筑节能领域的研究及成效［J］．上海节能，2010(11)：17－20.

［8］李大寅．日本建筑节能环保方面的法律法规［J］．住宅产业，2008(12)：23－25.

［9］和田纯夫，王晞慧．日本"零排放住宅"［J］．建筑学报，2010(1)：52－55.

［10］江亿．能耗定额体系是重中之重［N］．中国投资，2008－12－15.

［11］U. S. Green Building Council. LEED－EB® for Existing Buildings，Reference Guide. 2005.

［12］Mills，E，et al. The Cost Effectiveness of Commercial Buildings Commissioning［R］. LBNL－56637，2004.

［13］江亿．波兰：旧房"取暖现代化"［N］．中国投资，2008－12－53.

［14］环球聚氨酯网．发达国家建筑节能政策分析［J］．聚氨酯，2009(3)：30－31.

［15］涂逢祥，王庆一．我国建筑节能现状及发展［J］．保温材料与建筑节能，2004(7)：40－42.

［16］涂逢祥．住宅建筑节能形势［J］．住宅科技，2005(9)：20－26.

［17］《中国建筑年鉴》编委会．中国建筑年鉴(1984—1985)［Z］．北京：中国建筑工业出版社，1985：588.

［18］建设部．2005年城镇房屋概况统计公报［N］. http：//www. gov. cn/gzdt/content_326591. htm，2006－07/04/.

［19］张元端．纪念中国住房制度改革30年［J］．上海房地，2010(4)：4－9.

［20］卢卫．居住城市化［M］．北京：中国计划出版社，2005.

［21］清华大学建筑节能研究中心．中国建筑节能年度发展研究报告(2007)［M］．北京：中国建筑工业出版社，2007.

［22］清华大学建筑节能研究中心．中国建筑节能年度发展研究报告(2010)［M］．北京：中国建筑工业出版社，2010.

［23］中国住房和城乡建设部科技发展促进中心．中国建筑节能发展报告(2010)［M］．北京：中国建筑工业出版社，2011.

［24］江亿．中国建筑能耗现状及节能途径分析［J］．新建筑，2008(2)：4－7.

［25］庾莉萍，周查理．我国建筑节能立法成就及国外立法经验借鉴［J］．保温材料与节能技术，2009(5)：1－8.

［26］倪维斗．构建节能中国的四重思考［N］．科学时报，2010 - 04 - 20.

［27］L. Mumford. The City in History, its Origins, its transformations, and its prospects［M］. London: Secker &Warburg, 1963.

［28］C. A. Doxiadis. Athropopolis: City for Human Development［M］. Athens Publishing Center, 1975.

［29］Cliff Hague. The Development of Planning Thought – A Critical Perspective［M］. Hutehinion, 1984.

［30］Peter Hall. 1946—1996 From New Town to Sustainable Social City［J］. IN Town & Country Planning. 1996, 65(11): 295 – 297.

［31］华虹，陈孚江．国外建筑节能与节能技术新发展［J］．华中科技大学学报（城市科学版），2006，VOL23，增刊1：148 – 152.

［32］邹德侬．"适用、经济、美观"——全社会应当共守的建筑原则［J］．建筑学报，2004，12：74 – 75.

［33］王昕．基于生命周期理论的低碳建筑实现途径研究［D］．山东建筑大学，2012：9.

［34］龙惟定．建筑节能与建筑能效管理［M］．北京：中国建筑工业出版社，2005.

［35］江亿，等．住宅节能［M］．北京：中国建筑工业出版社，2006.

［36］薛志峰．公共建筑节能［M］．北京：中国建筑工业出版社，2007.

［37］薛志峰．既有建筑节能诊断与改造［M］．北京：中国建筑工业出版社，2007.

［38］武涌，刘长滨，等．中国建筑节能经济激励政策研究［M］．北京：中国建筑工业出版社，2007.

［39］张丽．中国终端能耗与建筑节能［M］．北京：中国建筑工业出版社，2007.

［40］韩英．可持续发展的理论与测度方法［M］．北京：中国建筑工业出版社，2007.

［41］武涌．中国建筑节能管理制度创新研究［M］．北京：中国建筑工业出版社，2007.

［42］龙恩深．建筑能耗基因理论与建筑节能实践［M］．北京：科学出版社，2009.

［43］郝斌．建筑节能与清洁发展机制［M］．北京：中国建筑工业出版社，2010.

［44］涂逢祥，等．坚持中国特色建筑节能发展道路［M］．北京：中国建筑工业出版社，2010.

［45］中国城市科学研究会绿色建筑与节能专业委员会绿色人文学组．绿色建筑的人文理念［M］．北京：中国建筑工业出版社，2010.

［46］江亿．建筑节能与生活模式［J］．建筑学报，2007(12)：11 – 15.

第2章 建筑节能的认识论基础

根据辩证唯物主义科学观的基本观点：科学是使主观认识与客观实际实现具体统一的实践活动。科学思维是指按照客观事物之间的实际联系与客观规律进行的思考。运用科学思考的方法分析事物与问题是科学分析；依据科学分析做出能够实现预期目标的决策是科学决策；通过多方面重复或普遍的实践检验与科学思考，能否创造出符合主观认识的客观实际，这是科学态度。用科学思维和科学态度指导社会实践，才能形成科学认识。工程实践是人的社会实践活动，实践理性是在实践活动中形成的理论认识，是人类特有的认识总结。马克思说[1]："蜜蜂建筑蜂房的本领使人间的许多建筑师感到惭愧。但是，最蹩脚的建筑师从一开始就比最灵巧的蜜蜂高明的地方，是他在用蜂蜡建造蜂房以前，已经在自己的头脑中把它建成了。劳动过程结束时得到的结果，在这个过程开始时就已经在劳动者的表象中存在着，即已经在观念中存在着。"

一般认为，实践理性的观念运作包括四个决定性环节：选择"是什么"的知识、求解"应如何"的问题、制定"怎么做"的方案和如何进行实践活动。科学认识建筑节能，首先就要弄清楚建筑节能的认识基础，回答建筑节能"是什么"，把握建筑节能的本质和内涵，这是建筑节能科学观的认识论。本章研究内容如图2.1所示。

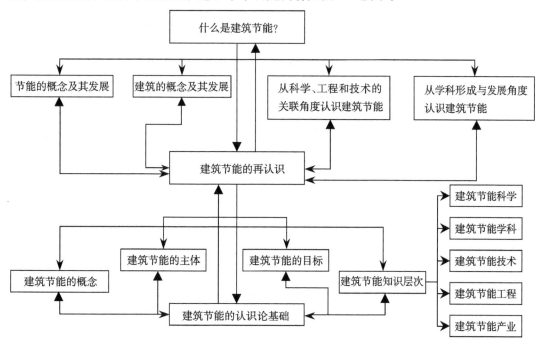

图2.1 建筑节能的科学认识过程

2.1　节能的概念及其理论基础

节能是节约能源的简称，在不同时期有不同的内涵。我国新修订通过的《节约能源法》中节约能源，是指"加强用能管理，采取技术上可行、经济上合理以及环境和社会可以承受的措施，从能源生产到消费的各个环节，降低消耗、减少损失和污染物排放、制止浪费，有效、合理地利用能源。"这表明，要达到节能目的，需要从能源资源的开发到终端利用的全过程，通过能源管理和能源技术创新与应用，与社会经济发展水平相适应，与环境发展协调，实现能源的合理利用、节约利用，以达到提高能源利用效率、降低单位产品的能源消费和减少能源从生产到消费过程中对环境的不利影响。可见，节能既涉及生产领域的节能，又包括了消费领域的节能，并总是与一定历史时期的社会、经济、环境和技术条件密切联系。

1. 能、能量和能源

物理学中的"能"指的是物体做功的能力。能量是能的数量和质量的统一，表征能源数量的多少和做功能力的高低。能源的解释目前大约有20多种不同的定义。世界能源大会（WEC）认为，"能源是使系统能够产生对外部活动的能力"，这一定义中的"能源"实际上指的是"能"，因为英文中"能"和"能源"用的是同一个词。我国的《能源百科全书》说："能源是可以直接或经转换提供人类所需的光、热、动力等任意形式能量的载能体资源。"我国《节约能源法》中规定，"能源是指煤炭、石油、天然气、生物质能和电力、热力以及其他直接或者通过加工、转换而取得有用能的各种资源。"可见，能源是一种呈多种形式的，且可以相互转换的能量的源泉，是自然界中能为人类提供某种形式能量的物质资源。

能源的基本属性包含了自然属性和社会属性两个方面。上述定义描述的自然属性即物理属性或资源属性，表现为作为自然界中物质资源的客观性和稀缺性；形式多样性及可转换性；从开源、转换、输配到利用整个过程的多样性和复杂性。能源的社会属性表现为能源作为国民经济发展的重要物质基础，能源的供应在许多国家被视为公共服务，体现了能源的社会经济性；能源利用主体和能源服务对象的广泛性，以及能源资源作为社会财富的公平性等。

2. 能耗和能源服务

能源的利用或消费即形成能耗，消耗能源的目的是提供一种服务，即"能源服务"。陈新华[2]从能源服务角度将能源分为三类：移动力、热力和电力，并由能源服务引申出有用能源的概念，如图2.2所示。

从图2.2可见，能源服务都是通过技术设备来提供的。能源的消耗量不仅取决于技术

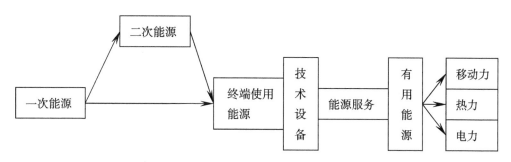

图2.2 能源服务概念的形成

设备的效率，还取决于设备的运行时间和设备运行主体的操控行为等。能源系统的利用效率就和技术设备的运行管理和更新改造紧密相关，能源消耗量的大小不仅仅受制于设备的技术水平，还与能源服务水平和能源服务环境要素密切相关。

3. 能源消耗的环境概念

能源活动引起的环境问题，通常称为能源环境问题。中国面临的能源环境问题主要有：燃煤过程中排放的二氧化硫造成严重的酸雨污染；化石燃料燃烧产生的二氧化碳排放引起的全球气候变化等。全球气候变化正严重威胁着人类的生存和发展，世界能源资源又将日益枯竭，从能源消耗的环境影响角度，中国已将建筑节能作为迈向低碳排放的一个关键领域。

建筑能源消耗的环境影响体现在以下几个方面：新建和改建的建筑，要消耗掉大量林木、砖石和矿物材料，资源消耗速度超过资源自我补充速度，破坏了生态平衡导致生态危机；建筑的采暖、空调、照明和家用电器等设施运行消耗了全球约1/3的能源，主要是化石能源，而这些化石燃料是地球经历了亿万年才形成的，它将在我们这几代人中间消耗殆尽；建筑物在使用能源的过程中排放出大量的 SO_2、NO_x、悬浮颗粒物和其他污染物，影响人体的健康和动植物的生存；世界各国建筑能源使用中所排放的 CO_2，大约占到全球 CO_2 排放总量的1/3，其中住宅大体占2/3，公共建筑占 $1/3^{[3~4]}$。以美国纽约为例，2007年由于能源消耗所产生的温室气体排放比例，建筑占51%（包括电力消耗产生的间接排放）、交通占37.5%，而工业只占11.5%。2006年英国伦敦的温室气体排放总量中，建筑占71%、地面交通占22%，工业仅占7%；建筑排放中，仅燃气供暖就占了近80%。在中国城市中，由于能源统计分项方法与国外不相同，相应的碳排放量还没有统一的数据[5]。所以，建筑节能已成为建筑领域能源消耗的环境责任，既要重视建筑使用过程中能源消耗的环境影响，也要重视建筑建造过程中的环境影响。

4. 节能的理论基础

"在中国，为了多提供1MW的电力所需的发电费用至少相当于通过改善能效节省1MW的费用的4倍——这还不包括因矿物燃料燃烧而付出的环境代价。"[6] 所以，节能是解决能源和环境问题的最快捷和最清洁的方法。正确的节能实践活动，需要科学把握"节能"的本质，首先需要理解节能本身的理论基础。

1）物理学理论基础

根据热力学第零定律，如果两个热力学系统中的每一个都与第三个热力学系统处于热平衡（温度相同），则它们彼此也必定处于热平衡；热力学第零定律的重要性在于它给出了温度的定义和温度的测量方法，为研究热功转换奠定基础。根据热力学第一定律，能量可以转换为不同的形式，能量开发、输配、利用过程中任何形式的能量都不能被"扔掉"，这就要求能源消耗的速度不能超过自然界补充的速度，表明系统输入的能量是能源节约的基数和物质基础。根据热力学第二定律，当能量从一个封闭的系统通过时，系统用于做功的能量会减少，即能量的品质在形式自发转换过程中会持续降低。热力学用"熵"表示系统无序程度，则能量转换与利用过程中封闭系统的熵增加，可用于做功的能量减少，处于平衡态时的熵达到最大。热力学第一定律和第二定律对建筑能量利用的启发是，能量消耗过程中必须将能源数量和品质结合起来，创造一种集约的能源使用方式，按能量品质关系形成的消耗结构确定高品质和低品质能量的合理使用方法，尽可能创造消耗最大能量品质的系统。

1906 年能斯特提出了热力学第三定律，认为通过任何有限个步骤都不可能达到绝对零度，这个理论在生产实践中得到广泛应用，因此获得 1920 年的诺贝尔化学奖。美国化学教授 G. F. Pollow[7] 提出热力学第四定律，"任何能量转换的网络（或远离平衡态的耗散结构）是由一个与其环境耦合的瞬时系统组成的，这个系统的势能耗散率不仅受到系统内部的制约，而且受到外部环境的限制"。这表明，为了提高能源利用效率，应当重视能源利用过程中的产物，有效进行循环利用或进行反馈循环设计，使能量消耗本身变成生产更多能量的催化剂。这类似生态领域中的"自动催化反馈设计"原理，将垃圾作为生产资源并使能量在系统中保存尽可能长的时间，从而为充分利用能量品质提供有效途径，创造能源可持续的消费模式。以上热力学定律表明，人工环境营造过程中必须循环使用能源和资源，尽量将能量保存在建筑物中更长久，通过生存方式设计产生和利用副产品作为资源生产的物质和原料，尽可能减少能量循环过程中向自然环境排放能量。

当代社会是信息社会，信息不仅包含了人类所有的文化知识，还概括了我们五官所感受的一切。1948 年信息论创始人香农（C. E. Shannon）[8] 从概率角度给出了信息熵的定义，并认为信息熵的减少意味着信息量的增加，在一个过程中信息量等于负熵，信息熵就是信息量的缺损。薛定谔《生命是什么？》中有一段名言："生命之所以能存在，就是在于从环境中不断得到负熵，有机体是依赖负熵而生的。"生命的热力学基础，就是要求有机体维持在低熵状态，作为开放系统在与环境进行物质和能量交换的同时摄入低熵物质、排出高熵物质。建筑与有机体类似，建筑系统本身也不断与环境进行物质和能量的交换，同时通过建筑主体参与者进行信息传递，如图 2.3 所示。

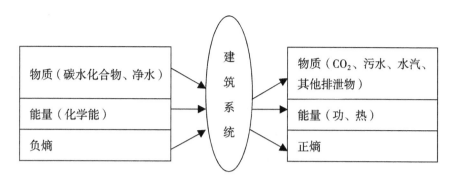

图 2.3　建筑系统生命过程

可见，建筑节能的物理学基础就是通过节能理念输入(信息量)，降低建筑系统能源的输入(能源的数量，热力学第一定律描述能量的守恒)和提高能源利用过程的效率(能源的质量，热力学第二定律描述能量转换的方向和条件)，来减少能源的消耗(热力学第四定律描述环境影响与制约)。输入的信息量越多，建筑系统单位能耗就越低。

2）经济学理论基础

能源活动是经济活动的重要组成部分，能源本身是开展一切经济活动的重要物质基础。能源的经济学理论基础主要包含能源的需求、能源的定价机制、能源产业的组织结构、能源对其他产业结构变动趋势的影响等理论。能源资源公平分配、能源资源有效配置、能源效率提高和能源经济协调发展等成为能源影响经济发展的中心问题，表现在能源价格变动对经济增长率、通货膨胀率、资本市场、劳动力供给，环境污染以及真实工资的影响等。

能源产业建设周期长、建设成本高，只有能源价格与节能成本反映长期的边际成本，使能源投资有利可图，才能促进能源产业的可持续发展。能源服务受能源消费市场机制的影响，能源服务的成本通过能源系统的经济性体现出来，通过合理的能源价格进行调控。能源价格不仅要反映能源生产成本，还要反映能源资源的稀缺性，能源使用的环境和社会成本，以及保障能源安全(如剩余生产能力)所需要的成本等，要求每一种能源的使用都要考虑其经济成本和可持续发展的未来市场。

能源消费带来的污染具有强烈的外部性，污染给全社会造成损害，能源消费者支付修复这些损害所需要的成本，可以通过税收的形式在价格上得到体现。在市场经济中，能源节约和开发是完全不同的。节能的市场缺陷和市场障碍要比开发大得多，而节能具有公共事务的性质，市场作用有限。能源供应系统主要由市场决定价格、数量和技术选择，政府的作用应限于市场失灵的能源节约领域。据世界银行研究[9]，市场力量对实现节能潜力的贡献率只有 20%。市场经济国家的实践表明，节能同环保一样，政府必须起主导作用。

3）社会学理论基础

节能活动所涉及的技术和工艺实践既服从自然科学和技术科学规律，同时又需要从社会的观点去分析其社会属性，这是由能源活动的社会属性决定的。随着人类对各类能源开发与利用的规模、水平的不断提高，能源系统与社会系统之间的关系越来越复杂，与能源相关的社会问题也越来越尖锐，这就需要利用能源社会学理论来分析和解决问题，研究能源系统与社会系统协调运转的机制与规律，探讨促进人与自然、环境的协调发展，促进能源资源的可持续利用的途径与措施，其社会属性体现在能源系统与外界进行物质转换、信息传输过程中产生的各种社会关系以及能源系统内部形形色色的社会关系，主要包括能源与社会文明、社会变迁的关系，能源的开发、消费与人类社会可持续发展的关系，能源利用与全球环境变化的关系，能源与国家政治、经济、社会安全的关系，能源社区与能源组织中各种关系以及未来能源与未来社会的关系等。

建筑领域的能源消费，具有更显著的社会属性。建筑能源服务的对象不仅是自然的人，而且是社会的人；不仅要满足人们物质上的要求，而且要满足他们居住文化和传统习惯上的要求，能源节约已成为一个与社会公平相关的重要问题之一。

可见，基于节能的三大理论基础，能源具有三种属性，即自然属性、经济属性和社会属性，自然属性和社会属性是能源的基本特性，而经济属性属于能源的应用特性，如图 2.4 所示。当前，世界各国政府都已经对可持续发展达成理论和行动上的共识，而在可持续发展的框架下建立能源的"自然 – 社会 – 经济"一体化系统，从而实现能源与经济、人和社会协调发展，已成为推动经济和社会发展的根本途径。

图 2.4　能源的三性

2.2　建筑节能的概念及其发展

1. 建筑分类

建筑物是建筑节能的物理载体，建筑分类是建筑能耗分类管理的基础。科学地对建筑进行分类，是开展建筑节能活动的重要前提和基础工作。

根据用途分类，建筑分为民用、工业和农业建筑。目前，工业建筑能耗一般按生产能耗统计，而农业建筑能耗一般具有分散性、强度低的特征，所以，一般所说建筑能耗通常指民用建筑能耗，建筑节能主要指民用建筑的节能。所以，我国根据开展建筑节能工作的对象不同，普遍采用按建筑能耗特性分类的方式，将建筑分为五类，即北方城镇采暖居住建筑、城镇非集中采暖居住建筑、农村住宅、一般公共建筑和大型公共建筑。大量研究表明，单体建筑面积 2 万平方米以上且全面配置采暖空调系统的高档办公、交通或商业建筑，这类大型公共建筑能耗密度是不采用集中空调系统的小型公共建筑的 3 ~ 8 倍，并且暖通空调系统的能耗占建筑总能耗 40% ~ 60%，是建筑节能运行和实施节能改造的重点。

按支付建筑能源消耗的资金来源不同，将既有公共建筑划分为商业性建筑和政府性建筑，前者的能源支出是商业建筑提供服务所必须支付的运营成本，提高能源系统效率获得的节能量有利于扩大其商业利润，节能活动可实现一定的内部效益；后者一般由政府财政支付其能源费用，能源系统的效率需要通过制度和强制管理手段才能与建筑使用者发生关联，实施节能活动主要产生外部效益和影响社会公平。

按建筑运行使用方式，将公共建筑分为全天连续运行、间断运行两种类型。前者需要全天向建筑提供能源保证其正常使用，包括宾馆、饭店、医院住院大楼等；后者一般有具体的作息时间，上班时段需要能源系统的正常供应，维持合理的室内环境质量，如商场、办公建筑和科教文化体育建筑等。

由于不同类型的建筑其能耗构成及适用的节能技术途径不同，建筑分类需要结合建筑使用特征、采暖空调系统及设备形式、采暖空调运行调控方式，并从有利于加强建筑能源管理角度进行合理分类，建立适当的建筑分类模型，才能针对不同类型的建筑能源系统提出设计与改造的一般方法，使节能活动的措施具有针对性和可操作性。

2. 建筑节能概念的演变

从建筑节能理念发展历程看，最初"建筑节能"（energy saving in building）指节省能耗、减少能量的输入，后指"在建筑中保持能源"（energy conservation in building），减少建筑的热工散失；现在"提高建筑中的能源利用效率"（energy efficiency in building），指不是消极被动地节省能源，而是从积极意义上提高利用效率，高效地满足舒适要求。"能源效率"，按照物理学的观点，是指在能源利用中发挥作用的与实际消耗的能源量之比，即为终端用户提供的服务与所消耗的总能源量之比。世界能源委员会在 1995 年出版的《应用高技术提高能效》中，把"能源效率"定义为：减少提供同等能源服务的能源投入。

上述关于建筑节能的定义主要存在两种相对的见解，实质上是关于建筑能源的"质"与"量"之争，即提升建筑用能的品质还是控制建筑能耗的规模数量问题。这两类见解都反映了建筑用能的部分本质，但不够全面、深刻。强调建筑用能的"质"，即按品质用能减少热能系统做功能力损失，体现了分级用能的技术原理，关注建筑用能热功转换的发生过程，倾向于把建筑节能问题看作一个技术问题来处理，容易忽视建筑节能复杂体系的社会、文化和环境问题。而强调建筑节能的"量"的观点，即关注建筑实际能源消耗总量，主张通过能源管理把建筑用能定额制度化、建筑用能规划的方针政策作为建筑节能的突破口，实质上强调的是建筑节能的数字节能，而容易忽视建筑节能在不同时空地域条件下的差异性，导致建筑节能工作"一刀切"的简单化做法。科学定义建筑节能，应该把上述两个方面协调、统一起来，不仅要从能源的质与量的统一基础出发，还要从建筑本身及能源系统的属性出发，形成对建筑节能活动的全面认识。辩证地看能耗与能效之争，结合不同阶段的目标与任务，从全过程控制去认识建筑节能的历史使命，从能源供应侧、需求侧、输配环节的不同主体去分析所采取的不同方法和手段。

我国《民用建筑节能条例》定义民用建筑节能，是指"在保证民用建筑使用功能和室内热环境质量的前提下，降低其使用过程中能源消耗的活动"。《建筑节能基本术语标准》（GB/T 51140—2015）定义建筑节能为"建筑规划、设计、施工和使用维护过程中，在满足规定的建筑功能要求和室内环境质量的前提下，通过采取技术措施和管理手段，实现提高能源利用效率、降低运行能耗的活动"；定义建筑能耗为"建筑在使用过程中由外部输入的能源总量"。表明民用建筑节能的基本任务是降低建筑使用过程中的能源消耗，并说明了节能的前提条件是确保建筑使用功能和营造适宜人工环境质量。这个定义将节能的任务和节能对象即客体结合起来，但对建筑节能的实施主体没有述及，作为客体的建筑也仅指作为几何存在的单栋建筑物，作为物理存在的建筑环境只提及了室内热环境，而没有指明建筑运行过程中相互关联的人工环境中室内空气环境品质和作为城市环境组成的建筑外部微气候环境等。

3. 建筑节能的特殊性

1）建筑特殊性决定的建筑节能特殊性

建筑节能是对建筑性能的提升和服务功能的拓展，离开了建筑，就不存在建筑节能。建筑的人本性是建筑功能实现的必然要求，建筑节能是在保证建筑环境品质的前提下实现建筑安全、健康的居住功能，降低建筑能源需求和提高建筑能源利用效率，以不断适应人们对居住环境舒适健康水平提升的需要，使建筑节能活动具有显著的社会性。建筑的开放性和系统性决定了建筑节能系统的开放性，建筑节能不仅受到建筑系统自身发展的影响，还受到社会经济发展水平和人们的价值追求的影响，从政府、企业和工程技术人员到普通百姓对建筑节能的认识水平和价值取向都会通过管理的、工程的、经济的或社会的方式影响建筑节能的发展与演变。建筑系统的层次性和复杂性决定了建筑节能系统是复杂系统，建筑系统节能是整体节能。对建筑节能的认识就要把握其系统的综合性和实践的集成性。

2）建筑能耗特殊性决定的建筑节能特殊性

按能源服务对象不同，能源消耗通常分成工业、建筑和交通能源消耗三大领域。在这三大领域中，完成能源消耗的技术设备、使用环境、操作方式及运行主体不同，其能耗形成规律就不一样。国际上建筑能耗有狭义和广义之分，狭义的建筑能耗是指建筑物使用过程中消耗的能源，即建筑运行能耗；广义的建筑能耗则是指在狭义建筑能耗之上加上建筑材料生产和建筑施工过程中的建造能耗。与生产、交通相比，建筑能耗具有不同的特征，具体见表2-1。

表 2-1　不同能源服务领域能耗的特征

比较内容 能耗领域	能源服务类型	能耗载体	实施主体	主要属性	计量方式	影响能耗的主要因素
建筑能耗（狭义上）	热力、电力	民用建筑设施及设备系统	全社会的人	自然、经济、社会	单位建筑面积能耗或人均能耗	地域气候、建筑类型及本体节能性、设计施工水平、使用者行为模式、运行管理水平、能耗计量方式
生产能耗	热力、电力	生产工艺及设备	培训上岗的生产人员	经济	单位产值能耗	产品生产工艺先进性及设备效率水平
交通能耗	移动力	交通工具	持证上岗的驾驶员	经济、社会	单位里程能耗	交通工具及运输路况

表 2-1 表明，建筑能耗的特殊性表现在：建筑的使用者和建筑能源系统的服务对象是全社会的人，所有生活在建筑中的人都可以参与建筑设备的操控和建筑环境参数的调节，但大多数人都不理解建筑设备的性能和正确的操作方法，更不理解建筑节能的原理，没有强制的节能使用规程进行指导，其对建筑设备的操作方法和环境的控制方式是主观、随意的，建筑使用者的行为方式和生活习惯对建筑能耗影响很大，体现了建筑节能主体的特殊性和广泛性。建筑能耗需求的层次性和能源服务水平的多样性源于建筑自身的特性；建筑的基本属性决定了建筑环境营造必须以适宜居住为本，人的需求存在个体差异，要求建筑能源服务水平因人而异[10~11]。此外，建筑的地域特征决定了建筑能耗受地域气候条件影响很大，不同地区、不同功能的建筑，提供不同服务水平的建筑能耗水平也不同中国幅员辽阔，南北东西气候差异显著，各气候地区的建筑节能都必须与当地气候条件相适应，不同地区采取的节能技术措施、产品和途径不一样，没有一个统一的标准或规范能概括所有气候地区的建筑，表明建筑能耗具有显著的地域性。这些特性表明，建筑能耗不能用简单的指标进行描述，建筑能耗高低受到诸多非技术因素的制约，其形成与发展比生产能耗和交通能耗要复杂得多。

2.3　从科学体系角度认识建筑节能

根据工程哲学[12]的基本观点，"科学、技术与工程是三类既紧密联系又有本质区别的活动，科学活动以探索发现为核心，技术活动以发明革新为核心，而工程活动以集成建构为核心"。李伯聪教授认为[13]："所谓科学、技术、工程'三元论'，其基本观点就是承认和主张科学、技术和工程是三个不同的对象、三种不同的社会活动，它们有本质的区别，同时也有密切的联系。"

对建筑节能的认识，可以从科学、工程、技术，以及三者之间的关联角度进行分析，探索建立建筑节能的整体概念和科学内涵。

1. 建筑节能科学的认识基础

1）建筑科学在现代科学体系中的定位

恩格斯[14]说："只要自然科学在思维着，它的发展形式就是假说。一个新的事实被观察到了，它使过去用来说明和它同类的事实的方式不中用了。从这一瞬间起，就需要新的说明方法了。"这表明科学作为人类对自然和世界的一种认识方法，本身就是在正确与错误中不断发展。工程是为了满足人类社会的各种需要，在集成科学、技术、社会、人文等理论性知识及境域性知识经验的基础上，在经济核算的约束下，调动各种资源，在特定的空间场域和时间情境中，通过探索性、创新性、不确定性和风险性的社会建构过程，有计划、有组织地建造某一特定人工物的实践活动[15]。

1984年，钱学森[16]提出了工程科学的概念，论述了工程科学的思想。工程科学是以自然科学中的基础科学为基础，将基础科学与工程技术联系起来逐步形成的。基础科学、技术科学、工程科学同属于自然科学的不同层次。在这三层次中，抽象性和普遍性逐渐减弱，实践性和特殊性逐渐增强。1996年，钱学森又将建筑科学辟建为一门独立的大科学门类，提出建筑科学作为现代科学技术体系的第11个大部门，将建筑、园林与城市作为建筑科学体系三个部分，纵向上都分别包含了基础理论、技术科学和应用技术三个层次，并认为建筑科学的中心内容是研究人居环境，广义上就是"人居环境科学"。一方面他从整个科学技术体系角度来看问题，把自然科学、社会科学联系起来；另一方面他坚定不移地运用马克思主义哲学思想指导建筑领域的工作，同时提出重视建筑哲学问题，认为建筑哲学是连接建筑科学与马克思主义哲学的桥梁。钱学森建筑科学的层次结构见表2-2。

表2-2　建筑科学的层次

马克思主义哲学——人认识客观和主观世界的科学	哲学
建筑哲学	桥梁
第一层次：建筑学	基础理论
第二层次：现在的建筑学、城市学	技术科学
第三层次：现在的建筑设计、城市规划	工程技术

顾孟潮[17]绘制的建筑科学技术体系图，如图2.5所示。

图2.5表明，在基础科学层次，建筑科学广泛吸纳其他科学大部门的综合性理论，涉及建筑与人、建筑与社会、建筑与自然、建筑与文化、建筑与科技等内容。建筑科学的第二层次是技术科学层次，技术科学层次的学科是工程技术的理论基础；建筑科学的第三层次即工程技术层次，包括了与技术科学层次相对应的城市规划设计、市政工程设计、建筑设计、园林设计的各种工艺、标准、规程等。

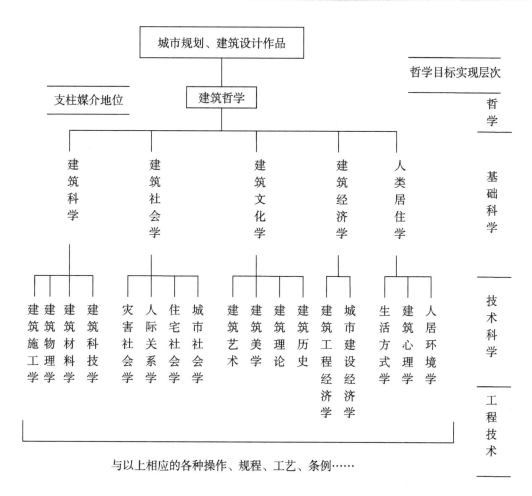

图 2.5　建筑科学技术体系

建筑科学观属于建筑哲学范畴，以建筑理论为基础。建筑哲学回答的是城市与建筑领域最基本的问题：人类为什么要建造城市与建筑？为谁建造？怎么建造？什么样的城市与建筑才是适合人类的现在与未来理想的？钱学森建筑科学思想的提出，对整个建筑科学的发展具有奠基性的意义，它给予人们一个新的关于建筑科学理论体系思维的总框架，开拓了建筑科学理论的思维空间，为我国的建筑科学理论发展奠定基础。

2）建筑科学与人居环境科学

吴良镛[18]第一次正式提出建立"人居环境科学"，建立以人与自然的协调为中心、以居住环境为研究对象的新的学科群，其人居环境科学研究基本框架如图 2.6 所示。图示表明，人居环境科学系统横向结构上包括了自然、人、社会、居住和支撑网络，纵向空间层次上从全球、区域、城市、社区到建筑基地，不同层次和要素之间，同一层级和要素内部都存在相互作用和影响。人居环境科学的五大原则实质体现了五种观念，即生态观、经济观、科技观、社会观和文化观。其生态观要求人类正视生态的困境，增强生态意识，树立"天人合一"，倡导"生态文明"；经济观要求人居环境建设应与经济发展良性互动，科学决策，节约各种资源，减少浪费；科技观要求发展科学技术，发挥科学技术的积极能动的作用，推动经济发展和社会繁荣；社会观要求以人为本，关怀整个社会广大人民群众的整体利益；而文化观则要求科学的追求与艺术的创造相结合，尊重并发挥各地建筑文化的独创性，将文化环境建设作为人居环境建设最基本的内容之一。

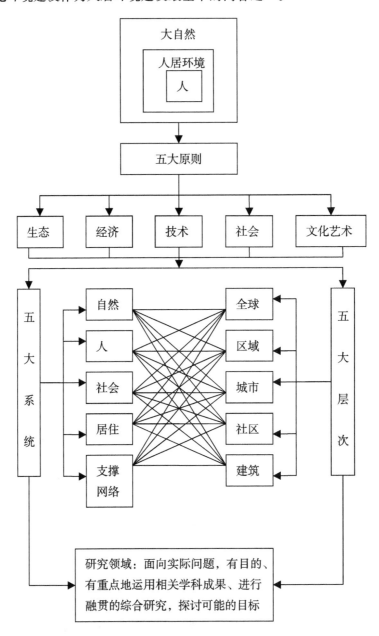

图2.6 吴良镛的人居环境科学研究基本框架

建筑科学在现代科学体系中的定位、人居环境科学的发展和科学观系统的建立为建筑节能科学体系的构建和建筑节能科学观形成提供了很好的参考。

2. 科学认识建筑节能工程与技术

工程实践是人们根据自身的需要，依靠自然、适应自然，并在认识自然的基础上能动地改造世界的有目的的活动，其实质是作为社会活动主体的人的能动性、目的性、对象化与客观化的过程。技术是需要更多的资金开发出来的有经济目的、社会目的的知识体系，是一种为了创造价值的特殊知识体系。技术是工程活动的基本要素，存在于一定的物化过程或者工程性质的活动中，若干技术的系统集成便构成了工程的基本状态。技术与工程的区分表现在三个方面：①技术是认知活动，而不是工程活动本身；②工程必须应用技术知识，但不能等同于技术的应用；③工程活动中的新技术知识的发明的目标是利用这些知识去建造人工物[19]。

建筑节能工程是为了实现节能工程在建筑系统中的目标而组织、集成的活动。建筑节能工程活动的核心标志是建筑节能实践的物化成果——构建具体的建筑节能项目所提供的建筑节能服务，是通过建筑节能技术要素与诸多非技术要素的系统集成为基础的工程活动。

由于建筑本身的特殊性和节能工程本身区别于其他工程的特性，建筑节能工程以建筑工程为载体，既具有一般工程的共性，又具有自身特有的属性。通过节能工程实践来丰富和强化建筑系统的功能，改善居住环境品质，直接提升建筑的使用价值来实现建筑节能工程自身的多元价值。这是由节能工程的特性决定的，节能实践本身的产物不具有独立的使用价值，节能性作为建筑工程的属性之一，同安全性一样，必须依托建筑工程这一载体来实现其目的和目标。关于建筑节能工程的认识与实践，本书第 4 章将专门论述。

建筑节能技术是建筑节能工程中的一个子项或个别部分，不同的建筑节能技术在建筑节能工程中有着不同的地位，起着不同的作用，彼此之间存在不同的功能。不同的建筑节能技术在一定环境条件下，通过有序、有效的合理集成，以不可分割的集成形态构成建筑节能工程整体。不同建筑节能技术方案的对比取舍、优化组合以及实施后的效果评价都是工程决策中应该考虑的重要内容。虽然，建筑节能工程与建筑节能技术之间具有集成与层次的关系，但建筑节能工程不仅集成"建筑节能技术"要素，还集成许多非技术要素，是建筑节能技术与当前社会、经济、文化、政治及环境等因素综合集成的产物。所以，仅仅建筑节能技术问题还不能决定建筑节能工程活动的成败。相对于建筑节能工程而言，建筑节能技术是手段性活动，其任务是通过一项建筑节能方法或手段，构建一种建筑节能产品，服务于建筑节能工程的总体目标。

3. 科学认识建筑节能产业

按照产业经济学[20]的定义，产业是指具有某种同类属性、具有相互作用的经济活动的集合或系统。这里的"具有某种同类属性"是将企业划分为不同产业的基准，同一产业的经济活动均具有这样或那样相同或相似的性质。"具有相互作用的经济活动"表明产业内各企业之间不是孤立的，而是相互制约、相互联系的。这种"相互作用的经济活动"不仅表现为竞争关系，也包括产业内因进一步分工而形成的协作关系。产业内部企业之间的相互竞争与协作，促进了产业的不断发展。

建筑节能产业是指因建筑节能的兴起、发展而引起的各种产业的总和[21]。构成建筑节能产业的各部分产业以建筑节能领域为主要服务对象，以节约能源使用、提高能源利用效率为目的，从事于各种咨询服务、技术开发、产品开发、商业流通、信息服务、工程承包等行业。建筑节能产业涉及范围广，图2.7为整个建筑节能产业的构成关系。

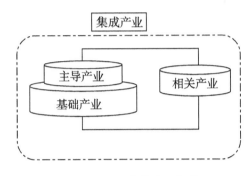

图2.7 建筑节能产业构成

主导产业在建筑节能全局中起着主导作用，引领着节能行业的发展方向，这部分产业的发展可带动整个建筑节能行业的发展；反之，建筑节能的开展情况也决定着这部分产业的市场发展、企业生存等状况，产业与建筑节能起着相互依存的作用。基础产业是开展建筑节能工作的基础，其企业的生存和发展与建筑节能的开展状况密切相关，对建筑节能有很大的依赖性。相关产业与建筑节能有相关性，其服务含有建筑节能的内容；其企业的发展对建筑节能开展状况也有影响，同时又相对独立于建筑节能；企业中有关建筑节能的服务质量，对建筑节能的影响显著，因而，会受到建筑节能的制约。以上三部分产业相互影响，共同作用，形成了涉及设计、咨询、施工、监理、运行维护、检测、评估等多个领域的建筑节能集成产业。同时，上述产业有效地链接起来，使得我国建筑节能产业成长为一个新兴的行业。

建筑节能市场又可分为新建建筑节能市场和既有建筑节能改造市场两类。由于一些既有建筑的节能改造是通过能源服务公司，以合同能源管理的方式实现的，因此成为节能服务市场的一部分。在节能服务市场上，市场交易的商品是专门的节能服务，市场的供方为节能服务企业，需方为建筑使用者，即业主。节能服务企业通过"合同能源管理"等的方式，为业主提供能源节约服务，包括为帮助业主降低建筑能耗而提供的咨询、检测、设计、融资、改造、管理等节能服务。节能部品市场是指以符合节能标准的各类建筑部品为交易对象的市场。市场的供方是节能部品生产商，需方有两类，一类是房屋的最终使用者，即业主，他们可以在市场上直接购买节能部品，并在建筑的日常运行当中使用；另一类是房屋的建造者、提供者，即开发商。他们购买节能部品，并将其作为建筑的一部分提供给业主。

从现代"科学→技术→工程→产业"知识链的角度认识和分析建筑节能科学→建筑节能技术→建筑节能工程→建筑节能产业之间的相互关系，在不同环节和层次之间存在着丰富多彩、复杂多变的关系，形成的是多层次的复杂知识网络，构成了综合的、集成、创新、开放的建筑节能科学体系。

2.4　从学科体系角度认识建筑节能

学科是科学学的词汇，属于科学学的范畴，是与知识相联系的一个学术概念。学科一般指一定科学领域或一门科学的专业分支，是分化的科学领域，是知识的分类，是对知识的划分。学科的基本特性是学术性，具有独立性与不可替代性，其构成元素是知识单元、学科组织、研究领域、理论体系、研究方法、规则与规范。学科的体系既要反映科学的体系，又要适合教学的要求。建筑节能学科属于建筑节能科学的范畴，是建筑节能领域知识的系统化集成。

1. 国际建筑节能学科的现状

建筑节能与人工环境营造是两个紧密相关的领域，逐步融合形成一个新的人工环境工程学科。人工环境工程英译名为 Built Environment，这一名称出现已近 20 年，其前身为 Indoor Climate。目前 Built Environment 逐渐被作为一个新的重要学科，统一了许多分散于多个领域的其他学科而迅速发展起来。英国在多所大学中设有以这一名称命名的学院或系，如英国诺丁汉大学的 School of Built Environment。日本名古屋大学也设有"环境工学"大学科，覆盖地球环境、城市环境和人居环境，日本京都大学的学科设置也类似。在美国，目前这一学科涉及领域主要分布于机械系和建筑系。

建筑技术科学的研究基础是实验研究，发达国家很重视建筑科学实验室的建设。日本筑波建有研究人员多达 98 人之多的建筑科学实验室，从事建筑热工学、建筑节能、建筑防灾以及绿色建筑等方面的研究。德国弗劳恩·霍夫建筑物理研究所拥有 100 多位科研人员，从事建筑热工学和建筑声学的应用基础研究，为德国的建筑节能和建筑噪声控制等相关标准规范的编制提供科学依据[22]。这表明，在发达国家，建筑节能研究也纳入了建筑技术科学研究的范围，并与绿色建筑与可持续建筑发展研究紧密结合。

2. 国内建筑节能相关学科现状

我国学科目录分为学科门类、一级学科和二级学科。学科门类和一级学科是国家进行学位授权审核与学科管理、学位授予单位开展学位授予与人才培养工作的基本依据，二级学科是学位授予单位实施人才培养的参考依据。根据科学研究对象、知识体系和人才培养的需要，在一级学科内进一步划分若干种既相关又相对独立的二级学科或专业。

工学学科门类中土木与建筑类为一级学科，包括建筑学、城市规划、土木工程、建筑环境与能源应用工程、给水排水工程等多个二级学科，多数二级学科在建筑的规划、设计、施工、调试、运行管理等不同寿命周期阶段都与建筑节能密切相关，涉及建筑的规划设计、施工、建筑设备及建筑环境营造等。从建筑工程学的学科角度看，建筑节能必然与城市规划、建筑学、结构工程、建筑设备工程等应用领域密切相连，但其学科理论基础又存在显著差异。例如，土木工程的学科理论基础主要是力学，而建筑节能学科理论是前述的众多学科的综合；建筑节能与城市规划学科的关联体现在人工环境中的建筑环境部分，关联点在空间关系上，而建筑节能在空间状态变化规律、空间状态运行调控原理等方面都超出了城市规划学科的范围。此外，土木工程和建筑学和城市规划的工程实践主要在建设阶段，学科理论主要关注建设。建筑节能学科的工程实践是建设与使用两阶段并重，学科理论强调建设与使用相结合，且更加重视建筑使用阶段的节能问题。

根据教育部《关于公布同意设置的高等学校战略性新兴产业相关本科新专业名单的通知（教高〔2010〕7 号）》，建筑节能技术与工程专业（代码：080716S），是批准在少数高校试点的目录外新增专业。这表明建筑节能技术与工程专业首次获得教育部二级学科地位，体现了建筑节能专业高级人才培养的重要性和紧迫性。2012 年普通高等学校本科专业目录中把建筑智能设施、建筑节能技术与工程两个专业纳入建筑环境与设备工程专业，专业范围扩展为建筑环境控制、城市燃气应用、建筑节能、建筑设施智能技术等领域，专业名称调整为"建筑环境与能源应用工程"（代码：081002）。建筑环境与能源应用工程专业的任务是以建筑为主要对象，在充分利用自然能源基础上，采用人工环境与能源利用工程技术去创造适合人类生活与工作的舒适、健康、节能、环保的建筑环境和满足产品生产与科学实验要求的工艺环境，以及特殊应用领域的人工环境（如地下工程环境、国防工程环境、运载工具内部空间环境等）。

3. 建筑节能学科体系的建立

建筑环境属于人工环境，建筑用能是营造人工环境所消耗的能源，建筑节能学科与人工环境科学、建筑工程、能源工程学科密切相关。建筑节能学科从纵向上包括建筑节能基础理论、技术理论和工程技术三个层次。建筑节能知识体系从横向上包含了建筑系统空间不同功能子系统在建筑节能寿命周期不同阶段的知识集成，相互之间交叉影响、互相融合，形成复杂的知识工程。

建筑节能是节能技术在建筑领域中应用，学科基础是能源的有效利用，应用对象是建筑工程，必然涉及土木建筑工程、能源动力工程等学科的基础理论——建筑物理学、建筑环境学、热工学、能源计量与测量学等。与生产节能和交通节能相比较，建筑节能表现出其特殊性和复杂性，其社会属性更加显著。虽然建筑节能学科的土建类学科特征是显著的，人才服务领域以建设行业为主，同时遍布其他行业，但前文分析表明，在土建类学科中，没有任何一个学科可以包容建筑节能学科内容。建筑节能超出了土建类学科范围，与材料类、能源动力类、环境科学类和地理科学类等学科交叉融合，共同发展形成的一门新学科。如何科学地对建筑节能学科进行定位，是影响该学科发展的重要因素。

2.5　建筑节能的再认识

1. 建筑节能的科学内涵

通过科学定义建筑节能，揭示建筑节能的本质属性和特征，形成对建筑节能的科学认识，才能进一步确定其理论与技术体系框架。笔者认为：建筑节能是指在建筑在整个寿命周期过程中，保证建筑使用功能和居住环境质量的前提下，为实现建筑能源发展战略目标而实施减少建筑系统能源消耗的社会活动总称。这一定义包含多层含义。

（1）特别提出"建筑节能是一项社会活动"。从社会学的意义上看，当个人的活动涉及他人的活动时，才能称为社会活动，具体包括了管理活动、工程活动、经济活动和人文活动等不同方面，强调建筑节能的主体是全社会的人，节能活动要求公众参与，同时建筑节能应以人的舒适、健康和居住保障为前提，所有建筑节能技术措施与产品应符合人与自然协调发展的原则，并以实现我国建筑能源战略目标为基础，体现了建筑节能的社会属性，以促进社会公平、保障健康舒适的居住环境为基本目标。

（2）建筑节能是"整个寿命周期"的系统节能，时间上的连续性体现建筑全过程节能的概念。建筑作为一个生命系统，从建筑系统寿命周期角度要求建筑节能规划设计、施工安装、调试运行和更新改造、拆除等各环节前后协调一致，使建筑建造过程的节能、运行过程的节能与拆除阶段的节能衔接起来，强调实现发挥建筑系统整体功能。这里强调了终端能耗与系统过程能效的统一，强调把能源的自然、社会和经济属性统一起来。

（3）建筑节能是"减少建筑系统总的能源消耗"，空间上的整体性体现建筑节能是建筑与相关自然、人工环境的大系统节能，宏观上也就是建筑与社会、自然环境发展的协调，微观上就是建筑内部不同子系统之间的相互协调，要求建筑布局、建筑材料、设备系统、能源系统配置与环境目标协调一致，不是某个环节或局部节能。

（4）"建筑能源发展战略目标"指建筑节能最终目标是创造以人、自然、社会协调统一的人居环境，通过提高与国情相适应的能源服务水平。实施减少建筑使用能耗的手段包含提高建筑系统用能效率和控制用能需求两个方面，来实现降低建筑用能和减少温室气体排放的目的。这一点与发达国家不同，因为发达国家一般只强调提高建筑用能系统效率，而不去反思如何消减或抑制过度的建筑能源需求；而中国的国情决定了我们既要重视提高用能效率，同时还要强调节约建筑用能，营造适度的人均居住面积，提高适宜的舒适和健康的室内环境，避免过度的能源需求。

江亿等提出的中国建筑节能的技术路线图，就是从我国未来可以获得的能源总量和环境容量条件出发，考虑社会经济发展各方面对能源的需求，建筑面积控制在 720 亿平方米以内，得到我国未来可用于建筑运行的能源总量应控制在 11 亿 tce 以下，具体见表 2-3。

表 2-3　我国未来建筑能耗总量规划[23]

分项 ＼ 指标	建筑规模（亿单位）		用能强度（kgce）		总能耗（亿 tce）	
	现状	720 规划	现状	720 规划	现状	720 规划
城镇住宅（户）	2.57	3.5	723	1098	1.86	3.84
农村住宅（户）	1.62	1.34	1102	988	1.79	1.32
公共建筑（m²）	99	191	21.3	24.3	2.11	4.63
北方采暖（m²）	120	200	15.1	6.1	1.81	1.22
总量（m²）	545	720	总量		7.56	11.0

2. 建筑节能认识论的构建原则

建筑节能的认识论就是要回答"建筑节能是什么？"的基本问题，是以对建筑节能社会实践活动的科学认识为基础，是建筑节能科学观的重要组成部分，属于建筑哲学的重要范畴。对建筑节能的科学认识理论的构建，应体现以下几个方面的原则。

1）尊重历史文化传统的社会学原则

中华民族在漫长的历史发展过程中形成了自己的历史文化传统，并通过建筑这一载体展示出独具特色的智慧。在中国人的建筑文化意识里，通过"天人合一"哲学意识的熏陶，社会学界一向把建筑看作自然环境系统的有机构成，也追求建筑与有关人文环境的和谐统一。在道家"天人合一"的思想支配下，建筑成为自然界的一部分，而且有无限的特质和意义。自然也被视为可循入的环境，而建筑和自然适当地融合，结合为一体便具有极大的表现力和生命力，从而造就了与西方建筑迥异的风格造型。正如《老子》所说："天地不仁，以万物为刍狗。"天地万物的存在并不是以人的意志和情感为转移，并不是显现出丝毫人为的迹象，这才是天地万物最真实的状态[24]。

中国人传统的生活习惯和居住方式是建筑节能的重要社会文化基础，勤俭节约是中华民族的传统美德。以住宅空调方式为例，我国城镇安设空调的家庭逐年增加，但很多家庭空调开启时间并不长。社会学原则要求以民生为本，既要重视一地、一国社会内部的和谐，也要关注地方与地方、国家与国家之间的和谐，更要关注普通百姓的居住文化和历史传统。这就是建筑节能的社会学原则。

建筑节能作为一项社会活动，其社会属性及节能活动本身的外部性，都要求国家发挥强大的政治动员能力和经济干预能力，通过建筑节能相关法制建设，保证建筑节能事业长期健康稳定发展。我国的政治体制正随着经济、社会和文化的发展而不断完善。节能减排作为党的既定基本国策，可以动员全社会的力量，发挥集中力量办大事的优越性，使我国的建筑节能能够实现跨越式发展。发挥政治体制优势，利用好中央加强节能减排领导的政策优势，倡导建设生态文明的思想，通过科学的建筑节能管理实现建筑节能的综合效益。

2）合理利用气候资源的地域学原则

从建筑的自然属性出发，纵观建筑的构造史，从建筑布局的向阳与遮阳、采光与遮光、保温与隔热、通风与避风、蓄水与排水等措施中看到古代人们"天人合一""顺物自然"的自然生态理念，反映了人与自然和谐共生、人与自然结合为一体的、朴素的科学理念，是建筑地域性的主要体现。以黄土高原的窑洞为例，窑洞背靠黄土高坡，依山凿出宽敞空间，南向开窗最大限度吸收阳光，利用土壤的保温蓄热，实现冬暖夏凉的居住环境。这样的建筑充分体现了与当地气候特征相适应，合理利用天然资源，实现人与自然和谐相处，是祖先创造的利用自然能源居住生活的典型杰作。气候条件的多样性是建筑地域性的客观因素之一，在建筑用能上的表现有：严寒和寒冷地区建筑需要采暖，围护结构强调保温，要求较高的建筑同时还需要安设空调；夏热冬冷地区空调和采暖都是必需的，要求建筑保温与隔热并重；夏热冬暖地区以空调为主，要求较高的建筑也需要采暖，因此建筑强调隔热，同时重视遮阳与通风的作用。建筑节能技术措施的选择必须要结合建筑的地域特征，与当地气候条件相适应，充分利用被动方式营造居住环境品质，加大可再生能源的利用比例，实现建筑节能因地、因时、因建设项目制宜。

3）适应社会经济发展水平的经济学原则

随着中国经济的快速发展，人民生活水平逐步提高，城乡人均住宅面积由 1978 年的 $7 \sim 8m^2$ 增长到 2008 年的 $28 \sim 31m^2$，与居住面积同步增长的是采暖、空调、照明、家用电器的用能需求的不断提高。随着城镇化水平的持续提高，城镇人口增加带来的对能源服务水平需求的增加也日益显著，建筑能耗迅速增长，使建筑节能工程总量、产业规模十分庞大，成为中国经济社会可持续发展的关键领域。

我国农村发展虽然落后于城市，但农村人口及农村建筑规模仍多于城市。2008 年，农村人口 7.2 亿人，占全国人口的 54.3%；农村建筑面积 237 亿平方米，而城镇建筑面积为 204 亿平方米。农村用能已从 20 世纪 80 年代以薪柴和秸秆等生物质能源为主(占 80% 以上)，到 2008 年商品能源的比例已提高到 52.7%，并且能源利用效率和建筑环境质量还明显低于城镇建筑。建筑节能的发展必然从城市、城镇到城乡，逐步覆盖全国。统筹兼顾重点建筑与一般建筑、公共建筑与居住建筑的节能，协调好城市建筑与农村建筑在建筑节能在不同发展时期、发展阶段上的关系，才能形成与社会经济发展水平相适应的建筑节能政策。所以，对建筑节能的认识，还必须结合经济社会发展现状和未来趋势，处理好建筑节能与低碳经济发展之间的关系。这是建筑节能发展的经济学原则。

4）遵循建筑实践发展规律的工程学原则

我国城市房屋建筑结构以钢筋混凝土、非黏土砖等重质材料建造的多层或高层多户住宅为主，与西方国家多为木结构的低层或单层、独户或联排房屋不同，建筑热容量较高，热稳定性较好，由于热调节能力较强对节能有利。寒冷和严寒地区建筑一般采用外保温，可以满足建筑抗震设防的要求，适应我国许多地区地震烈度较高的特点，在保证建筑安全的前提下发挥墙体节能和提高热舒适效果的优势。

比如，北京的"绿色奥运"理念，为我国建筑材料产业尤其是绿色材料产业带来了重要的发展空间。国家游泳馆"水立方"采用聚四氟乙烯（ETFE）立面装配系统的膜结构，达到酷似水分子结构几何形状的效果，可以加快建设速度、降低成本，同时具有隔热、保温和环保的特点。"水立方"的景观照明采用 LED 节能灯，用高亮度白色发光二极管作为发光源，具有光效高、耗电少、寿命长、宜控制、免维护和安全环保的特点，比普通照明节能 70%。这是通过技术创新与集成应用实现建筑节能，体现了建筑节能的工程学原则。

5）公众参与建筑节能行动的社会实践原则

建筑节能的全民参与，主要让公众理解建筑节能活动。在实用的意义上，人们需要对建筑节能如何影响社会生活有一定了解；在民主意义上，公众有权利参与建筑节能政策和建筑节能技术决策的过程；在文化意义上，建筑节能充分尊重公众的居住方式和生活习惯，有利于促进人与自然和环境协调发展；在经济意义上，建筑节能还应为公众参与提供更多就业机会，用更高效的经济成本营造健康的居住环境品质。公众作为建筑节能主体中的利益相关者，这就要求以公众理解建筑节能活动为前提，需要通过提高公众对建筑节能科技方面的素养，知悉建筑能源使用过程的废物排放情况及对社会的影响等。

公众理解并参与建筑节能活动，有利于促使建筑节能活动的决策者更广泛地获得工程相关的各种信息，在更大程度上避免当公共利益与个人利益冲突时，为维护个人私利而损害公共利益，影响社会公平。所以，对建筑节能的认识，还必须充分重视公众参与这一重要的社会实践原则。

3. 建筑节能认识论的理论体系构建

邹德侬[25]对"建筑理论"下的定义：以科学的方法、对建筑设计创作实践所涉及的各种因素及其运动规律做理性的研究，并提出相应结论的科学，是建筑教育的重要内容和进行建筑创作及建筑评价的基本依据，它科学地总结过去、指导现在并预测未来。根据这个定义，建筑理论分为建筑基本理论、建筑应用理论、建筑跨学科理论和建筑评价理论四大类。同建筑理论一样，建筑节能的理论也可以分为基本理论、应用理论、跨学科理论和评价理论四大类，每个方面的理论都应体现对建筑节能的科学认识与实践的成果，具体的建筑节能理论常常是交叉的、综合的。比如，建筑能耗理论包括建筑能耗的统计计算、建筑能耗构成、建筑能耗基准及评价、建筑能耗影响及规律等内容，是建筑节能实践的起点和立足点，也是建筑节能评价的主要依据，既属于建筑节能的基础理论，同时又具有跨学科理论、应用理论和评价理论的内容。

建筑节能的认识理论基础是基于建筑节能科学中建筑、能源、环境、自然、经济、文化与社会等相互之间关系的认识形成的，基于建筑节能作为社会活动的认识基础，本身就是一个包含社会多元主体、技术、经济、自然生态环境的巨系统。价值观、地域观、系统观、技术观和教育观都是建筑节能科学观的组成部分，是从不同角度对不同研究对象进行的理论思考和总结，是从科学认识建筑节能这一复杂问题的众多途径中提炼和发展出来的具体看法和理论。建筑节能认识论的体系结构如图 2.8 所示。

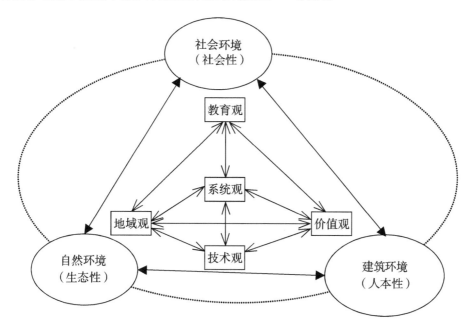

图 2.8　建筑节能认识论的体系结构

与建筑节能活动主体最近、最直接的是价值观，它的核心是以人为本；与自然生态环境最近的是地域观，根源于建筑与能源需求本身的地域性。与社会环境最近的是教育观，它是建筑节能知识工程建立、专门人才培养和公众科普教育的理论基础，需要通过科学技术、教育体制、经济发展和社会组织等中间变量来实现的。技术观则是对建筑节能技术发展方向和方案筛选与评价的总原则和方法，是支撑建筑节能科学观系统的主要物质基础和信息手段。系统观是融合建筑节能各种认识的重要手段，统筹了建筑节能价值观、地域观、技术观和教育观，是系统科学和系统方法在建筑节能领域的具体结合。

在不同时期，对不同的社会主体，描述建筑节能科学观的具体内容可以不同，但基本上都应该反映出建筑节能发展过程的一般规律，并为大多数人所接受，在建筑节能实践中接受检验，才能不断丰富和发展建筑节能自身的理论，形成一个与时俱进的、开放的建筑节能理论体系。建筑节能理论的体系框架如图 2.9 所示。

对建筑节能理论的准确把握，需要站在科学与工程哲学高度，应用跨学科的理论方法，从建筑节能社会活动的大系统出发，把握建筑节能系统的属性和特征，认真研究建筑节能的价值理论、地域理论和系统理论三个建筑节能的关键理论，将建筑节能的评价理论、跨学科理论和应用理论与建筑能耗这一基础理论充分结合，从国家政策制度、学界科学研究、社会工程技术应用到产业经济领域的实践活动各个层次，才能形成建筑节能理论

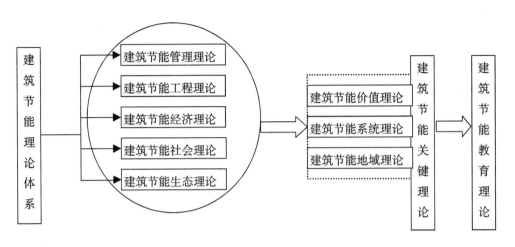

图2.9　建筑节能理论体系

的完整体系。所以，建筑节能关键理论，就是指建筑节能理论体系中围绕建筑节能基本问题、针对建筑节能基本特性和开展建筑节能实践的基本方法的一系列理论知识，是可以用来与交通领域节能、生产领域节能区别的主要特色理论。

4. 建筑节能的主体

我国《建筑节能管理条例》中指出，建筑节能的市场主体是"建设单位、设计单位、施工单位、监理单位及其他与建筑节能有关的单位和个人"。作为社会活动的建筑节能，全社会成员及相关组织都是其主体，形成建筑节能活动的共同体，这是建筑节能复杂性的原因之一。

不同的人在建筑节能不同寿命周期阶段中的作用表现不同。自然人和特定时期和范围的建筑节能主体是利益共同体，包括政府部门、房地产开发商、业主或使用者、材料设备供应商、施工单位和第三方规划设计、监理、物业管理单位等在具体建筑节能活动中共同构成建筑节能的利益相关主体，形成建筑节能共同体。建筑节能共同体在建筑寿命周期过程中的相互关系，如图2.10所示。

由于建筑节能主体的复杂性和实践目标的多重性，必然引发"建筑节能谁受益？"的问题。对政府职能部门而言，建筑节能实现的节能量，可以节省政府有关能源的投资，提高系统可靠性和能源安全，节约的资金可用于其他目的，也能促进获取能源服务，改善当地的环境质量，以及对就业产生积极影响。建设单位、建筑设计、施工、监理、物业管理、能源服务公司等实体单位也是建筑节能的主体。而企业参与节能活动，更关注直接的经济效益，通过节能潜力与节能投资的比较进行判断。在市场机制下，基于合同能源管理的专业节能活动公司，注重效率原则，适合提供建筑节能的技术改造服务。建材及设备供应商为适应建筑节能的市场需求承担建筑节能的社会责任，通过节能材料及产品的推广，提升自身的市场竞争力和社会影响力。通过节能建筑市场对建材及节能设备需求的调研，开发出有市场竞争力的节能产品，利用国家发展节能建筑的经济激励机制，扩大产品的利润空间。

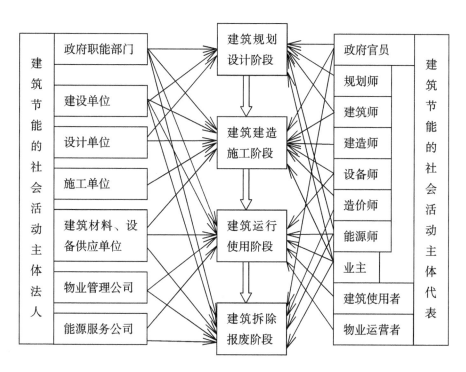

图 2.10　建筑节能共同体的构成关系

由于不同主体的地位和作用不同，对建筑节能的价值认同和节能意识强弱程度存在较大差异。以建筑节能目标来协调建筑节能共同体之间的关系，通过管理制度、经济激励、社会教育等措施理顺建筑节能各阶段的相关主体之间的责、权、利关系，是形成建筑节能社会活动主体关系和谐发展的重要途径。只有充分协调了建筑节能不同阶段主体各方的利益，使建筑节能共同体形成良性作用机制，发挥主体各方的主观能动性，在建筑节能科学观的指导下，通过科学的建筑节能管理才能保证建筑节能事业的健康可持续发展。所以，合理确定建筑节能的实施主体，科学认识建筑能耗构成规律与建筑节能对象之间的内在联系，是开展节能活动的重要基础。

5. 建筑节能的客体

建筑节能的客体指建筑节能实践活动作用的对象，应是抽象概念的建筑，既包含了宏观物理形态的建筑物、建筑设备设施及建筑使用者，又包含了微观的建筑综合环境，常常通过建筑节能工程活动来体现。这里所指的建筑综合环境，既是建筑外部环境和建筑室内环境在空间上的综合，同时又是建筑适应四季、昼夜气候变化与人体适应能力在时间上的动态关联，既有自然的环境因素，也有社会或人工环境要素。外部环境包括建筑微气候的自然条件、国家和地方关于建筑节能制度和法规等外部政策环境，地区经济、文化发展与消费水平等外部社会环境；室内环境包括室内热环境质量、室内空气质量、光环境质量等自然要素，也包括建筑使用者的行为方式、文化背景和消费选择等与人相关的社会要素。所以，建筑节能不仅涉及建筑设施和设备系统的硬环境，而且涉及政策、法规、管理和教育手段构建围绕建筑节能目标的软环境，既需要适合工程改造的技术手段，也需要科学的管理制度与学科专业教育的协同作用。

建筑用能包括建造能耗和运行能耗两个方面。建造能耗属于生产能耗，是一次性消耗，其中又包括建筑材料和设备生产能耗，以及建筑施工和安装能耗；而建筑运行能耗属于民用生活领域的消费环节，是建筑运行过程中的长期消耗，其中又包括建筑采暖、空调、照明、热水供应等能耗，是建筑使用过程中的能耗。发达国家把建筑节能的范围限于建筑使用能耗，这是因为建筑使用能耗比建造能耗大得多，而且建造能耗属于生产领域。我国建筑节能的范围目前按照国际上通行的办法，即指建筑使用能耗。但由于我国新建建筑规模很大，建筑平均寿命周期比发达国家短，也应同时重视节约建造能耗。

对建筑节能科学观的构建是针对世界范围内建筑发展与社会发展相适应的基本要求出发，探索对建筑节能科学认识的基础及其应用方法理论的体系。本文研究建筑节能，是从广义上指建筑寿命周期用能，包含建造能耗和运行能耗两个方面。建筑节能的科学观所描述的建筑节能范围也是从广义上分析，将建筑建造与建筑使用放在一个大系统中进行分析，从时间轴上研究节能整个过程不同阶段之间的相互关系。

6. 建筑节能的知识体系结构

建筑节能包含了建筑节能科学、建筑节能工程、建筑节能技术与建筑节能产业等不同层次理论知识与实践活动，它们彼此相互影响，共同构成建筑节能活动的知识体系结构，如图 2.11 所示。

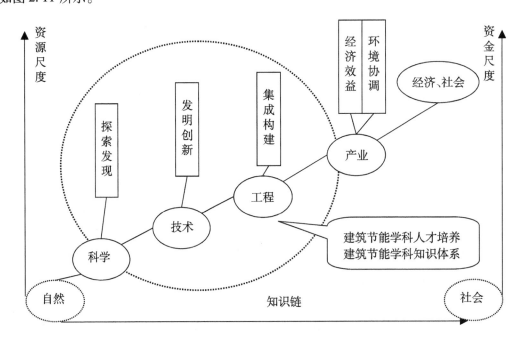

图 2.11　建筑节能的知识体系结构

从知识链角度看，建筑节能活动既包括科学技术的内涵，也包含工程科学、工程技术和工程管理的理念，这些知识在实践活动中可以转化为现实生产力；从工程活动的社会属性角度看，建筑节能是一种有计划、有组织、有目的的人工活动，通过建筑节能技术、产品或服务，向社会提供节能建筑，创造出相应的经济、社会或环境效益。从社会活动角度认识建筑节能，就需要系统研究其作为一门科学的理论体系和结构，作为一门学科的知识体系和人才培养要求，作为工程和技术层次应遵循的原则和发展规律，作为一个新型产业应遵循的发展机制。建筑节能工程既有与建筑节能科学、建筑节能技术的关联性，又有与建筑节能产业、经济与社会的关联性。建筑节能科学是对建筑节能活动的构成、本质及运行规律的探索与发现，并不一定要有直接的、明确的经济目标，但建筑节能技术、工程和产业则有明显的经济目标或社会公益目标，必然联系到市场、资源、能源、资金、环境、生态等基本要素，与经济和社会的关联程度比建筑节能科学高。

7. 建筑节能的目标特性

人的实践活动以目的为依据，目的贯穿实践过程的始终。而目标就是有标准的目的，某一行为活动目的的最终实现有赖于许多隶属的具体行为活动目标的实现。量化目标的基准可以用指标来表示，但目标本身不等于指标，将指标等同于目标，容易导致指标作用的扩大化，片面理解目标的意义。

由于建筑节能主体的多重性，建筑节能活动具有多重目标。建筑节能目标是节能目的的具体表达。建筑节能的目的是在有限能源条件下改善人们的工作生活环境，促进人民健康，促进社会和谐，实现建筑节能事业的健康可持续发展；而建筑节能目标可以分为基本目标和应用目标，基本目标是建筑节能发展的方向，是定性的、稳定的；应用目标是具体量化的、可考核的，根据经济社会发展水平和能源资源利用水平确定，是动态变化的。建筑节能的基本目标体现中国经济社会发展的要求，从目标性质上看属于改善目标，从组织层级上看属于总体目标，为"构建低碳排放为特征的建筑体系，建设建筑节能技术和建筑节能产业强国，用比发达国家少得多的能源，使中国人民过上越来越舒适健康的生活，促进社会和谐，保障经济可持续发展"。

《民用建筑节能条例》第一条规定："为了加强民用建筑节能管理，降低民用建筑使用过程中的能源消耗，提高能源利用效率，制定本条例。"表明民用建筑节能的目的也是"降低建筑使用过程中的能源消耗，提高能源利用效率"。根据国家发改委发布了我国首个《节能中长期专项规划》，其节能目标分为宏观节能量指标、主要产品（工作量）单位能耗指标、主要耗能设备能效指标和宏观管理目标四个层次。但将指标等同于目标或目的，容易导致人们追求"数字节能""虚拟节能"而导致"泡沫节能"的误区，片面追求建筑节能的技术指标和经济指标，淡化了建筑节能的社会目标，不利于建筑节能作为系统工程的有效推进。正如龙惟定[26]认为，"建筑节能的目标不是降低建筑能耗在总能耗中的比例或抑制建筑用能的需求，而是推进合理用能、科学用能、降低用能成本。我国今后的建筑节能的量值，应以未来我国能源供应的限额和建筑能耗在总能耗中的恰当比例为依据，进而研究不同气候区的各类建筑的节能目标"。可见，建筑节能的基本目标实质上就是建筑节能的目的，表达的是建筑节能发展应坚持的方向；而建筑节能的具体目标通常是阶段性的、量化的标准，作为建筑节能规划工作开展的重要指标。

所以，当前有关建筑节能规范标准、条例规划中所述建筑节能目标属于应用目标，是在一定条件下或在一定时期推进建筑节能应达到的标准和要求，具有条件性、阶段性和地区性的特征。

2.6 建筑节能的复杂性认识

系统科学观既是建筑节能科学观的认识基础，也是建筑节能科学观的重要方法论基础。用系统科学观认识建筑节能，就是把建筑节能作为一个系统，分析建筑节能的系统特性，形成建立建筑节能科学观体系中的系统观。建筑节能的系统复杂性，主要体现在整体性、人本性、开放性、动态性、多层次性和自组织性等几个方面，如图 2.12 所示。

图 2.12　建筑节能的复杂性构成

1. 整体性

整体性也称为系统性，是建筑节能最基本、最核心的系统特性。把建筑节能作为一个系统问题来分析，就是要从整体上去把握和认识建筑节能领域的所有现状和问题。建筑节能系统具有相对明确的结构、功能以及相对明晰的边界，系统要素之间相互关联，通过物质、能量或信息相通，空间与时间上通过特定集成方式协调、综合成一个功能良好的复杂系统。建筑节能系统的行为是由建筑系统中围护结构系统、建筑设备系统、建筑环境系统、建筑能源系统和建筑管理系统等各个部分的相互联系交叉影响造成的，反映系统与环境及系统内部各部分之间的约束、选择和协同关系，总系统的各子系统或各因素之间的关系是双向因果关系，表现出非线性的相互作用，具有复杂系统的特征。

2. 人本性

建筑节能活动是以人为主体的社会实践活动。在建筑节能系统中，相关利益和行为主体的理念及人与人之间的协作关系都应围绕"以人为本"为核心，体现系统决策者、资源提供者、建设者、运营者和各种利益相关者等主体的人本性，建筑节能系统才能良性发展。

人对建筑环境的最基本的需求是为了满足生理和心理要求。在建筑环境中，人是主体，应以人为基准，体现人性，表达人情。人的活动总是多种多样的，并且与年龄、性别以及社会经历、文化层次、生活方式等多种环境因素息息相关，不同的环境对人产生不同的影响。建筑本身就是人类生活生存的环境，建筑活动就是环境再创造活动。认识到环境对当代人及后代人的影响，才能处理好人与建筑环境的关系，以及建筑与其周围环境的环境关系，有助于构建建筑与人的和谐关系，使建筑环境符合人的心理情感因素。因此，要求人体活动与建筑环境协调一致、密切相关，乃是建筑环境的重要功能表现，也是人与自然协调发展的必然要求，构成建筑节能社会活动的基本目标。

3. 开放性

建筑节能是开放的系统，它与环境有密切联系，又与环境相互作用，并能不断向更好适应环境的方向发展。开放性是基于系统论的等价原理，即开放系统可以通过不同的输入和不同的系统结构达到同样的目标。作为开放的建筑节能系统，其不同围护结构材料、建筑设计形式和建筑设备对能量转换、输配和利用的影响本质是相同的，应作为整体来统一考虑。

建筑节能系统的开放性是系统自组织演化的前提条件。这种开放性不仅表现在建筑节能系统与外部社会、经济和生态环境的开放性，同时还体现在系统内部各子系统不同层次的开放性。系统内部元素之间、子系统之间通过物质、能量和信息的交换而相互作用，互相影响。在不同时期不同环节，建筑节能系统都受到来自系统内外自然或社会多领域环境复杂因素的影响，通过物质、能量和信息的频繁交流影响系统设计、建造和运行管理过程。建筑节能系统的开放性要求必须重视环境依赖性的同时，注重保护生态和人文环境。

4. 动态性

不同历史时期，由于经济社会发展水平不同，建筑节能也呈现不同阶段的特征。建筑节能的发展机制取决于系统内部相关因素相互作用的结果，其结构、功能和行为不断变化，通过建筑节能系统自身多样性、创新性演化，不断适应环境发展的需求。建筑节能的动态性是系统自组织演化的内在动力，表现为系统与环境之间、子系统之间和系统各要素之间的非线性相互作用。"非线性相互作用构成了竞争和协同辩证关系，导致技术系统从无序到有序的自组织演化过程。[27]"建筑节能系统内部各要素之间在系统发展过程中也充满竞争和协同作用，竞争使系统朝丧失整体性的方向发展，而协同作用却使系统内部各要素之间保持合作性与集体性，使系统保持整体性。这种竞争与协同的共同作用就形成了建筑节能系统的动态发展。

5. 多层次性

任何复杂系统都是由许多子系统、因素、层次、结构组成的。建筑节能系统作为一个复杂的多层次结构系统，反映在时间尺度、空间尺度和功能等多个方面，形成复杂的网络体系，系统属性和组分具有多样性和差异性导致系统组分之间相互关系的多样性和差异性。建筑节能具有多种多样的子系统，子系统的相互作用又形成子子系统，每个子系统有相对独立的结构、功能和行为；每一层次既构筑上一层次的单元，又有助于系统的某一功能的实现。建筑节能系统的多层次性是建筑节能复杂性的根源之一，也是建筑节能系统整体性认识的重要组成部分。

6. 自组织性

自组织性是开放系统在大量子系统合作下出现的宏观上的新结构。由于建筑系统及建筑节能系统本身属性与功能多样，系统与环境关系密切，具有上述开放性、动态性、整体性和人本性等特征，所以建筑节能系统是复杂系统，就具有复杂系统的自组织特性。建筑节能系统的自组织性主要表现为：系统内部和系统与环境的相互作用，使建筑节能系统在不同阶段和不同过程通过适应和调节向有序化方向发展；系统中各子系统的属性伴随系统结构演变而不断改变，与环境的协调关系在动态中改善；由于人及其组织或群体的参与，使建筑节能系统具有显著的社会经济属性，表现出现代工程系统所具有的学习和自适应的复杂特性等。

建筑节能系统的上述六大特性相互影响，互相融合，形成一个复杂的开放的巨系统，其基本属性决定了建筑节能遵循的是整体节能，是全过程的系统节能。这表明，对建筑节能的科学认识就要遵循"整体性、开放性、动态性"原则，要充分把握建筑节能系统的复杂性，从宏观着眼、微观着手，把建筑节能放在具体的自然、社会环境的大系统中进行分析，在社会经济发展的不同时期、不同水平条件下形成不同的特点。在建筑节能系统特性中，有一般系统具有的共性，也有建筑节能系统的个性。认识建筑节能的系统特性，关键是要在共性基础上认识其个性，把握建筑节能系统自身发展的机制。这既是建筑节能的认识基础，也是开展建筑节能实践的方法论基础。

2.7 建筑节能科学认识体系的建立

构建建筑节能科学观的认识体系，就是根据建筑节能的研究范畴、研究对象的基本性质和结构，以及研究对象的历史过程与规律，揭示建筑节能活动的发生发展规律。建筑节能科学是关于建筑节能理论化的知识体系，就是人们认识建筑节能发展规律的复杂的知识系统，既包括了自然科学中基础科学、技术科学和工程科学的内容，又包含了社会科学的内容，还包括了这些领域之间由于门类交叉、学科交叉、方法交叉所产生的各种边缘科学、横断科学和综合性科学。建筑节能科学的综合性体现在：建筑节能社会学、管理学、生态学、经济学和工程学不是简单相加，而是相互渗透和影响所形成的一门新兴的科学知识体系，既包括了认识理论，也包括了方法理论，是认识论和方法论的统一体。

　　建筑节能科学属于人居环境科学范围内人工环境学的重要领域，与能源工程学密切相关，在能源及节能属性、建筑科学和人居环境科学认识基础上，结合建筑节能本身主体特征、研究对象和内容，通过能源科学与技术和建筑理论交叉融合而形成的知识体系。建筑节能科学以建筑理论为基础，借鉴建筑理论的研究方法和现有的研究成果，并结合建筑节能本身发展变化规律，才能形成建筑节能的独特知识体系。本研究初步建立建筑节能科学体系框架，具体如图 2.13 所示。

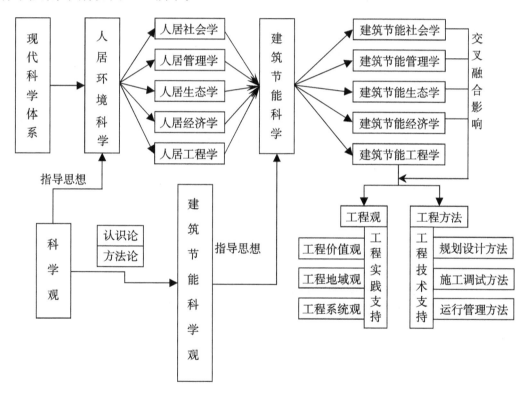

图 2.13　建筑节能科学体系

　　由图可见，科学观是建筑节能科学的最高层次，是解决建筑节能为谁服务的根本问题。建筑节能的科学观是建立在建筑科学观和人居环境科学观基础上，针对建筑节能基本问题进行研究，回答关于建筑节能基本问题的科学认识，是建筑节能科学体系的最高层次，属于建筑节能的哲学范畴。建筑节能科学体系内容丰富，包括建筑节能社会学、管理学、生态学、经济学和工程学这五个基本方面，实际上是不同学科交叉融合形成的新知识体系。同时，建筑节能科学体系是一个发展的体系，随着不同时期人们对建筑节能活动认识水平和实践层次的不同，建筑节能科学的内涵也不一样，但从根本上应体现建筑节能科学是建筑师、规划师、工程师等主体关于建筑节能本身及建筑节能设计、建造及运行管理优劣的系统认识和实践方法，是对建筑节能科学实践进行提炼与表达的知识体系。建筑节能科学的每个分支都受到其他分支的影响，形成次级的知识体系。比如，建筑节能工程学又分为工程观和工程方法，需要相应的工程技术理论与工程实践支持，从而形成建筑节能工程的科学知识体系。

本 章 小 结

本章通过对"什么是建筑节能?"的科学认识设问，围绕这一建筑节能基本认识问题进行论述，分别从能源的属性、建筑的属性分析了建筑节能在物理学、经济学和社会学方面的特性。从科学、工程、技术与产业角度分析了建筑节能的内涵，从学科角度讨论了建筑节能专门知识体系的学科定位，探索构建了建筑节能科学体系的知识结构。通过对建筑节能作为一项社会活动的重新认识，分析了建筑节能作为系统节能、整体节能和全过程节能的基本要求，给出了建筑节能的重新认识。从建筑节能的主体、对象、内容、建筑节能目的与目标和建筑节能的系统复杂性六个方面，详细阐述了建筑节能的科学内涵，形成建筑节能科学观的认识体系，为建筑节能工程实践奠定了认识理论基础。

本章主要参考文献

［1］中共中央马克思、恩格斯、列宁、斯大林著作编译局．马克思恩格斯全集(第23卷)［M］．北京：人民出版社，1972．

［2］陈新华．节能工作需要明确理论基础，避免战略误区［J］，中国能源，2006(7)．

［3］Ecologically Sustainable Development Working Groups. Final Report – Energy Use［M］. AGPS, Canberra, 1991：168.

［4］Bill Lawson. Building Materials Energy & the Environment：Towards Ecologically Sustainable Development［M］. Royal Australian Institute of Architects，Sydney，1996：12.

［5］龙惟定，白玮，梁浩，等．低碳城市的能源系统［J］，暖通空调，2009，39(8)：79 – 84，127.

［6］洪雯，等．建筑节能：绿色建筑对亚洲未来发展的重要性［M］．北京：中国大百科全书出版社，2008：3.

［7］［澳］彼得·格雷汉姆．建筑生态学［M］．王幼松，译．北京：中国建筑工业出版社，2008：144 – 145.

［8］赵凯华，罗蔚茵．新概念物理教程(第2卷)：热学［M］．北京：高等教育出版社，1998.

［9］王庆一，涂逢祥，朱成章，等．能源效率和节能［J］．经济研究参考，2004(8)：6 – 11.

［10］ Cho S H, et al. Effect of length of measurement period on accuracy of predicted annual heating energy consumption of buildings［J］. Energy Conversion and Management, 2004, 45: 2867 - 2878.

［11］ Chou S K, Chua K J, Ho J C, et al. On the study of an energy - efficient greenhouse for heating, cooling and dehumidification applications［J］. Applied Energy, 2004, 77(4): 355 - 373.

［12］ 殷瑞钰, 汪应洛, 李伯聪, 等. 工程哲学［M］. 北京: 高等教育出版社, 2007.7: 75 - 76.

［13］ 李伯聪. 略谈科学技术工程三元论. 杜澄, 李伯聪主编, 工程研究(第一卷, 2004 年)［M］. 北京: 北京理工大学出版社, 2004: 48.

［14］ 中共中央马克思、恩格斯、列宁、斯大林著作编译局. 马克思恩格斯选集(第 3 卷)［M］. 北京: 人民出版社, 1972: 561.

［15］ 邓波, 贺凯, 罗丽. 工程行动的结构与工程. 工程研究(第 3 卷)［M］. 北京: 北京理工大学出版社, 2008.49.

［16］ 田铂箐, 高博. 浅析钱学森的建筑科学思想［J］. 华中建筑, 2009, 27(1): 9 - 10.

［17］ 顾孟潮. 解读建筑理论——建筑哲学理论篇［A］. 鲍世行, 顾孟潮. 钱学森建筑科学思想探微, 北京: 中国建筑工业出版社, 2009: 582.

［18］ 吴良镛. 人居环境科学导论［M］. 北京: 中国建筑工业出版社, 2001: 71.

［19］ 邓波. 朝向工程事实本身——再论工程的划界、本质与特征［J］. 自然辩证法研究, 2007(3): 62 - 66.

［20］ 郑玉歆, 范金, 谭伟, 等. 应用产业经济学［M］. 北京: 经济管理出版社, 2004.

［21］ 付祥钊, 等. 重庆市建筑节能产业现状与发展研究报告［R］. 重庆大学, 2011.

［22］ 吴硕贤. 重视发展现代建筑技术科学［J］. 建筑学报, 2009(3): 1 - 3.

［23］ 江亿, 彭深, 燕达. 中国建筑节能的技术路线图［J］. 建设科技, 2012(17): 12 - 19.

［24］ 赵慧宁. 建筑环境与人文意识［D］. 东南大学博士学位论文, 2005: 18 - 19.

［25］ 邹德侬. 理论万象的现瞻性整合［C］. 中国现代建筑论集, 北京: 机械工业出版社, 2003: 384 - 390.

［26］ 龙惟定. 建筑能耗比例与建筑节能目标［J］. 中国能源, 2005, 27(10): 23 - 27.

［27］ 秦书生. 复杂技术观［M］. 北京: 中国社会科学出版社, 2004: 94.

第3章　建筑节能的方法论基础

恩格斯[1]说："全部哲学，特别是近代哲学的重大的基本问题，是思维和存在的关系问题。"这句话表明，社会思维集中反映着一个时代人们认识世界和改造世界的能力、成果和水平等方面。学术界对思维的研究的现状可以用"间接反映论"和"能动反映论"来概括，当前"反映性"的思维观依然是学术界关于思维内涵和本质认识的主流观念。马克思[2]说："哲学家只是用不同的方式解释世界，而问题在于改变世界。"

方法论是人们认识世界、改造世界的一般方法，是人们用什么样的方式、方法来观察事物和处理问题。一定的世界观原则在认识过程和实践过程中的运用表现为方法，方法论则是有关这些方法的理论。哲学上，认识论与方法论是一致的，有什么样的认识论就有什么样的方法论。但认识论与方法论的一致性不是简单的统一，懂得认识论并不等于掌握方法论。方法论是运用认识论的理论，但如何运用认识论去掌握方法论均需要进行专门研究。杨建科等[3]认为，思维的内涵应当是"反映、选择和建构"的统一。因为离开了建构，不论如何反映、反映什么，思维指导实践的功能也无从实现；并以认识世界和改造世界为两种基本思维层次，结合思维的两个基本对象领域：自然世界和社会世界，勾画出一种思维分类结构图，如图3.1所示。

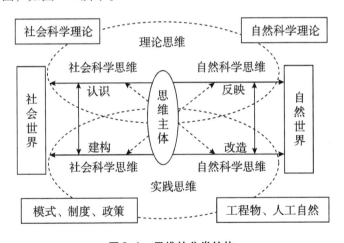

图3.1　思维的分类结构

建筑节能方法论的研究不仅要讨论建筑节能实践活动的规则、程序，还必须从思维的层面加以讨论。本章是在第2章建筑节能认识论的基础上，应用现代科学的方法论，从工程实践理论的一般方法入手，探索建筑节能的方法论基础，构建建筑节能科学与工程的科学思维和工程思维模型，主要内容体系如图3.2所示。

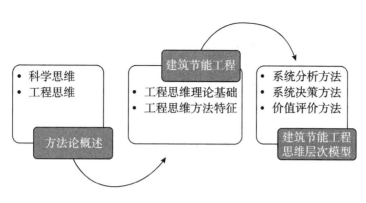

图3.2　本章内容体系框架

3.1　建筑节能的思维构建

1. 科学思维与工程思维

科学思维来源于实践活动，最终也要通过实践活动去检验和发展。20世纪以来科学思维的基本特征是"追求统一性和探索复杂性"，表现在四个方面：整体化、数学化、不确定性和社会化[4]。从方法论角度，新的科学思维与传统科学思维相比，具有多元性、非决定论、非线性、整体、复杂化、信息化等特点。新科学思维表明，科学再一次整合为一个整体相关的知识网络。"我们的自然观正经受着朝向多元化、时态化和复杂性的急剧变化。"诺贝尔奖获得者、物理学家普利高津以这句话开始了作为后现代科学里程碑的著作《从混沌到有序》（1984）。他的"耗散理论"基于复杂性原理、自组织原理，推翻了静态的决定论观点，引入了进化的和非稳定性的宇宙观念，阐述了有序与无序之间的复杂辩证演化。系统论思想和复杂性科学的突出特点是强调整体性和解析复杂性。爱因斯坦的相对论、普朗克和波尔的量子力学、海森堡的测不准原理等理论，揭示了笛卡尔、牛顿以来的机械理性世界观的局限性；熵的概念将热力学和物理学与生命科学、信息理论和后现代社会学理论连接起来，向机械论科学中确定性概念提出质疑，提出了无序性和不确定性的意义。所有这一切都凸显了不确定性和可能性在新科学思维中的重要性[5]。

工程建造物是人类所需要的一种价值化的实体或经过人的思维设计、改造过的实体。这就决定了工程实体的建造离不开思维，但这种思维又不是一般的理论思维，而是实践理性的思维，即不是以认知为目的的思维，而是设计、筹划和建造以满足人的需要为目的的实践理性思维。工程思维具有六大特性[6]，即：思维主体的多元性；工程思维内容的综合性；工程思维的空间维度和时间情境性；工程思维的可靠性与不可靠性和容错性；工程思维的价值性；工程设计思维的创造性、复杂性、选择性与妥协性。

工程思维是一种整体性思维，具体表现在以下几个方面。

（1）计划性，它代表了工程主体的意愿和意图等需要。

（2）建构性，它是工程主体根据自己的意图，将现有的技术资源和物质资源重新整合、建构的过程，思维推理具有建构推理与整合思维的特点。

（3）目的性，工程活动是一个通过工程过程有整体的目标前提的由观念存在向现实存在转化的过程。

（4）协调性，工程思维中要处理多重属性冲突问题和周围环境的约束问题，协调不同属性的冲突和不同条件的约束是工程思维整体化的重要特性，它不仅要应用不同的属性，适应不同的条件，而且还要按照一个总的目标将其整合起来，才能完成一个特定的工程建造物。

科学思维与科学实践相对应，工程思维与工程实践相对应。工程师的工程思维缺失是工程活动产生负效应的一个重要原因。工程思维有别于科学思维，是以工程哲学修养为核心元素，以工程知识为质料，以工程道德规范为骨架，以工程行动为催化剂，四种元素共同作用而形成的[7]。李伯聪[8]认为，科学思维与工程思维的区别表现在：①科学思维是真理定向的思维，工程思维是价值定向的思维；②科学思维的核心是解决科学问题，工程思维的核心是解决工程问题；③科学思维是超越具体对象的"共相"思维，工程思维是与具体的个别对象联系在一起的"殊相"思维；④从时空维度看，科学思维不受时空限制，工程思维则必然是与具体时间和具体空间联系在一起的思维。

科学思维为工程实践者的工程思维提供了一定的理论指导和方法论启发，同时科学规律又为工程思维设置了对于工程活动中存在的可能性边界，使工程主体按科学规律进行实践活动。科学方法是具有科学性的思维在实践中具体应用的途径，因为社会活动是技术要素和非技术要素的集成，科学思维既为设计师和工程师的实践活动提供一定理论指导和方法论启发，同时又为实践过程设置了对于活动中存在"不可能目标"和"不可能行为"的"严格限制"，避免采用违反或违背科学规律的方法进行设计或实践。这表明，科学教育作为现代工程教育的基本内容和基础性成分，不具备科学思维的人难以成长为合格的设计师或工程师。

系统工程是对人、物料、设施、能源、信息、技术、资金等若干要素进行集成创新和整体构建的实践活动。与一般意义上的工程一样，系统工程也是要构建一个"新的存在物"，这个"新的存在物"表现为系统，构建的过程表现为要素集成和整体涌现。系统科学的原理主要是关于系统所遵循的一般规律；而系统工程的原理主要是构建、管理、维护系统所需要遵循的规则，是有效应用系统理论的一套规则[9]。系统工程与系统科学的属性比较见表 3-1。

表 3-1　系统工程与系统科学的属性比较

	系统科学	系统工程
哲学预设	科学哲学	工程哲学
	真理定向	价值定向
主要任务	发现规律	制定规则
内在要求	理论理性	实践理性
	严格符合逻辑	板块之间需要超协调逻辑
主要特征	共相的	殊相的
	原因-结果性	操作-运筹性
活动主体	科学家	工程师
适用范围	一切系统	一切工程

关于科学、工程与技术的认识，可以从认识主体、思维方式、对象等角度比较，如表 3-2 所示。

表 3-2　科学、工程与技术的认识比较

比较项目	科　学	工　程	技　术
主体	科学家	工程师	技术人员
思维方式	科学思维	工程思维	技术思维
目的	发现	建造	发明
归属	人类共有，第一发现	专属主体，不可替代，唯一性	专利，第一发明
对象	客观规律、唯一性，真理定向	主体多元、价值多维，结果不确定性，不可逆过程	产品，追求最优、功能拓展
内在关系	科学转化为技术，通过设计、建造、使用等诸多技术和非技术要素形成工程，工程实践中产生工程问题，从工程问题的共性中发现科学问题，推动科学发展		

科学思维是"反映性思维""发现性思维"，体现着理论理性的认识；工程思维是"构建性思维""设计性思维""实践性思维"，体现着实践理性的认识。这大概也就是为什么说"科学家发现已经存在的世界，工程师创造一个过去从来没有存在过的世界"。工程思维强调创新意识，因为任何一项工程的目的都是特定的，所处的环境也是特定的，世界上不可能存在两项完全相同的工程，没有哪项工程可以完全照搬其他工程的方法，而必须根据当时当地的条件进行不同程度的变通，所以创新是工程的内在要求[10]。从这个角度讲，系统工程的思维方式，除了将系统思维作为其基本要素外，还要从隐喻的、潜在的、审美的、想象的视角展开活泼的联想，开拓出新的工程创新空间。在系统工程的实践中，系统化程度的高低要让位于创新与务实。

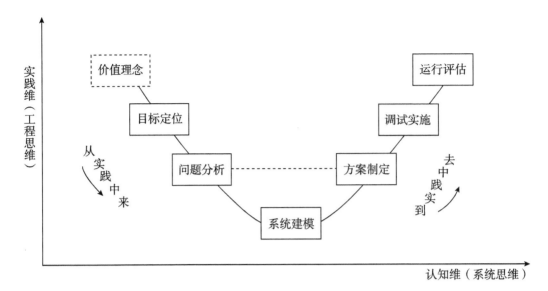

图 3.3　系统工程逻辑过程

逻辑过程可分为七个环节，如图 3.3 所示，分别是价值理念、目标定位、问题分析、系统建模、方案制定、调试实施和运行评估[11]。由于价值理念是共性的，贯穿整个过程，因此实体性环节只有后六个。从认知维看：在最初的目标定位等环节，系统认知程度还不高，经过对问题的分析、调研，认知程度逐步加深。尤其到了系统建模这个环节，要充分发挥系统思维的作用，确保对对象系统进行整体把握和系统认知。随着工程的推进，系统认知将日渐完善。从实践维看，目标定位、问题分析等注重实地调研；系统建模是技术性环节，离"现场"相对较远；而之后的方案制定乃至调试实施和运行评估，很多工作都要现场进行，要充分考虑现场的具体情况，与实践联系相对密切。从全过程看，以"系统建模"为界，可分为"从实践中来"和"到实践中去"两个阶段。"从实践中来"是指经过现场调研、问题分析，系统认知得以在实践中加深，在对对象系统有整体把握的基础上进行模型的构建。"到实践中去"是指基于系统模型制定方案并"按图施工"、按照概念系统完成实体系统的构建、调试和运行。之后进行效果评估，发现问题之后再转入"问题分析"环节，形成"实践→认知→再实践→……"的螺旋递进，持续优化。

2. 建筑节能的思维特征

建筑节能的科学思维就是关于人们用什么样的方式、方法来观察和处理建筑节能问题的一般方法，以发现、探索和认识建筑节能的基本规律为目标，是真理定向的思维，是针对建筑节能的普遍性进行认识的思维方法，是用现代科学思维指导建筑节能实践的方法集合。研究建筑节能这一社会活动，既需要科学思维去把握建筑节能的科学内涵，还需要通过实践去总结形成建筑节能的方法理论。思维方法不同，对建筑节能的认识结果就可能不一样。

与传统科学思维相比，建筑节能科学思维具有现代科学思维的多元性、非线性、整体性和信息化等复杂特征。

1）建筑节能科学思维的多元性

由于建筑节能科学体系庞大，融合了社会学、管理学、生态学、经济学和工程学的理论与方法，因而，建筑节能科学思维就需要从不同视角、采用不同方法来观察和处理实践中存在的问题，即需要采用社会学的方法、管理学的方法、生态学的方法、经济学的方法和工程学的方法，以及上述不同方法的综合应用，从而形成建筑节能科学的多元性思维。从传统的单元性思维到复合的多元性思维，是建筑节能科学的创造性思维的重要基础。

2）建筑节能科学思维的非线性

建筑节能科学是一门综合性科学，既包含了自然科学中的基础科学、技术科学和工程科学的内容，又包含了社会科学的内容。把建筑节能作为一个系统，其作用于系统边界的物质、能量和信息的输入、输出关系复杂，因而建筑节能的思维就不能沿着线性的轨迹寻求问题的解决方案，需要采用动态的、非线性的思维方法，如系统思维、模糊思维等。非线性科学思维，突破了线性思维对建筑节能认识的束缚，为研究建筑节能领域复杂问题提供了全新的视野与理论方法。随着以信息社会为背景的计算机技术、自动控制技术、信息技术的发展与壮大，非线性思维已经为建筑节能事业的发展开辟了一条全新道路。

3）建筑节能科学思维的整体性

建筑节能科学思维的整体性又称系统性思维，认为建筑节能系统整体是由各个局部按照一定的秩序组织起来的，要求以整体和全面的视角把握对象，即采用系统科学的思维和方法来认识建筑节能。整体性思维坚持时间维度的连续性原则，把建筑节能视为一个有机延续而不间断的发展过程；整体性思维坚持空间维度的关联性原则，从建筑节能活动自身包含的各种属性整体地考察它、反映它，使建筑节能系统内在诸因素之间的错综复杂关系的潜网清晰地展示出来；整体性思维还坚持系统性、综合性原则，即从时、空域两方面来对建筑节能进行分析和综合，并按建筑节能本身属性所包含的层次、结构和功能，再现建筑节能的全貌。建筑节能科学思维的整体性是由建筑节能系统的复杂性决定的，不能采用简单的还原方法去认识和处理建筑节能领域的问题。

4）建筑节能科学思维的信息化

信息化时代需要人们具备与之相适应的信息化思维，建筑发展的智能化也需要建筑科学思维的信息化，有助于人们在获取、控制、运用建筑节能系统信息方面做出正确的抉择，把握客观性原则、整体性原则和发展性原则去处理建筑节能领域中的复杂问题。建筑节能科学思维的信息化使建筑节能科学知识传播速度加快，信息技术在建筑节能实践中的高度应用，要求建筑节能相关信息资源实现高度共享，从而充分发挥人的智能潜力和社会物质资源潜力，实现个人行为、组织决策和社会运行趋于合理化的有效途径。建筑节能科学思维的信息化，对推进建筑节能工作的专业化、知识化和高效化提出了更高要求，可以通过公众的努力，在建筑领域使用信息技术，创建信息化服务体系，提高建筑能源管理企业的工作效率、市场竞争能力和经济效益。信息化已成为建筑节能科学思维的重要特征。

建筑节能思维既有上述科学思维的属性，同时建筑节能作为工程社会活动，还有工程思维的属性。

3.2　建筑节能的工程思维方法

任何科学原理，当它在认识和改造世界的过程中起着指导作用时就具有方法的意义。建筑节能作为一门科学，建筑节能的实践过程就是科学原理和科学方法的应用过程。从实践内容角度分析，建筑节能的工程思维方法包括了管理实践方法、工程实践方法、经济实践方法、社会实践方法和生态实践方法，分别体现了管理学、工程学、经济学、社会学和生态学的方法论与建筑节能实践方法的相互结合、相互影响，是通过综合作用形成的多学科方法在实践过程中形成的应用理论。

1. 建筑节能的管理学方法

管理实践方法简称管理方法，是管理理论、管理原理的具体化、实际化，既是管理者在实践上掌握现实的工具和手段，又是联系管理理论与管理实际的桥梁。

建筑节能的管理实践方法就是在建筑节能实践过程中运用管理学原理和方法，实现建筑节能主体目标的方式和途径。建筑节能是社会活动，活动主体既包括了作为建筑使用者的自然人，也包括了建筑节能实践活动相关的作为市场主体的经济人和作为行政管理的政治人，需要依托有效的组织和管理方法实现不同主体的价值追求，通过有效地获得、分配和利用主体成员的努力和资源来实现建筑节能活动的多元目标。建筑节能的管理实践方法是综合方法，既是定性与定量相结合的方法，又是通用管理实践方法与建筑节能领域专门管理方法相结合形成的集成方法。

2. 建筑节能的工程学方法

工程实践方法简称工程学方法，是工程实践者的工程思维在工程过程中的具体体现和应用，包括工程决策方法、工程设计方法、工程系统方法、工程价值评价方法和工程改造与创新方法等。工程实践的集成性决定了工程方法应用的综合性、复杂性和系统性。

建筑节能的工程学方法指工程实践过程中采取的各种工程方法的综合应用途径，是科学规律的客观性、建筑节能技术规律的效用性和建筑节能社会活动规律的合理性在工程实践中协调起来的途径和方式。工程实践是建筑节能活动的主要内容和载体，是建筑节能主体根据自己的意图，确定工程建设目标，进行工程设计，将现有技术资源和能源条件进行整合，构建节能工程项目；同时通过运行管理过程达到提升建筑环境品质和提高建筑综合能效的过程。根据建筑节能过程的阶段性分析，工程实践方法可以分为规划设计方法、施工方法、系统调试与运行管理方法和建筑节能维护与改造方法等。建筑节能规划设计、施工调试和运行管理是三位一体的建筑节能工程系统整体，在不同阶段分别适合不同的工程方法。从工程实践内容角度分析，建筑节能工程实践方法还可分为工程管理方法、工程经济方法和工程技术方法等具体方法。

所以，建筑节能的工程学方法是不同阶段针对不同实践内容的综合集成方法，是以建筑节能工程科学的基本理论为基础，而工程的整体性特征决定了工程实践方法必然采用系统集成方法。同样，工程的复杂性和工程主体的多样性决定了工程规划、设计、建造和运行管理过程中存在不同层次的工程协同问题，需要采用系统科学的协同性理论指导下的系统优化方法和多目标决策方法，来平衡建筑节能主体各方的利益，协调建筑节能工程投资成本与工程经济、社会和生态环境的综合效益。

3. 建筑节能的经济学方法

从经济学角度分析建筑节能实践活动，可以运用经济学方法研究建筑节能实践过程。建筑节能的经济实践主要体现在建筑节能工程活动的经济性与建筑节能对国民经济可持续发展影响两个方面。从工程活动的角度分析建筑节能，就是在建筑领域通过各类建筑节能技术、产品和管理服务系统以实现能源效益和社会效益为目标的活动，表现为建筑节能产业的经济效益和社会效益，而社会效益以经济效益为物质基础。

建筑节能活动作为现代社会生产实践活动的一种形式，具有系统规模大、影响因素复杂、活动周期长、资金投入高和技术含量新的特点。按照循环经济发展要求，建筑节能活动的经济合理性、技术可行性和生态平衡性应综合考虑，将减少资源能源消耗、工序流程优化、废弃物对生态环境的影响等集成分析，形成建筑节能活动经济影响的综合评价基础。在建筑整个生命周期内，包括从建材生产到建筑设计、施工、运行使用、更新改造直到拆除回收使用等全过程期间，通过最少的能源使用并排出最少的废弃物，减少对资源和能源的需求，既减少对自然的干扰，又能经济地创造出适宜的居住环境。

4. 建筑节能的社会学方法

社会学方法是在一定的方法论指导下，采取适当的方式搜集资料和分析资料的过程，是一种科学实践活动，需要有一定的工具和使用这些工具的技术。

建筑的社会性决定了建筑节能的社会属性，建筑节能是社会系统节能的重要组成部分，以"关怀最广大的人民群众，重视社会发展的整体利益"为基点的社会观来分析建筑节能本身的社会性，目标是全社会人居水平的提升和人居质量的发展。建筑节能的社会学方法会用各种方法收集资料，其操作化的方法主要包括建筑能耗和建筑环境热舒适性的问卷法、访谈法、现场观察法及统计研究方法等，既有定性的方法，也有定量的方法。如参与观察、深度访谈、专题小组讨论等收集资料的方法；也有采用数理统计方法的定量模型方法。

5. 建筑节能的生态学方法

生态学实践方法是以系统分析为核心的方法，以工业代谢分析、生命周期评价、生态设计为手段，着眼于对产品在整个生命周期内的环境影响进行综合考察的方法，体现生态学的四大法则[12]：生态关联——每一种事物都与别的事物有关；生态智慧——自然界所懂得的是最好的；物质不灭——一切事物都必然要有其去向；生态代价——没有免费的午餐。

从人居环境科学视角对建筑节能的生态系统进行分析，存在建筑节能的全球生态系统、国家或区域生态系统、城市生态系统、社区生态系统和建筑生态系统这五个层次。建筑节能本身具有自然生态属性，是开放的有机系统，具有生命系统的特性，可以运用生态学的实践方法，对建筑节能活动整个生命周期的环境影响进行分析和评价。例如，基于建筑气候适应性原理的建筑节能被动设计方法、基于建筑寿命周期理论的全过程管理方法、基于能源与环境可持续理论的生态设计方法等。

3.3　建筑节能工程的方法论基础

1. 建筑节能工程的含义

笔者认为，将建筑节能与工程相结合，建筑节能工程是指在建筑的设计、建造、改造和使用过程中，以保障和提升建筑使用功能为前提，以提高建筑使用中的能源利用效率为目标的各种技术措施与社会活动的关联集合。这个定义包含了以下几方面的内涵。

（1）"在建筑的设计、建造、改造和使用过程中"，未包括建筑拆除。这是因为建筑拆除阶段与建筑建造、使用中的能源利用效率没有关系。在寿命周期的时间维度上，建筑节能工程过程从属于建筑节能社会活动过程，但并不覆盖建筑节能系统的全过程，即不包括建筑拆除阶段。

（2）"以保障和提升建筑使用功能为前提"，体现了建筑节能"以人为本"的宗旨，建筑节能工程不能以降低建筑使用功能、降低环境质量和降低居住水平为代价。

（3）"以提高建筑使用中的能源利用效率为目标"，体现建筑节能工程的目的，是节约建筑使用过程中的能耗，不涉及建筑施工或建造的能耗。因为建筑施工或建造中的节能属于工艺节能或建筑部品节能的范畴，具有生产领域节能的特征，其技术策略显著不同，更多依赖限制和强制手段。建筑设计、施工过程质量是建筑节能潜力高低的先天条件，对建筑使用能耗有直接影响，建筑使用过程中的能源利用是一种消费，不能完全依赖技术途径，还需要依靠政策引导。提高建筑使用过程中的能源利用效率，不仅要依靠建筑使用过程的节能管理，还需要从工程系统的角度抓好建筑节能工程的设计和建造环节。

（4）"技术措施"是建筑节能工程的基本要素，体现建筑节能工程是狭义的，突出工程以技术为载体，以工程技术人员为主体。政府官员、企业家、投资人等可以决定某建筑节能工程要不要做，但怎样做应由工程技术人员决定。法律、行政、经济、文化措施不是建筑节能工程的基本要素，没有技术措施的建筑节能行为不能算建筑节能工程。

（5）"关联集合"要求各种技术措施之间必须相关联，互不关联的节能技术措施的堆砌，也不是建筑节能工程，建筑节能技术堆砌不能替代建筑节能工程。

可见，建筑节能工程是一个包含多种技术要素和非技术要素的动态系统，在认识、分析和观察建筑节能工程时，不但要认识其组成的各种要素，还应把建筑节能工程作为一项社会活动，并看成一个整体，用复杂系统的观点去认识、分析和把握建筑节能工程整体特性，这就是科学认识建筑节能工程的基础。

2. 建筑节能工程的特性

用建筑节能科学观及系统方法分析建筑节能工程，就要对建筑节能工程区别于一般工程的特性有充分的认识和正确的把握。根据建筑节能工程的内涵，建筑节能工程的特性可以概括为以下 8 个方面。

1）附着性

建筑系统是建筑节能工程的物理载体，在建筑建造和使用过程中，所有提高建筑使用能效的技术措施都是以建筑物及其设施设备系统的性能为基础的，建筑节能工程以营造安全、舒适、健康和高效的人居环境为前提，节能性从属于建筑工程的基本目标要求，使建筑节能工程具有显著的附着性。

这是因为，从工程使用价值来看，建筑节能工程所追求的能源节约是以"实现建筑居住功能为根本的"，节能本身不是建筑工程最本源、最直接的价值追求，而是派生的、阶段性的价值追求。所以，建筑节能工程不是作为一般意义上的独立工程，它必须依附于建筑工程而存在和发展，这是建筑节能工程作为"特殊工程"的首要认识基础。正是建筑节能工程的附着性，决定了建筑节能工程活动必须"以保障和提升建筑使用功能为前提"，建筑节能产生的使用价值是从属于建筑工程的主体价值——营造适宜居住的环境或空间，节能性从属于建筑节能工程基本功能要求。

2）渗透性

把建筑节能工程系统作为一个整体，考察"自然－工程－社会"这一复合系统发展演变规律，可以从建筑节能工程分别与自然环境和社会环境关系入手，分析建筑节能工程存在条件和发展基础影响因素的广泛性，以及建筑节能工程各子系统及要素之间相互作用的非线性，表现为在建筑节能工程的功能、时间和空间上的相互影响和交叉作用，具有显著的渗透性。根据建筑节能的科学思维层次模型，建筑节能工程系统与建筑节能的管理系统、经济系统、技术系统、生态系统和社会系统等相互渗透而形成次级系统，子系统之间相互作用又形成建筑节能工程整体。因而，渗透性是建筑节能工程子系统之间的一种关联方式。

从建筑节能工程的技术措施关联集合方式分析，建筑的固有属性影响建筑使用过程的能耗特性，建筑师和工程师规划、设计阶段的节能理念影响建筑使用方式和能耗水平，这体现了建筑节能工程理念在实施过程中的相关专业密切联系，专业内容相互交融表现出显著的渗透性。所以，要提高"建筑使用过程中的能源利用效率"，必须重视新建建筑的节能设计、节能施工与调试，使建筑成为先天节能的建筑，城市规划专业、建筑学专业、土木工程专业、工程管理专业、建筑环境与设备工程专业和建筑节能技术与工程专业要协调配合培养专门的工程技术人才，为实现建筑使用过程的节能创造条件。

3）内涵不确定性

建筑节能工程的内涵常常与特定的建筑节能工程项目联系在一起，是在特定的经济、环境和人文等因素下开展的工程活动，表现为建筑节能特定的工艺流程、设施系统或工程服务，实质上就是某些建筑节能技术措施的集成创新与应用。建筑节能技术是建筑节能工程的基础或单元，建筑节能工程是相关联的建筑节能技术的集成过程和集成体，建筑节能技术为建筑节能工程建设提供了可能的条件，建筑节能技术方案还要根据建筑节能工程目的和目标要求进行合理选择与权衡。因此，建筑节能工程不是建筑节能技术措施的简单堆砌。

建筑节能工程既包含了建筑节能工程活动的过程，又包含了建筑节能工程活动中在一定边界条件下各种相关技术要素与非技术要素集成的结果。建筑节能工程活动过程包括在建筑节能工程理念下的一系列决策、设计、构建和运行管理等活动过程，活动结果可以具体表现为建筑节能工程项目及其相关的人工产品或节能服务。基于建筑节能工程内涵的不确定性，要求建筑节能工程实践者在方法上要突破"还原论"方法的局限，而通过系统论、控制论、信息论等高度综合性的"横断"学科的知识，通过综合集成方法，对建筑节能工程过程中不同子系统、不同要素在不同空间尺度、不同时间阶段和不同主体行为之间的关联性进行分析，才能把握建筑节能工程的结构与功能的集成性。

4）边界模糊性

从科学、技术、工程和产业这一知识链角度分析，建筑节能工程是通过各种建筑节能科学知识、技术知识转化为建筑节能工程知识并形成建筑节能产业活动的过程。由于不同的建筑节能工程处在不同的环境条件下，每个建筑节能工程都是特定的技术措施与非技术要素集成建构起来的，具有不可重复性，其集成创新的特点就表现在特定的边界条件。所以，建筑节能工程具有边界模糊性。建筑节能工程主体不同，确定的工程目标不同，实践过程的边界条件就不一样。因为具体的建筑节能工程都是相应主体根据自己的意图来确定工程目标，将现有各种资源进行重新整合，通过物质、能量和信息的转换产生一个具体的工程过程，实现工程活动的具体目标。

建筑节能工程的目的是提高建筑使用过程中的能源效率，但从工程活动的时间边界上，建筑节能工程并不局限于建筑使用阶段，还包括了建筑设计及建造阶段，建筑节能工程的主体也不只是建筑使用阶段的相关主体，还包括了设计和建造阶段的实践主体。建筑节能工程边界的模糊性表明，对具体工程要具体分析，将建筑节能技术措施置于特定环境条件下进行分析，通过关联集成与创新才能实现特定边界条件下的建筑节能工程目标。比如，从建筑运行阶段分析，开发商虽然与运行能耗不直接相关，但其在建筑前期策划中的决策定位在很大程度上影响了运营阶段的节能工作。因为开发商如果策划定位建筑竣工后自己运营管理，必然重视控制日后的运行能耗成本，因此就会重视设备水平、重视物业管理水平、重视物业的配套问题。但如果开发商不作为运营阶段的业主方，那么从自身利益角度出发必然不愿意提高设备档次增加成本，也不愿意考虑与物业管理的配套问题，不愿意考虑日后的能耗收费政策等与运行能耗相关的问题。大量调研表明，很多案例开发实例属于后者的情形——即开发商不是业主，这样容易给日后的节能运行留下较多的隐患。如开发商对建筑设备专业要求不高、把关不严，设备与实际需求不配套问题，导致日后设备运行不佳、节能水平低下。

建筑节能工程内涵的不确定性和边界的模糊性，根源于工程子系统之间或同一系统不同要素之间的非线性作用关系，表现出建筑节能工程系统的复杂性，体现了建筑节能工程复杂性与系统性的统一。

5）公益性

建筑节能工程是社会经济和居住水平发展到与能源资源发生严重矛盾，危及人类长久生存才开展的一项社会活动，公益性是其最重要的特征之一。建筑节能工程是将建筑节能技术要素和资源、经济、社会、文化、环境、政治等相关非技术要素集成起来的综合性社会活动过程，都是在一定时期和一定社会环境中存在和开展的，是建筑节能共同体进行的社会实践活动，活动过程及结果对公众的居住环境质量和水平都有显著影响，因而具有突出的公益性。

公众作为建筑节能工程主体中最广泛的群体，他们关心建筑节能工程项目对自己生活与工作环境的影响，关注建筑节能工程对能源利用、生态环境的积极作用，成为建筑节能工程决策、监督和支持的重要社会力量。建筑节能工程的公众性要求公众参与建筑节能全过程，通过建筑节能的社会教育提高公众参与的意识和水平，从建筑节能工程与个人生存、发展状况的关系角度出发，将公众的"行为方式节能"作为非技术要素融入建筑节能工程的建构与创造，通过公众理解建筑节能工程来促进建筑节能活动的开展。公众作为建筑的使用者、居住者，既是建筑节能工程过程的主体，又是建筑节能活动的客体，因而应通过建筑节能社会教育，使公众最大程度获取建筑节能相关信息，使公众更科学地参与建筑节能工程活动，有利于提供建筑节能工程质量，减少或消解建设过程中的社会冲突，有利于构建和谐社会。

6) 使用价值的潜在性

工程系统是人造系统，工程活动的核心是构建一个新的存在物，工程活动过程有明确的价值取向，工程结果具有确定的使用价值。建筑节能工程的使用价值在于提升和拓展建筑功能，使建筑整体效益最大化。建筑节能工程通过改善居住环境的舒适与健康，以最少的能源达到最佳的居住条件，发挥能源的最大效率，不因节能而牺牲居住品质。"建筑能源"是衡量健康、舒适条件所须付出的能量，健康、舒适、安全和效率的居住环境才是建筑节能工程最基本的出发点和目标。能源本身作为一项环境指标，节能是确保环境品质的附带结果，表明建筑节能工程使用价值的潜在性。

建筑节能工程的目的就是要通过建筑节能活动创造出一种特殊价值，以满足建筑节能主体不同层面的需要，表现为建筑节能工程的多重目标，如工程投资者的经济目标，政府部门的生态环境目标，工程界的技术创新与工程建构目标，以及作为居住者公众的居住质量提升目标等。这些多重目标反映出多重价值，对于不同主体，其主导价值不同。建筑节能工程的目的性和多目标性使其工程价值不只具有当前价值，还体现在其所具有的以"公众为本"的人文价值目标上，体现建筑节能工程的人文内涵，表现为经济价值、文化价值、生态价值协调统一，形成潜在的、长期的工程使用价值。

7) 主体的多元性

政府职能部门、开发商、工程师、物业公司（运行人员）、建筑所有者或使用者都是建筑节能工程不同阶段的主体，其相互之间的责、权、利关系形成一个整体，任何一个主体行为不当，都会影响到整个工程的实施效果，影响到建筑运行能耗规模和强度。建筑节能工程主体多元性表明建筑节能工程主体的泛化性。建筑使用群体的广泛性使公众参与建筑节能成为一种必然要求，如果将用户也纳入主动节能体系，在鼓励用户节能的同时能够采取一些切实可行的技术措施，协调不同建筑节能工程主体的利益，才能实现建筑节能工程整体的价值目标。

以建筑运行阶段为例，责——物业管理方应该保证建筑的设备系统的服务效果，而业主方、用户方应尽量明确这些要求，这是针对节能运行最基本的要求，各方应使责任尽量明确。权——对于业主方和物业管理方，应该协商并明确物业管理的权限。权限太小，必然无法实施有效的运行节能。对于业主方，应尽量抓"结果"而不究"细节过程"，尽量将运行、管理的权限放给物业方，同时对其行使一定的监控管理。利——这是节能工作有生命力的关键点。一般情况下，运行能耗成本由业主支出，因此节能工作可以给业主方带来利益，如果能认识到节能可以节约开支，业主方一般都会有节能的意愿。但节能运行这项工作的具体实施关键在于物业管理方，只有业主方认可了物业管理方节能运行工作并给予合适的利益分配，物业管理方才会真正有节能的动力。如果"责""权"的问题都解决好了，但节能运行不能给各方明显带来经济上的利益，节能工作也是难以持续开展。

建筑节能工程主体的多元性，决定了建筑节能工程实施的复杂性，要求建筑节能工程进行科学决策，并广泛发动全社会的力量，通过公众参与建筑节能工程，推动建筑节能工程活动的顺利开展。

8）冲突性

从建筑节能工程的组成要素、功能、结构之间的相互作用关系看，子系统及不同要素在时间和空间不同维度上存在相互影响，以及建筑节能工程主体利益和工程价值目标的矛盾性，使建筑节能工程具有显著的冲突性。

建筑节能工程不同主体的目标有共同和一致的地方，也有认识不一致和发生利益冲突的地方，但作为整体的建筑节能工程有本身的总目标，同时具有技术、经济、生态和社会等多重属性和多重价值追求与目标，体现了建筑节能工程的多目标性和主体的多元价值，需要在建筑节能工程实践中解决好不同主体的目标诉求不一致带来的利益冲突，通过权衡协调达到对建筑节能工程目标的统一认识。建筑节能工程活动都是在一定边界条件下开展的实践活动，不但包括各种建筑节能技术规范，而且还要遵守工程项目实施地域环境的社会习俗和惯例，避免各种建筑节能技术措施与非技术社会要素的冲突，重视建筑节能工程中多种社会行动的有效集成，促进工程与社会之间的和谐。

作为建筑节能工程主体的企业，本身的利益与对社会的价值目标并不完全一致，企业管理者更关注组织的经济效益，主要用经济指标来衡量投入产出的关系。而作为建筑节能工程的专业人员，工程师则对工程质量和技术更加关注，在忠诚于企业的同时，还必须坚持专业所要求的道德准则，即具有忠诚于社会的义务。这两种要求常常发生冲突，这在建筑节能工程中，也是一种工程师经常面对的"义务冲突"困境，需要从工程伦理和职业道德的角度进行分析。建筑节能工程的冲突性也表明建筑节能工程本身的复杂性，建筑节能工程需要科学决策，需要在科学的认识和科学的方法指导下开展工作。

3. 建筑节能工程的思维构建

周干峙[13]认为建筑系统具有复杂性的显著特征，构建了建筑学的五个层次，其知识结构呈巨大的、多层次的金字塔式，是一个开放的、复杂的巨系统。同样，建筑节能工程具有复杂系统的典型特征，主要表现为：建筑节能工程系统的子系统之间可以有物质、能量和信息的交换；子系统种类多，各有不同的定性或定量模型表达；子系统之间可以通过不同方式耦合，形成多重互动网络结构；系统中各子系统的属性伴随系统结构演变而不断改变；由于人及其组织或群体的参与，使建筑节能系统具有显著的社会经济属性，表现出现代工程系统所具有的学习和自适应的复杂特性等。

建筑节能工程作为一种社会实践系统，有很强的环境依存性，其发展必须考虑到经济社会的持续发展、协调发展和"以人为本"的发展，为构建和谐社会做贡献。建筑节能工程与自然、社会系统之间的相互关系，是基于工程系统本身自然属性和社会属性的二重性，体现的是工程主体人与自然和社会的关系，其与自然系统和社会系统的关联度和相互依存度日益增强，如图 3.4 表示。

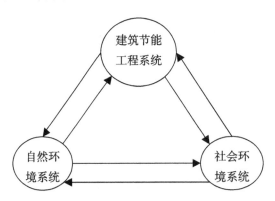

图 3.4　建筑节能工程系统与自然环境、社会环境之间的关系

建筑节能工程的系统特性要求建筑节能活动应符合工程系统观，要求建筑节能工程决策者和实践者应增强社会责任感，树立一切建筑节能工程活动都应促进人与自然、社会和谐的理念。在建筑节能工程过程中，树立建筑节能的系统观，才能使系统利益各方认真对待和妥善解决节能工程活动中经济效益、社会效益、环境效益和生态效益之间的多元价值冲突，实现建筑节能工程的全局、集成优化，为建设资源节约型、环境友好型的和谐社会做出贡献。

4. 建筑节能工程的系统层次结构

从建筑节能工程的全空间、全过程和建筑能源利用的全方位三个维度，构建建筑节能工程的系统认识，并指导建筑节能工程实践，其层次结构如图 3.5 所示。

由图 3.5 可见，建筑能源工程系统在时间和空间上交叉作用，能量流动和利用关系错综复杂，要求建筑节能工程的认识和实践必须采用综合的分析方法。建筑节能工程的系统分析方法需要建立建筑工程系统整体优化的基本原则，才能达到低成本高效能的效果。系统分析建筑系统各组成功能单元性能对建筑工程能耗影响之间的关系，是实现建筑整体节能的关键。用系统方法分析建筑节能工程的全过程，就是要关注建筑节能工程时间系统的客观性，充分考虑不同阶段建筑节能技术措施的时间性，来实现建筑节能工程在全生命周期能源性能的总体优化。建筑节能工程的系统分析方法是基于建筑节能工程的时间结构、空间结构的层次性和能源环境的影响基础上的综合集成方法，属于一种复杂系统的综合集成方法，具有动态性、层次性和集成性的特征。

对单体建筑而言，在整个建筑节能工程的系统优化中，对于外围护结构的优化应优先于空调或采暖系统的优化，这样可以用最低的成本达到最优的结果。在目前开展的建筑节能改造实践中，人们片面地以为安装几种节能设备、采用一些节能材料就能达到节能最优目标，而不是把节能要素放眼于它们所在的整个建筑系统之中，结果常常导致增加了节能

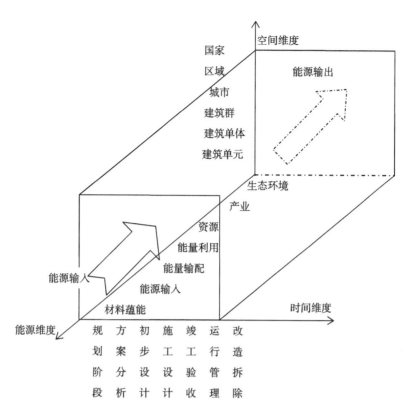

图 3.5 建筑节能工程系统分析的思维模型

投资，却不能降低实际的建筑能耗。将建筑节能工程作为一个整体分析，就要发挥出整体大于部分之和的功效，充分认识建筑系统内部各要素之间的相关性，考虑建筑系统各个要素对能耗的相互影响。比如，增大窗的面积就会减少墙的面积，这样就会对供暖、空调、通风及照明能耗等都产生影响。

5. 建筑节能工程的空间层次

从空间维度分析，从建筑节能工程的单元、单体、城区、城市到国家或区域，体现了从微观、中观、宏观到宇观认识对象的范围，其层次性反映出建筑节能工程空间结构上的构成关系。从空间组成、单元功能上体现建筑工程的整体节能，就是要求组成建筑的各功能单元性能充分协调，围护结构系统、建筑设备系统、能源系统与建筑内外环境系统充分适应，使建筑整体能源利用性能最优，降低建筑运行能耗。这种系统分析方法以建筑工程的整体节能为目标，可以避免实际工程中盲目采用一些"新技术、新材料或新设备"，以局部节能代替建筑整体能效。若忽视建筑节能系统影响因素的复杂性，必然导致"以采用了多少项节能技术作为炫耀一座建筑的节能性，以某项节能技术在某地区广泛应用程度作为炫耀该地区建筑节能的业绩，以引进和推广多少项先进节能技术作为完成建筑节能任务的主要途径"的认识与实践误区。

6. 建筑节能工程的时间层次

从时间维度分析，建筑节能工程全过程包含了从规划、设计、施工、运行管理到改造拆除等不同阶段，这些不同阶段构成了建筑节能工程生命过程，具有时间发展的单向性，前期的发展状况对后期相连或不直接相连的过程都有影响。这就要求建筑节能工程要从源头抓起，在规划设计阶段就应要求规划师、建筑师具有大系统的工程观念，为建成建筑的节能营造良好的先天环境。

建筑节能工程的系统分析和评价就是将其置于整个生命周期的环境下才最为合理，系统考虑建筑节能工程全过程价值分享的多主体性和工程本身的多目标性，即对于大多数建筑节能项目而言，在其漫长的全生命周期内会牵涉包括政府、开发机构、设计机构、物业管理机构、建筑所有人与承租户等许多个利益群体，这些群体在不同的时期承担各自的责任和义务，分别有着自己的经济、环境需求和目标，这使得建筑节能工程的成本效益分配关系非常复杂，不同利益群体之间的价值目标差异，常常会阻碍建筑节能工程的全生命周期综合效益优势的发挥。所以，要从在全生命周期的角度实现建筑节能技术实施的总体优化，应将策划、设计、建设、使用等视为一个连续的整体，统一考虑建筑节能工程的系统优化。

7. 建筑节能工程的能源系统

从能源维度分析，建筑节能工程建成环境营造需要消耗大量资源和能源，资源能源的输入和输出是建筑节能工程系统开放性认识的重要基础。能源环境包含了能源的自然环境、技术环境、经济环境、社会环境和管理环境五种不同要素构成的不同类型，通过建筑能源的输配和利用，与建筑外部环境和建筑室内环境形成一个整体，并且基于时空条件发生复杂变化，是建筑节能工程复杂性和客观性的重要体现。

用系统分析方法认识建筑工程的节能性，就要求既要考虑建筑设备终端的能源利用效率，又要分析和重视建筑不同形式能源输配过程的效率，将建筑能源系统所服务的环境品质作为效果，输入整个建筑的各种形式的能源总和作为代价，同时，还要考虑能源利用过程中所产生的环境影响，系统评价建筑能源工程的整体性能。因为能量的承载与交换同样贯穿于建材生产、运输、建筑建造、运行、拆除各个阶段，把它们联系在一起，才能形成建筑能源消耗的系统认识。陈光等引用了"载能体"的概念，认为"建筑系统节能既要节约能源，又要节约非能源；既要节约，又要合理利用能源"。从空间维度上，建筑节能工程的系统分析还要考虑建筑单元子系统、建筑单体子系统、建筑小区系统、城市系统之间的相互关系对能耗的影响，把建筑节能工程作为城市能源系统的组成单元进行认识，科学认识建筑节能工程开展的外部环境。

建设部科技司武涌教授在总结建筑节能"十一五"工作教训时，用三个"单"（只关注单体建筑、单纯节能和单独设计师）分析了"十一五"期间工作存在的建筑节能主体单

一、对象单一、手段方法单一和内容片面等问题，并提出了"十二五"建筑节能的关键是开展好区域建筑、绿色建筑和全寿命周期的建筑节能。

3.4　建筑节能工程的系统分析方法

1. 系统分析方法概述

"系统分析"一词最早出现在第二次世界大战后，由美国兰德公司开发的研究大型工程项目等大规模复杂系统问题的一种方法论，其重要基础是霍尔三维结构图，集中体现了系统工程方法的系统化、综合化、最优化、程序化和标准化等特点。霍尔将系统工程定义为研究、设计、开发大系统的工程方法论体系，在他的《系统工程方法论》一书中，提出了著名的三维结构方法体系，如图 3.6 所示。

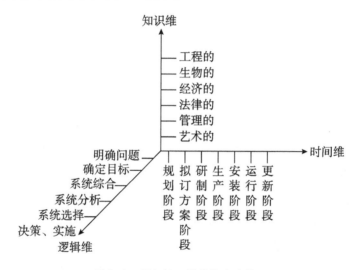

图 3.6　霍尔的三维结构方法体系

雷战波等[14]人针对霍尔的三维结构体系在哲学层次上不能反映时空联系，在应用上不能显著体现地域环境的空间影响，也不能适应社会信息化快速发展的要求等不足，增加了空间维度或环境维度，强调了环境分析在系统工程方法论中的重要作用，提出的知识维中法律政治状况和管理技术水平等都与时空环境有关，建立了系统工程方法的四维体系结构。不同维度的各要素或环节之间相互影响，表明系统分析方法的综合与复杂性。从定性到定量的综合集成法及综合研讨厅体系合并称为综合集成方法，是指综合集成定性认识达到整体定量认识的方法，是钱学森独创的系统科学理论和思想。"它的本质就是各个相关专家组将各种有效信息相结合，就是我们人的主观意识到的经验和已经掌握的知识的整合，并且用它解决问题。"综合集成方法的内容是把专家体系、信息与知识体系以及计算机体系有机结合起来，构成一个高度智能化的人机结合与融合的体系，这个体系具有综合优势、整体优势和智能优势。它能把人的思维、思维的成果、人的经验、知识、智慧，以及各种情报、资料和信息统统集成起来，从多方面的定性认识上升到定量认识[15]。

一般系统分析包含问题、目的及目标、方案、模型、评价和决策者六个要素，系统分析的基本过程包含初步分析(认识问题、探寻目标、提出综合方案)、规范分析(模型化和优化或系统仿真分析)和综合分析(系统评价和决策)三个阶段，如图3.7所示。

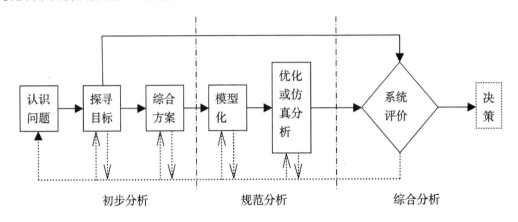

图3.7　系统分析基本过程

初步分析阶段，通常围绕评价对象、评价目的、评价地点、评价时间、评价主体和评价方法，根据预定的系统目标，从技术、经济、环境、社会等多个方面对各种不同系统方案进行评审和选择。规范分析阶段以系统模型为基础和标志，提出不同方案的定性与定量相结合的模型，通过优化分析与系统仿真，进行系统模拟，进入综合分析阶段，继而进行系统评价，作为系统方案抉择的依据。

系统分析通常是针对明确的目的或目标(群)，属于问题导向型，问题的差异决定了系统的差异性。系统分析的原则从系统的整体性、动态性、多目标性、环境依赖性及复杂性要求出发，符合动态平衡、反馈控制和协调有序原则。系统的协调有序包含了系统内部基于空间的有序性和系统发展基于时间的有序性，由系统的协同性和开放性决定，是系统实现动态平衡和持续发展的保障。

2. 建筑节能工程方法的理论基础

吴良镛[16]以对开放的复杂巨系统求解的尝试作为研究人居环境科学的方法论，《北京宪章》对建筑存在的问题进行了总结和反思，从系统认识论角度，认为可持续发展的观念应逐渐成为人类社会的共识，其真谛在于系统考虑政治、经济、社会、技术、文化、美学各个方面，提出整合的解决办法，从而提出了广义建筑学的概念，倡导用"整体思维"和"融贯的综合研究方法"来解决建筑问题，是系统观在建筑领域中的典型演绎与发展。建筑节能系统分析方法的理论框架如图3.8所示。

建筑节能的系统理论是系统科学论与建筑节能理论相结合形成的关键理论，包括建筑节能的系统认识论和系统方法论，是用来认识建筑节能系统构成要素与相关要素之间相互关系的理论，也是建筑节能实践的指导思想、方法、工具、知识和理论应用方法。从系统

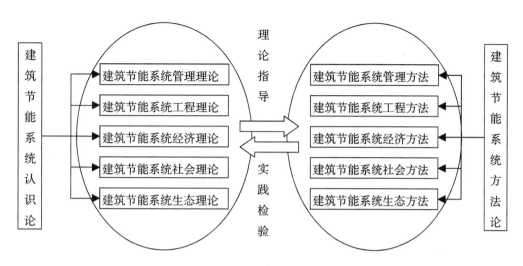

图 3.8　建筑节能系统分析方法的理论框架

论角度分析建筑节能，形成建筑节能独特的系统方法，就是将建筑节能系统从管理、工程、经济、社会和生态等方面统一起来，看成一个有机的整体，分别采用管理学、工程学、经济学、社会学和生态学的方法去认识和把握建筑节能的系统特性，研究建筑节能系统的发展规律。建筑节能的系统观既是建筑节能的认识基础，也是建筑节能实践的重要方法论基础。

3. 建筑节能工程的系统方法

建筑节能的系统分析就是在建筑节能活动中，以整体的观念来看待建筑节能活动，将建筑节能作为整个生物圈物质与能量循环交换的一部分，不仅要处理好建筑自身这一人工环境营造系统，还要处理好建筑用能与整体生态环境和社会环境的关系。在建筑节能系统分析中，要充分运用数学科学、系统科学、控制科学、人工智能和以计算机为主的信息技术所提供的各种有效方法和手段，把建筑节能系统中众多变量按定性→定量→更高层次定性的螺旋式上升思路，把理论性与经验、规范性和创新性结合起来，把宏观、中观与微观研究结合起来，将自然气候环境、人工环境和社会环境结合起来，将专家群体、数据和各种信息与计算机技术有机结合起来，全面、深入地分析和解决建筑节能活动中的具体问题。

在功能层面上涉及建筑管理、经济、工程、人文和生态等不同环境方面；在工程经济方面上涉及初投资、运行费、维修费、改造费等眼前利益与长远利益的权衡取舍；在社会活动主体上涉及政府(代表社会整体和长远利益)、建筑师、设备工程师、业主、物业管理人员和建筑实际使用者等利益主体间的博弈和平衡。所以，建筑节能需要采用系统的方法，综合考虑各种因素——自然的、生态的、社会和经济环境，分析和解决建筑节能领域的各种复杂问题，以满足不同主体的各种需要。

将一般系统分析方法应用于建筑节能实践，在建筑节能环境相关属性的分析基础上，对建筑节能的系统方法采用四维结构体系，如图3.9所示。

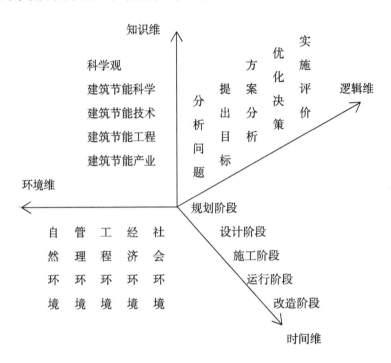

图3.9　建筑节能工程方法的四维体系结构

知识维即从知识维度构建科学观、建筑节能科学、工程、技术体系；逻辑维即从逻辑思维角度提出建筑节能的基本问题和目标，通过方案分析、模型化、优化仿真后进行综合评价，为建筑节能项目决策提供依据；时间维即从时间维度体现建筑节能全过程管理不同阶段的方法；环境维即从环境属性维度将管理方法、工程方法、经济方法、社会方法和生态方法。

建筑节能的系统方法可以采用层次分析法，是由建筑节能系统本身的多层次特性决定的。通过层次分析法，可以在建筑节能实践中确定建筑能耗的主要影响因素或环节，为建筑节能决策提供依据。以建筑节能技术系统的层次结构为例，如图3.10所示。

建筑节能技术系统的层次分析表明，它既是建筑节能工程系统的次级系统，本身还可以划分为不同功能属性的子系统，表现为不同的技术方法。建筑节能系统子系统组成及结构的复杂性和多层次性，要求我们既要分析建筑节能系统整体的性能，同时也要分析各不同层次子系统的性能及相互关系，是工程系统分析方法的有机组成部分。用层次分析方法分析建筑节能，是在建筑节能系统层次分级认识的基础上，从整体到部分，再由部分集成到整体的分析过程。

4. 建筑节能工程的综合集成方法

建筑节能系统是一个复杂的系统、开放的系统，系统总功能上表现为子系统的功能的

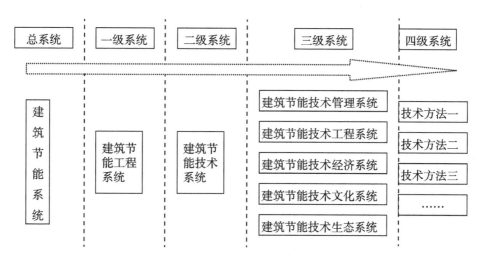

图 3.10　建筑节能的层次结构(以建筑节能技术系统为例)

综合集成,可以采用综合集成方法[17]。在一般系统分析方法和层次分析方法基础上,通过定性与定量相结合的综合集成方法,将建筑节能专家群体、建筑节能基础数据和各种信息与计算机技术手段有机结合,把管理学、工程学、经济学、社会学和生态学等学科的理论和建筑节能实践主体的经验知识相结合,应用于建筑节能系统分析,其综合集成分析方法基本流程如图 3.11 所示。

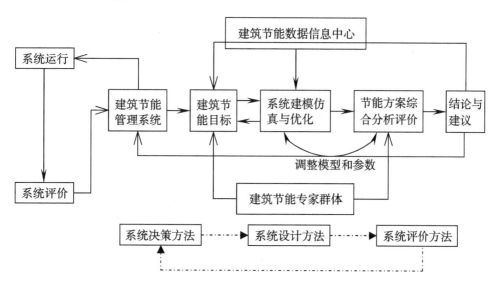

图 3.11　建筑节能工程的综合集成方法流程

该流程的主线是从系统决策、系统设计到系统评价,形成一个具有反馈机制的闭合过程,每个环节既有相对独立的任务,同时与上、下环节之间通过信息交换相互影响,充分体现了整个系统的整体性和自组织特性。系统建模需要理论方法、经验知识、数据与相关资料的结合,经过仿真与优化等得到的定量结果,结合专家群体的理性和感性的科学与经验的知识,进行共同讨论与判断;而后修正模型和参数,返回重复求解过程,直至得到专家群体认为可信的结果。综合集成方法融合了专家群体对问题解的定性描述与数据结果，具有足够的科学根据，可作为支持决策的结论和政策。这种方法有机地综合专家群体、数据与信息、各相关学科的知识与理论，特别是人的经验与智慧，组成了一个有机的整体；问题求解能力来自于以上各要素整体优势的充分发挥。

3.5 建筑节能工程的系统决策方法

1. 系统决策的一般过程

决策是社会实践主体的主观能动性的集中体现，是社会实践活动成败的关键环节。工程决策是由科学的决策步骤组成的，科学的决策步骤的整体性称为科学的决策过程。一个合理、科学的决策过程必须具备以下五个步骤：发现问题、确定目标、拟订方案、选择方案和实施方案。系统决策过程包括总体战略部署和具体实施方案的制定与选择两个方面，一般过程如图 3.12 所示。

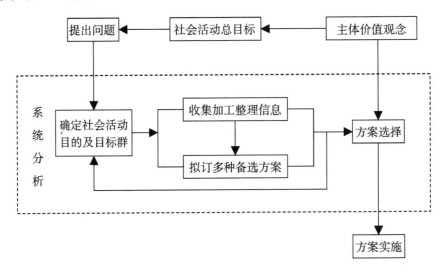

图 3.12 系统决策的一般过程

在提出问题、系统分析到方案选择与实施过程中，决策主体的总体战略部署重点是分析全局的合理性、协调性和经济性，保证活动的可行性；活动具体实施方案是通过提出可能的不同实施方案进行综合分析、比较和评价，做出方案选择并具体实施。

2. 建筑节能工程主体的价值观念影响

主体价值观念对决策过程中目标的制定、方案的分析评价选择有重要影响。一个人所拥有的价值资源是有限的，任何人都必须对所拥有的价值资源进行合理配置，这就需要以"价值观"的形式来对各种事物的价值特性进行认识和分析，从而引导和控制主体把有限的资源投入到合理的领域，最大限度地减少资源的浪费，提高资源的利用率。建筑节能的

主体是活动共同体，具有不同的利益追求和价值目标。

1）政府价值观念的影响

各级政府在建筑节能活动中，代表国家和整个社会的利益，作为建筑节能社会活动的主体之一，关注建筑节能的总体价值，并担负着协调不同价值关系的责任。国家依托政治体制优势，可以发挥强大的政治动员能力和经济干预能力，能集中力量应对建筑节能领域复杂的问题，制定建筑节能发展规划。国家把节能减排作为基本国策之一，要求尊重自然规律，保护自然资源，爱护自然环境，以及提出明确的温室气体减排目标，促进了建筑节能工作的开展。政府建筑节能的发展目标就是，构建以低碳排放为特征的建筑体系，建设建筑节能技术和产业强国，用比发达国家少得多的能源，使中国人民过上越来越舒适健康的生活。这表明政府代表的国家建筑节能价值理念，是综合了经济、社会、人文和生态等价值内容，体现的是国家的价值标准，即对人的终极关怀。

2）企业价值观念的影响

企业是建筑节能活动的投资者和经营者，通常是建筑节能工程经济价值评价的主体。建筑部品供应企业、建筑设计施工企业、开发商、建筑运营管理单位和能源服务公司等通常是建筑节能活动的主导者或参与者，在具体的工程实践和项目实施过程中体现建筑节能价值观。从工程决策中的价值判断，到工程实施、工程运行及市场消费环节的价值实现，都贯穿着企业对建筑节能工程的价值评价，尤其是建筑节能工程的经济价值。

3）公民价值观念的影响

人的价值追求对建筑节能的发展起到重要的推动作用。全体公民作为建筑使用者既是建筑节能活动的主体，也是建筑节能活动服务的对象。公民个人对建筑节能价值的认识取决于自身在建筑节能中的地位和作用，主要有两类：一类是作为建筑使用者的普通群众；另一类是从事建筑节能规划、设计、施工和运营管理的专业技术人员。

普通群众是建筑节能活动的受益者和参与者，只有认识到建筑节能活动对经济社会环境和人类自身的重要意义，才能自觉地通过生活习惯、居住方式的转变来践行"行为节能"的责任。这需要依靠建筑节能公众教育作为支撑，通过社会宣传教育提升其参与意识。通过一定的方法与程序让公众能够参与到建筑节能方案与制度的制定及决策过程中，公众参与意见是使设计合理化、满足使用者需求并避免浪费的有效途径，更深层次上，它则是追求社会公平、正义和稳定的反映，因而具有积极的"以人为本"的社会意义。

建筑节能专业人员的价值取向是影响建筑节能工程活动有效推进的重要因素，需要通过专业教育培养科学的工程理念，并通过政策法规加以规范，避免在节能工程方案和节能产品、措施选择过程中只关注经济价值，而忽视建筑节能的社会和环境价值，导致价值取向的偏离。建筑节能专业的工程教育培养专门人才队伍，通过系统科学的理论知识体系和实践方法训练，使专业从业者们能树立建筑节能科学观，按建筑节能发展规律进行相关工作，将建筑节能科学技术在工程实践中转化为现实动力，促进建筑节能产业的健康发展。

3. 建筑节能工程的系统决策基本方法

从系统决策的角度，以系统科学与系统理论为指导，对建筑节能进行科学决策，形成建筑节能的系统决策方法。由于能源资源的有限性和价值多元性，才有方案选择的必要性。建筑节能决策中的利益权衡、协调和优化也要求决策者采取系统的方法进行综合权衡。建筑节能系统决策的路径如图 3.13 所示。

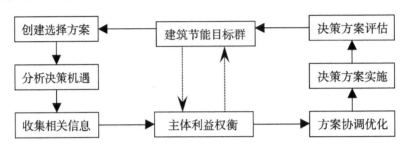

图 3.13　建筑节能系统决策的路径

建筑节能的决策需要从具体时间、具体空间的环境条件出发，将建筑节能系统本身放在特定的自然和社会大环境中进行分析，作为一个开放的、动态的系统对待。离开具体时空条件和地域环境进行建筑节能决策，忽视现实条件的约束和环境影响，必然导致决策方案选择的错误。面对经济效益、社会效益和环境效益之间的冲突，建筑节能决策强调的是系统整体效益，在可选的活动方案中，主体利益权衡体现广大人民群众的根本利益和长期利益，有利于构建和谐社会——人与自然的和谐以及人与人之间的和谐。

3.6　建筑节能工程的价值评价方法

1. 建筑节能价值方法的理论基础

作为一个关系范畴，价值反映的是客体在何种程度上满足了主体的需要。建筑节能的价值既包括作为产品的建筑设施或设备系统所实现的综合价值，又包括建筑节能管理和服务所实现的单项价值，实质上就是在建筑的全寿命周期内，单位人、财、物费用的投入所实现的建筑功能提升，其目的就是要形成更合理、更有价值的建筑能源服务体系。从建筑节能价值具体内容上，表现为人居水平提升与发展、节约能源与低碳环保、工程技术创新、居住文化和生活模式等多个方面。

建筑节能价值理论是建筑节能主体各方按建筑节能活动对自身及社会的意义或重要性进行评价和选择的标准，决定建筑节能向哪个方向发展和究竟怎样开展，并对活动可能产生的后果进行价值判断的理论依据。建筑节能的价值理论是建筑节能评价的基础，主要包括建筑节能的评价原理、建筑节能评价方法、建筑节能评价模式，以及建筑节能评价准则等内容组成。建筑节能的价值理论框架体系，如图 3.14 所示。

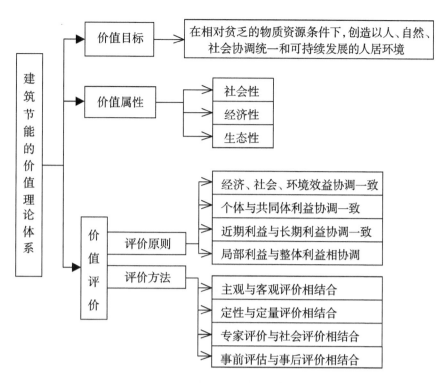

图 3.14　建筑节能的价值理论框架体系

通过探索建筑节能的价值目标、价值属性、价值评价原则和评价方法的具体内容,以及它们之间的相互关系,形成建筑节能的价值理论。建筑节能从价值属性上包括了社会价值、经济价值和生态价值等多元属性。建筑节能价值方法要通过建筑节能实践来实施。无论从建筑节能价值目标,还是建筑节能价值属性,以及建筑节能价值评价的实现过程来看,建筑节能的价值方法核心也是以人为本的,以人类社会的发展和人居水平提升为出发点,通过技术集成和工程创新实现人与自然、人与社会的和谐发展目标的[18]。

2. 建筑节能工程的价值评价内涵

建筑节能的价值评价是建筑节能主体对建筑节能活动这一过程有无价值以及价值大小所进行的主观判断,对建筑节能活动所涉及的各种价值关系以及总体价值所做出的评价。价值内容包括经济价值、政治价值、生态价值、社会价值或人文价值方面的具体评价。建筑节能的价值评价是建筑节能实践活动的内在环节,单一的经济评价已不能很好地把握建筑节能与社会和自然环境之间的整体关系,不能反映建筑节能真实价值,在实践中容易导致许多问题。

建筑节能工程的价值评价是建筑节能科学观体系中价值观的核心和根本,在建筑节能活动过程中进行目标选择、实施方法和路径的选择等环节上,人们在价值原则上进行思考和解决"怎样进行选择?"和"究竟选择什么?"的问题,对建筑节能的目的、目标和手段进行评价时,必然要将科学评价、技术评价、经济评价、环境评价与价值评价进行协调，体现出建筑节能活动的时代价值和社会道德风貌。

按价值评价的内容分析，建筑节能的价值评价主要包括经济价值评价、社会价值评价和环境－生态效益评价三个方面，分别与建筑节能的经济价值、社会价值和环境－生态价值内容相对应。所以，建筑节能价值评价就是指建立在经济、社会和环境－生态效益评价这三个方面评价内容基础上的系统评价，在充分认识建筑节能评价复杂性和综合性基础上，采用定性评价与定量评价相结合的方法，所形成的适用于建筑节能这一特定领域社会活动的评价理论和方法。

1）建筑节能的经济价值评价

改革开放以来，沿用了经济效益、社会效益和环境效益等综合效益思想，冲破了单向思维模式，但是，仍必须以系统论的方法，在可持续发展的前提下，把建筑的经济因素，放置在建筑生命、人的生命和社会能源和物质供应等系统中，加以定位[19]。在建筑设计和建设中，建筑节能的经济性表现在以促进人居环境建设活动与经济发展良性互动为目标之一。

建筑节能的经济价值，是企业参与建筑节能活动并担负建筑节能责任的动力，体现在建筑节能工程对企业经济利益的满足程度，体现在以下三个方面。

一是与建筑节能工程的最终价值接受主体（客户或消费者）相对应，表现为节能建筑或产品对使用者的建筑环境提升的满足程度；二是与建筑节能工程投资和建设主体相对应，通过建筑节能专项资金和优惠政策，企业获得相应经济效益和投资收益；三是与建筑节能的规划与管理主体相对应，建筑节能的经济价值还表现为长期的、潜在的对其他经济活动的影响，表现为建筑节能活动与总体经济发展相适应。

与经济价值相对应，企业作为建筑节能市场主体，对建筑节能的经济评价也分以下三个方面。

一是建筑节能的社会经济价值评价，衡量节能工程是否满足客户或消费者的需要，对居住环境水平提升的贡献；二是企业自身的建筑节能活动的财务经济评价，通过经济效益分析考察工程的可行性，依据企业基本财务报表中财务现金流量表、资金来源与运用表等数据，运用成本收益分析框架，计算工程节能项目的微观经济利益，关心节能工程为企业带来的盈利；三是企业作为国民经济体系中的一员，从企业社会责任角度考虑资源和能源的稀缺性和有效使用，以及国民经济最佳投资方向和结构，评价建筑节能工程所产生的国民经济价值，判断建筑节能活动是否与国民经济整体目标相协调。

建筑节能的经济价值评价需要重视其正外部性特征。建筑节能市场具有外部性，体现在外部经济、区际外部性、代际外部性和公共外部性四个层次。其中，外部经济表现在：对建筑进行节能改造或投资的行为，不仅可以提高居民的舒适度，减少房屋运行费用，还可以为整个社会节约资源，改善环境。无论从个人还是社会的角度来看，节能工作都会带来巨大的经济和环境效益。但是社会并不会因此而向采取节能行为的个人或企业支付报酬，这时节能行为所带来的社会收益大于节能主体的个人收益。因此，建筑节能活动具有正的外部性。从空间上看，区际外部性指建筑节能不仅减少了传统能源消耗造成的本区域的污染，也因而减少了污染在不同区域空间上的扩散。从时间上看，建筑使用周期长达数十年，建筑节能行为产生的外部经济，会在整个建筑全生命周期内一直存在，并且当代节约的能源、减少的污染，同样可以间接惠及后代人。从建筑节能正外部性影响主体看，建筑节能所产生的外部经济在其影响范围内会使所有的成员无一例外地带来额外收益，具有公共产品的非竞争性和非排他性特征，因此是一种公共外部性。

2）建筑节能的社会价值评价

建筑节能必须遵循"以人为本"的价值原则，重视人、社会与自然环境的整体发展，价值评价的社会性具体表现在三方面。

（1）建筑节能目标的社会性。具体的建筑节能活动都有特定的目标，体现在经济性和社会性两个方面，并且社会性常常以经济性为基础，同时其经济内涵在许多方面也体现出一定的社会性。建筑节能目标的社会性表现为节能实现的社会效益，具体作用有提升建筑环境质量与水平、改善生态环境、促进社会公平等。建筑节能活动包含经济内容，具有经济成本，有时会存在经济效益与社会效益不一致的情况，这就需要从符合社会发展需求出发，由建筑节能实施主体的相关企业承担重要的社会责任。

（2）建筑节能活动主体的社会性。建筑节能活动是由投资者、管理者、工程师、业主或建筑使用者等不同成员参与和进行的，形成了各种类型的人的社会活动的集成或综合。每项建筑节能工程都有一个"总目标"，但对于参与该工程活动的不同人员来说，他们还有自己个人的目标，而且不同参与者的个人目标可能会不同，甚至存在认识不一致和发生利益冲突的地方。此时，建筑节能价值评价的社会性就集中体现在如何协调和解决不同成员之间利益冲突带来的各种社会矛盾问题，最大限度地权衡协调由于建筑节能参与各方之间以及与社会其他成员之间不同目标带来的利益冲突。

（3）建筑节能效益的社会性。建筑节能活动围绕明确的目标需要投入相当的资源和资金，而对其社会目标是否实现需要进行评价，实质上就是对建筑节能活动进行社会评价。与经济效益评价可以定量相比，社会效益的评价难以计量，存在一个价值多元化与利益分化的现实，需要解决如何才能合理地确定评价主体以及合理的评价程序问题。

3）建筑节能的生态文化价值评价

建筑节能的生态文化性是文化的概念与建筑节能环境的概念交叉集合形成，通过相互渗透与综合创新而形成的一个新概念，以建筑科学的文化观和生态观为基础。

建筑节能生态文化的价值评价具体体现在民族性、整体性、时空性和审美性几个方面。建筑节能的民族性，是由于建筑节能工程项目都是在一定的国家或民族的"地域"中进行的，而作为建筑节能主体的人把生态文化与民族精神联系在一起，使建筑节能工程文化具有民族特点的工程文化。建筑节能的系统性决定了其工程文化的整体性要求。时空性包含时间性和空间性两方面特性，建筑节能文化的时间性一方面体现在建筑节能工程活动应符合时代要求，充分体现时代发展和条件变化对工程决策和工程评价的影响，时间性还体现在建筑节能本身具有的寿命周期特性上，任何节能项目的实施都有一定的时效性，不同阶段节能活动的主体也不同，利益主体对工程目的和性质理解也存在差异，形成和传播的工程文化表现为不同形式，但前后阶段的文化之间存在传承与补充。空间特性来源于建筑节能工程本身的地域性，从空间层次上国家、区域或城市到具体的建筑节能项目单元，都要求工程的实施要符合国情，因地制宜，形成特定空间范围的"地域性"文化。审美性表现在工程整体活动与工程成果所包含的和谐、有序、稳定的因素，能直接带给人愉悦的感受。工程实施过程与自然环境和社会环境和谐，工程设计与施工阶段各项目标、工序协调有序，工程运行与管理规范有效，都可以是建筑节能活动工程美的具体展示，通过"工程创造美"让人们更多地认识到"工程中存在美"。

建筑节能的经济和社会价值评价要做到客观、全面和准确，就要强调建筑节能生态文化在评价标准制定中的作用，协调好建筑节能系统中各环节因素的相互影响，对评价理论的合理性进行丰富和完善。重视建筑节能生态文化对工程发展的影响，有利于建筑节能工程建设更好地发挥其社会功能和人文工程，促进人与自然、社会的和谐发展。

3. 建筑节能工程的价值评价原则

1）基于"以人为本"的原则

"人是世界的根本，世界只因有了人才获得了丰富的意义；哲学的彻底性在于抓住世界的根本，哲学的价值在于它对人的无限关怀。[20]"对建筑节能的价值评价，其核心是以什么态度来分析和研究人在建筑节能中的地位和作用，以什么方式来理解建筑节能的根本目标中"体现人的中心地位，适应人的发展要求。"这里的人，既包括了同一个时代掌握社会资源的富人和普通的百姓，又包含了当代的人和后代的人。建筑节能的"以人为本"是以人类可持续发展为前提，既要满足当代人对居住环境和居住水平的要求，还要不影响后代人追求同样需要的权利，即代际之间的公平；对同一个时代的人要顾及社会资源分配的公平。所以，人与建筑的关系奠定了建筑节能活动中人的地位和作用，充分认识这一点，把握好人在建筑节能活动中的主体地位，是建筑节能科学发展的重要基础。

建筑的人本性与社会性都是围绕"人的需求"和"人的发展"为目的展开的，建筑的营造性也是通过人来推进和完成的，而建筑的自然性所描述的从自然界获取资源能源并加以合理组织利用，都离不开社会人的参与。建筑节能作为一种社会活动，人在建筑节能活动中的主体地位是建筑节能活动作为社会活动，具有社会人文属性的根本依据，人的价值追求推动着建筑节能理念的创新。

2）局部效益与整体效益相协调原则

建筑节能是整体节能，但在实现建筑节能整体效益的同时也要兼顾局部和个体的效益和利益，才能协调建筑节能系统各要素之间的关系。建筑节能主体各方基于不同层次的目标和自身的利益，对建筑节能活动评价的基础和依据不同，形成的建筑节能价值理论内容就不一样。国家、开发商、建筑节能材料、设备供应商、业主、能源服务公司及建筑使用者等主体角色在建筑节能不同阶段所起的作用不同，但其行为都受到建筑节能价值观念和价值追求的影响，决定"通过什么方式和途径实现多大程度的建筑节能"问题。

建筑节能系统的多主体、多层次、多阶段、多要素特征，要求对实施过程及结果进行的综合评价，所涉及的价值关系十分复杂，远远超出了单一主体的单一指标评价，需要结合不同利益主体的价值取向。既要考虑不同阶段的不同子系统的效益，又要以系统整体效益为目标，真正衡量出系统的整体价值，作为工程方案设计选择和实施效果的基本依据。

3）动态开放的原则

建筑节能系统是一个动态、开放的复杂系统，对建筑节能价值的评价就应坚持动态性、开放性的原则。动态性原则要求对建筑节能的评价要结合具体历史时期的经济社会发展条件和水平，用发展的观点确定建筑节能的目标、要求和技术路线。开放性原则体现的是对建筑节能价值的评价不仅要看建筑节能本身带来的自身效益，还要分析建筑节能对环境和社会的影响，把建筑节能活动放在具体的地域环境条件下，对其综合效益进行评价。动态开放性原则体现的建筑节能的时空属性，本质上是建筑节能系统性的体现和要求。

动态性原则体现了建筑节能评价是一个历史范畴，对建筑节能价值认识的相对性，其中既有确定的定量成分，同时还包含了对建筑节能效益的不确定的定性成分。坚持建筑节能评价的动态开放性原则，有利于避免将建筑节能评价标准绝对化、教条化，使对建筑节能的认识和价值评价不断发展和完善。

4）综合效益评价原则

建筑节能效益的综合性要求建筑节能活动的经济、社会、环境效益协调一致。建筑节能对自然生态环境的依赖性决定了价值评价中重视生态成本的补偿性。建筑的自然属性决定了建筑节能工程对自然生态环境的依赖性，对资源能源、材料设备的利用效率直接影响到建筑节能活动过程中的生态环境影响，由于资源能源匮乏、环境容量有限，建筑活动对生态环境的负面影响必然渗透到建筑节能价值评价系统中去，才能形成有利于促进可持续发展的建设局面。

建筑节能价值包括了经济价值、社会价值、环境和生态价值三个方面。经济价值是建筑节能活动产生的物质基础，是保证节能工程顺利实施的重要保证，必须与社会价值、环境生态价值评价相结合，协调这三类价值取向之间的冲突，在评价程序上形成有效机制，确保综合评价结论的合理性。

4. 建筑节能工程价值评价的操作方法

1）主观与客观评价相结合

在分析和评价建筑节能问题时，要充分估计建筑节能活动开展的客观环境、客观条件对建筑节能效果的影响，根据具体时间、地点和条件将对建筑节能的主观认识与建筑节能活动本身的客观影响结合起来，体现建筑节能主体与客体的统一性。建筑节能的科学性，决定了建筑节能发展规律的客观性；建筑节能主体的社会性决定了对建筑节能实践活动效益评价的主观性。采用建筑节能评价的客观性与主观性统一的方法，协调了一般与特殊的关系，就是要采用建筑节能科学发展普遍适用的一般方法来指导解决具体建筑节能活动的特殊个性问题，尊重客观规律的同时，采用具体问题具体分析的辩证方法，体现了建筑节能的价值评价不是绝对的，而是有条件的，保证建筑节能评价体系能适应不同建筑节能活动环境条件要求，使评价方法具有实用性和可操作性。

2）定性与定量评价相结合

建筑节能具有的自然与社会的二重属性决定了价值评价采用定性评价与定量评价相结合方法的互补性。在定量评价中，从国家、地区或城市到具体建筑节能项目，针对宏观、中观和微观不同维度的能耗模型，需要恰当设定有关计算参数，能够获得能源消耗的真实经济价值，反映能耗数据的真实性和可靠性。在定性评价中，通过对建筑节能活动主体各方及利益相关者的主观价值评价进行排序，通过合理的价值评价检验环节，使综合评价能定性反映出符合工程实际的结果，与定量评价互补，达到评价标准的客观性。采用定性定量相结合的综合集成方法，需要将建筑节能相关专家群体、数据和各种信息与计算机技术有机结合，将自然科学和社会科学的相关理论与人的经验知识相结合，体现科学理论、经验知识和专家判断这三者的整体与综合优势。

3）专家评价与社会评价相结合

建筑节能价值评价具有功利价值与人文价值的统一性。建筑节能价值评估主体只有从人类价值追求和审美理想相统一的高度来规划设计、实施、评价节能活动，才能使建筑节能不仅拥有功利价值，而且充满了人文价值，才能保证利益相关者分享到活动的经济价值，并充分享受到其人文价值，真正体现建筑节能的核心价值"以人为本，人与自然的和谐发展"。这就要求建筑节能评价尊重专家评价意见，采纳专家评价结果，同时也要与社会评价相结合，通过社会评价考察建筑节能活动产生的社会效益，体现建筑节能作为一项社会活动的社会属性。

4）事前评估与事后评价相结合

工程评价按照时间的划分，其可分为事前评价与事后评价，事前评价是指方案的预评价，其目的是确定项目是否可以立项，它是站在项目的起点，主要应用预测技术来分析评价项目未来的效益，以确定项目投资是否值得或者可行。事后评价能使项目的决策者和建设者学习到更加科学合理的方法和策略，提高决策、管理和建设水平，也是增强投资活动工作者责任心的重要手段。工程项目事后评价[21]是在项目建成或投入使用后的一定时期，对项目的运行进行全面评价，即对投资项目的实际费用 – 效益进行审核，将项目决策初期效果与项目实施后的终期实际结果进行全面、科学、综合的对比考核，对建设项目投资产生的财务、经济、社会和环境等方面的效益与影响进行客观、科学、公正的评估，通过项目活动实践的检查总结，确定项目预期的目标是否达到，项目的主要效益指标是否实现，通过分析评价到达肯定成绩、总结经验、吸取教训、提出意见、改进工作、不断提高项目决策水平和投资效果的目的。对工程项目进行后评价的重要作用在于有利于投资项目的最优化控制，有利于提高以后对项目投资决策的科学性。

事前评估是一种战略分析评估方法，它是建筑节能主体对建筑节能活动将产生的效益进行预评估，其目的是对建筑节能活动的可行性进行论证，主要用于建筑技能的规划设计阶段和建筑节能产品或技术措施方案的决策之前。事后评价是对建筑节能活动实施效果的评估，它是在建筑节能项目实施的阶段末期，对初期目标完成情况的分析、评价和预测。建筑节能的价值评价包含了这两个方面的内容，是一种综合评价。

3.7　建筑节能的思维层次模型

任何思维活动都要"依附"于一定的主体，建筑节能实践活动主要由管理者、投资者、企业家、工程师和作为建筑使用者的普通居民等不同主体组成，这就形成了建筑节能思维活动的集成性。将整体性作为建筑节能思维的原则，需要采用科学的方法和理论去指导建筑节能实践活动。从建筑节能作为一项社会活动角度分析，横向可以把建筑节能社会活动总系统分为生态系统、管理系统、工程系统、经济系统和社会系统五个大的一级子系统，子系统之间相互作用形成次级系统，每个一级子系统下面还可以划分二级层次子系统。建筑节能实践是技术因素、经济因素、管理因素、社会因素、文化和价值因素等多种要素集成的社会活动，这就决定了建筑节能方法论必然是以集成性为根本特点的思维方式。在建筑节能实践活动中，不同建筑节能主体的价值理念决定了其思维方式和方法的不同，受主体的地域、文化、认识水平影响，表现出不同的实践方式，形成建筑节能的综合实践方法。建筑节能方法论的思维分层分级关系如图 3.15 所示。

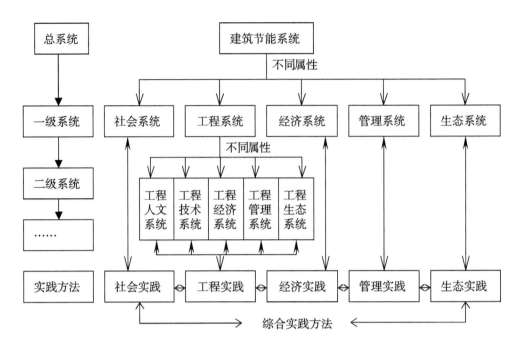

图 3.15　建筑节能方法论的思维层次模型

本 章 小 结

　　基于建筑节能认识论构建的六大原则，本章研究建筑节能的方法论基础，探索建筑节能总的方法论问题，属于建筑节能的科学观构建的重要组成部分。从管理学、工程学、经济学、社会学、生态学等方面建立了建筑节能的科学思维体系，相应地包含了管理学方法、工程学方法、经济学方法、社会学方法和生态学方法的理论基础。将现代科学思维的多元性、整体性、非线性、信息化等特点与建筑节能管理、工程、经济和社会和自然五个方面相结合，研究建筑节能实践方法的基本内涵，形成建筑节能方法论的理论基础。

　　通过建筑节能工程的内涵分析，从系统分析方法、决策方法和价值评价方法角度，探索构建建筑节能的工程思维具体内容，尤其是针对建筑节能的价值方法，分析价值评价的原则、评价的内容和评价的具体方法，从而形成建筑节能工程的评价方法，这是建筑节能科学观体系中价值观的主要内容，也是建筑节能方法论的重要基础。

本章主要参考文献

　　[1]　中共中央马克思、恩格斯、列宁、斯大林著作编译局．马克思恩格斯选集(第4卷)[M]．北京：人民出版社，1995：219.

［2］中共中央马克思、恩格斯、列宁、斯大林著作编译局．马克思恩格斯选集(第 1 卷)［M］．北京：人民出版社，1995：57.

［3］杨建科．社会工程思维的地位和特征［J］．西安交通大学学报(社会科学版)，2014，34(3)：79 - 85.

［4］秦书生．复杂技术观［M］．北京：中国社会科学出版社，2004：94.

［5］林德宏．科学思想史［M］.2 版．南京：江苏科学技术出版社，2004.

［6］王振州．实践理性视域下的工程思维研究［D］．西安建筑科技大学，2009：17 - 19，22.

［7］贾广社，曹丽．工程师的工程思维培养［J］．自然辩证法研究，2008，24(6)：71 - 75.

［8］李伯聪．工程与工程思维［J］．科学，2014，66(6)：13 - 16.

［9］李伯聪．规律、规则和规则遵循［J］．哲学研究，2001(12)：30 - 35，78.

［10］殷瑞钰，汪应洛，李伯聪，等．工程哲学［M］．北京：高等教育出版社，2007：160.

［11］艾新波，张仲义．工程哲学视野下系统工程若干问题的再认识［J］．自然辩证法研究，2009，25(4)：48 - 54.

［12］［美］巴里·康芒纳．封闭的循环：自然、人和技术［M］．侯文蕙，译．长春：吉林人民出版社，1997：25 - 28.

［13］周干峙．城市及其区域———一个典型的开放的复杂巨系统［J］．城市规划，2002(2)：7 - 8，18.

［14］雷战波，席酉民．系统工程方法的四维结构体系［J］．系统工程理论方法应用，2001，10(2)：116 - 120.

［15］王宇．工程方法论初探［D］．西安建筑科技大学，2013：35.

［16］张向炜．新时期中国建筑思想论题［D］．天津大学博士论文，2008：213.

［17］钱学森，于景元，戴汝为．一个科学的新领域———开放的复杂巨系统及其方法论［J］．自然杂志，1990，13(1)：3 - 10.

［18］张祖刚．创造城市与建筑的自然人文地域特点———低耗高效、节能环保、可持续发展［J］．城市建筑，2008(10)：9 - 11.

［19］邹德侬．当代建筑理论的再定位［J］．建筑学报，2001(10)：22 - 24.

［20］徐千里．创造与评价的人文尺度［M］．北京：中国建筑工业出版社，2000.

［21］蒋靖之．项目后评估内容及作用研究［J］．中国西部科技，2007(14)：77 - 78.

第4章 建筑节能的工程系统观

从人类对社会活动认识的发展历程看，不同历史时期分别形成和出现了"听天由命""征服自然""天人和谐"的工程理念，相应的工程方法也经历了由手工、机械、自动到智能技术发展，相应地从个性化的经验、单一的共性化、知识化集成到人工智能方法等不同阶段。

建筑节能科学观包含了系统观、地域观、价值观、技术观和教育观等内容，相应地，建筑节能工程观也包含了工程系统观、工程地域观、工程价值观、工程技术观和工程教育观等丰富内容。本章将建筑节能的科学观应用于建筑节能工程的认识与实践，就形成建筑节能的工程观，它包含了建筑节能的工程理念及工程方法，回答关于建筑节能工程"是什么""为什么""怎么样""好不好"等基本问题。

根据建筑节能科学思维层次结构，建筑节能工程系统是建筑节能系统下的一级系统，与建筑节能的管理系统、经济系统、社会系统和生态系统并列，是五个一级子系统之一。建筑节能工程系统与其他四个子系统相互作用形成建筑节能工程系统下的二级系统。本章基于建筑系统复杂性和复杂系统观的理论与方法，研究建筑节能工程的系统认识与实践方法，基于系统协调性原理建立建筑节能工程系统观，其研究内容框架如图4.1所示。

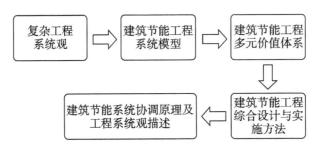

图4.1 建筑节能工程系统内容框架

4.1 建筑系统的复杂性

1. 复杂性科学及复杂系统观简述

随着技术的发展，人们越来越清楚地认识到，技术与经济、自然、社会四个系统相互联系、相互作用，形成了一个十分复杂的大系统。20世纪的复杂性科学、非线性科学、混沌理论等研究表明，原来那些有序的、线性的系统才是特殊的，而动态的、混沌的、非线性的系统才是自然的常态，复杂性是普遍的，自然界的本质是非线性的。由于计算机技术在复杂性科学和建筑学两学科之间的桥梁作用，一场建筑学真正意义上的变革正在发生。当代建筑设计对复杂性科学的借鉴主要集中在混沌理论与分形几何。混沌理论首先研究无序与有序的演化关系，寻找复杂系统中的隐藏秩序。

（1）混沌在复杂性和简单性之间建立因果关系。混沌的复杂性是简单的数学规则迭代的结果。简单与复杂、混沌与有序戏剧般地转化，直觉上的非理性恰恰是理性计算的产物。

（2）混沌在确定性和随机性之间发现了它们的联系。混沌理论学家法默说："这是一枚有正反面的硬币，一面是有序，其中冒出随机性来；仅仅一步之差，另一面是随机，其中又隐含着有序。"因此，混沌理论在建筑领域的影响包括复杂、随机、迭代、图形化、参数化、过程化、程序化和非线性。曼德勃罗（B. B. Mandelbrot）的"分形几何学"描述了真实的复杂自然结构，展示了自然在不同尺度的自相似性和层级结构，解释了无机世界和有机生命的尺度体系，不仅是更接近自然本身的几何学，而且也是混沌现象的几何学。[1]

科学是一个复杂系统，在科学发展进程中科学知识的演化常常会伴随着一些复杂现象的产生，如涌现性、非线性、突变、自组织等。科学复杂性主要体现在开放性、层次性、非线性、自组织和涌现性[2]。微观到宏观的知识涌现是构建科学系统层次，形成非线性演化及作用关系，产生自组织行为的根源所在，是造就科学复杂性的动力，知识创造的源泉，科学发展的助推器。

钱学森等提出从系统的本质出发对系统进行分类的新方法，并首次公布了"开放的复杂巨系统"这一新的科学领域及其基本观点。开放的复杂巨系统的一般基本原则与一般系统论的原则相一致：一是整体论原则；二是相互联系的原则；三是有序性原则；四是动态原则。

开放的复杂巨系统的主要性质可以概括如下。

（1）开放性——系统对象及其子系统与环境之间有物质、能量、信息的交换。

（2）复杂性——系统中子系统的种类繁多，子系统之间存在多种形式、多种层次的交互作用。

（3）进化与涌现性——系统中子系统或基本单元之间的交互作用，从整体上演化、进化出一些独特的、新的性质，如通过自组织方式形成某种模式。

（4）层次性——系统部件与功能上具有层次关系。

（5）巨量性——数目极其巨大。钱学森在 1992 年又提出建设从定性到定量的综合集成研讨厅体系的设想，指出研究和解决开放的复杂巨系统的方法应以系统论为指导。钱学森在 20 世纪 80 年代中期就提出"系统论是整体论和还原论的辩证统一"，并于 1992 年把处理开放的复杂巨系统的方法论表述为综合集成研讨厅体系。综合集成研讨厅体系就其实质而言，是将专家群体（各方面的专家）、数据和各种信息与计算机、网络等信息技术有机结合起来，把各种学科的科学理论和人的认识结合起来，由这三者构成的系统，这个系统是基于网络的。该综合集成研讨厅由研讨终端、中心研讨厅、研讨厅骨干网（Internet 或

WAN)、研讨厅管理服务系统、研讨厅信息资源库，以及分布于各地的感兴趣的和相关的研讨群体与技术支持群体组成。

复杂系统的典型特征如下。

1）智能性和自适应性

这意味着系统内的元素或主体的行为遵循一定的规则，根据"环境"和接收信息来调整自身的状态和行为，并且主体通常有能力来根据各种信息调整规则，产生以前从未有过的新规则。通过系统主体的相对低等的智能行为，系统在整体上显现出更高层次、更加复杂、更加协调智能的有序性。

2）局部信息没有中央控制

在复杂系统中，没有哪个主体能够知道其他所有主体的状态和行为，每个主题只可以从个体集合的一个相对较小的集合中获取信息，处理"局部信息"，做出相应的决策。系统的整体行为是通过个体之间的相互竞争、协作等局部相互作用而涌现出来的。最新研究表明，在一个蚂蚁王国，每一个蚂蚁并不是根据"国王"的命令来统一行动，而是根据同伴的行为以及环境调整自身行为，而实现一个有机的群体行为。另外，复杂系统还具有突现性、不稳性、非线性、不确定性、不可预测性等特征。

2. 建筑系统的复杂性认识

近代建筑学对复杂性问题的关注始于后现代主义思潮对现代主义某些机械教条的反思。第二次世界大战后，大量的"火柴盒"建筑所带来的乏味的城市景观与大规模城市改造运动的不良后果，开始逐步在美国社会中显现。建筑师和规划师不得不重新审视各种雄心勃勃的改造社会、改造人们生活的理想，开始认真反思简单化看待建筑与城市问题思想方法所具有的局限性。作为建筑与规划领域两部后现代主义思潮开篇的作品《建筑的复杂性与矛盾性》和《美国大城市的生与死》都不约而同地表现出对传统建筑或城市所具有的复杂性(或多样性)的兴趣，虽然二者对于复杂性问题的最初关注并不是来自于复杂性科学研究的启示，而是源于一种对现代主义简单化与直线式思维逻辑的反叛，是西方二元论思辨传统的结果，确切实成为现代建筑复杂性问题研究的开端。城市社会生活复杂性的认识，建筑师与规划师开始在建立多学科协同的研究体系上取得共识，无论是人居环境科学理论、"联络性"规划理论或是建筑设计中的公共参与理论，都旨在通过多学科、多种专业以及对政府、开发商、管理者与最终使用者的整合，来完成城市与建筑对复杂社会生活的描绘。整体性思维指导下的多学科协同体系的建立，使我们对于城市与建筑的认识达到了前所未有的深度和广度。各种基于复杂系统的研究模型、研究方法在建筑学领域的运用，有利于我们了解纷繁复杂的城市发展机制、建筑意义的构成和表达，而对自下而上的设计参与系统——公众参与模式的提倡，则将为建筑更充分地体现由个性差异、复杂的决策过程所带来的复杂性提供可能。[3]

建筑本身是一个复杂系统，建筑节能活动中既要考虑建筑节能工程的对象和目标，又必须把整个活动本身与周围的自然－社会－经济系统联系起来，把建筑节能工程系统放到这个大系统的背景之中。复杂系统的重要特征是系统的层次性，多层次是复杂系统必须具有的一种组织方式，层次结构是系统复杂性的主要来源之一。研究表明，复杂系统是按照层次方式由低级到高级逐步进行整合的，首先对元素进行整合，形成众多的子系统，再对子系统进行整合，形成较高一级的子系统，一直到形成系统整体。复杂系统内一个层次与另一个层次之间有着根本的区别，一般来说，低层次隶属和支撑高层次，高层次包含和支配低层次。

工程活动作为技术形态向物质形态的一种转换过程，在时间上可分为四个层次：即设计与决策层次、研发层次、实施层次、实现层次。决策层次包括动机产生、设想形成、项目确立、确定对象和形成规划等要素；研发层次包括研究、设计、研制、试验、形成新产品样品等要素；实施层次包括生产要素的更新与配置、组织与生产、形成商业化工程产品等要素；实现层次包括工程产品的经营销售、市场开拓、售后服务、实现商业利润等要素。上述各层次之间并不是完全割裂的，作为一个复杂系统，层次之间相互交叉、相互协同、从低层次向高层次演化，形成一个完整的系统整体[4]。

用工程系统方法认识建筑系统的复杂性，一方面是要把握建筑科学、学科从微观知识个体整合为新的宏观学科的复杂性、整体特性；另一方面，利用科学的复杂性思维方式揭示不同学科知识领域之间交叉渗透而形成建筑科学复杂性的机制。

3. 复杂工程系统的协调性要求

在工程领域，系统工程方法有明确的含义——系统工程是大型复杂项目中的技术管理方法。"系统工程"指从需求出发，通过一个分解－集成和反复进行的分析、综合和试验评价过程，综合多种专业技术，开发出一个满足系统全生命周期使用要求、总体优化的系统。

工程体系的构成要素从性质上看是多元、多层次的异质、异构事物；从量的角度上看，有的具有确定性，有的具有不确定性，因而工程系统均属复杂系统。要把这种复杂的工程系统综合集成起来并使之动态有序地运行，体现出稳定的、有效的功能，必须重视协同论的方法和相关的数学方法的运用，从而达到工程整体的结构优化、功能涌现和效率卓越。所以，在工程活动中，应该从系统整体卓越的原则出发，注重各要素、各单元、各子系统之间的关联性，运用协同论的方法使得它们相互促进、相互补充、相得益彰，避免因单一指标的突进而破坏整体的现象，形成一个动态有序、协同作用、连续运行的工程整体。

工程系统协调性追求系统的最优化原则。工程是一种以"选择－集成－建构"为特征并注重实效性的社会实践活动，从工程本体论出发来认识和分析工程活动的特征，工程活动就是通过"选择－集成－建构"而实现在一定边界条件下"要素－结构－功能－效率"优化的人工存在物，即工程集成体[5]。因此，追求工程"要素－结构－功能－效率"的最优化，就成为工程思维的基本要求与趋向。工程系统是一个自组织的人为控制系统，工程思维就是要致力于工程要素、结构、单元的适当配置、合理选择、彼此协同、优化组合和综合集成，实现结构优化、功能优化、效率优化的优化目标，达到总体卓越。所以，总体最优化成为工程思维的着眼点和落脚点。最优化是工程活动经济性的集中体现，它有助于工程以最小的成本、代价与风险获得最大的收益（效率、效益与效力），因而是工程活动取得实效性的客观要求与根本保证[6]。

吴良镛院士在中国城市规划设计研究院建院 50 周年学术报告会上的报告指出，人居环境的科学框架建立在对环境的基本认识上，即我们的居住环境是一个整体。这个整体是由各个相关部分组成，要求各个部分相互联系、相互作用。整体环境与普遍联系是人居环境科学的核心，它是开放、动态和变化的。理解了这些，就既能建立全局观念，分层次地了解事物（如全球、区域、城市、社区和建筑"五大层次"），又可以分系统地剖析事物（如自然、人、社会、居住、支撑网络"五大系统"），梳理关系，以期分析矛盾、解决矛盾，求得多种解决问题的途径，再面对实际进行比较研究。

4. 建筑系统的协调性原则

系统观点的核心是整体性能的优化。以系统观点来分析和认识问题，最核心的是分析和认识这些部分之间相互关联、相互影响、相互制约的关系，寻求系统整体功能的最优化，或者说实现"$1 + 1 > 2$"。系统观点还认为系统是开放的，环境既可以对系统提供支持，也是制约系统发展的重要因素。在系统的整个生命周期内，系统的结构、状态、行为和功能会随着外部环境和内部组分及其关联方式的变化而不断发展演化。从全过程观察系统，动态协调不同阶段系统与环境互动关系，也是系统整体性观点的体现[7]。可见，建筑系统的协调性应遵循整体性、开放性和动态性的原则。

1）整体性协调

根据建筑系统的复杂性和复杂系统的协调性要求，建筑节能工程应遵循系统整体性观点，系统协调性的重要原理是各子系统最优不等于总系统最优。系统是有层次的，在系统协调的层次性要求上，既要注意同层次系统之间的协调，又要注意上、下层次之间的协调；在系统协调的技巧性上，应抓主要矛盾、找关键问题。

2）开放性协调

建筑系统与周围环境进行物质、能量、信息交换，是开放的复杂巨系统。建筑系统的开放性协调是建筑与自然、社会环境协同发展的内在机制。

3）动态性协调

系统具有生命周期，存在一个从诞生、成长到最终衰落的不可逆的发展过程。在适应环境中发展是一个动态的过程。建筑系统必须不断分析和预测未来的社会需求、技术发展和竞争环境，制定适应性的对策和发展战略，保持在新的领域里的核心竞争能力，并且分阶段实施长远目标。现阶段的每一项决定和行动，既要考虑当前的需要，又要有利于未来的发展。动态性协调是建筑可持续发展的基础。

所以，建筑节能工程要遵循建筑系统协调性原理，即整体性节能。

4.2　建筑节能工程的系统模型构建

建筑节能工程系统模型的构建是建筑节能工程方法论的重要环节，针对建筑节能工程系统的不同问题，可以构建不同功能的系统模型。本节对建筑节能工程系统关联模型的构建，采用结构模型，可以用静态的、定性的结构进行表达，以层次结构形式来表达建筑节能工程系统各子系统或各要素之间的相互关系，有助于理解建筑节能系统的整体行为和发展演变机制。

1. 建筑节能工程的系统模型构建方法

模型构建过程既是对建筑节能系统的认识过程，又是建筑节能实践活动的前导，是认识建筑节能系统和进行建筑节能实践的循环反馈的过程。由于建筑节能系统结构的复杂性，建筑节能系统问题的多样性，不同时期、不同阶段对建筑节能系统的认识程度不同，系统模型构建的目标就存在差异，所确定的系统组成要素及对要素相互关系的认识也会不同，模型的合理性和可靠性就不一样。所以，建筑节能系统模型的构建方法也应该是一种开放的动态发展的方法。

针对不同的工程系统对象，或系统对象的不同方面，可以采取不同的方法建构系统模型，形成一个闭合环路，其一般流程如图4.2所示。

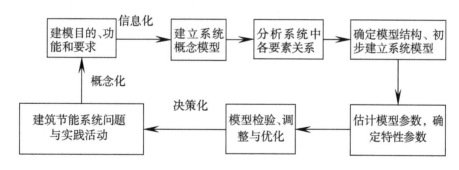

图4.2　建立建筑节能工程系统模型的一般流程

由于建筑节能工程不同于一般工程系统的特征，在构建建筑节能工程系统模型时还具有自身的方法，体现建筑节能工程集成性与创造性的统一、科学性与经验性的统一、公众性与效益性的统一，采用复杂系统的方法来体现建筑节能工程自身的系统特性。

2. 建筑节能工程系统的关联层次模型

建筑节能工程的生态系统、管理系统、技术系统、经济系统和社会系统这五大系统相对独立，同时又相互影响，在属性上相互关联，共同形成建筑节能工程的关联系统，体现了建筑节能工程系统的层次性、开放性和有机性，表明建筑节能工程是一个复杂的系统，具有复杂系统的典型特征，如图4.3所示。

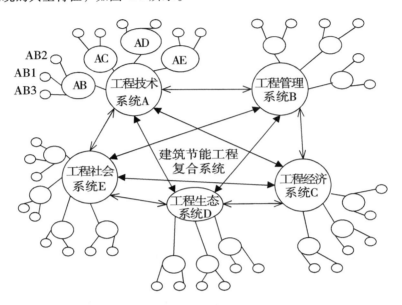

图4.3　建筑节能工程系统的关联层次模型

由图4.3所示，建筑节能工程系统是一个整体，各子系统及各组成要素之间具有很强的关联性。只有将建筑节能工程的管理系统、技术系统、经济系统、社会系统和生态系统有机结合，才能形成建筑节能工程的系统认识，单一子系统的描述只能了解建筑节能的局部或子系统的某一方面特性，强调任何子系统的功能而忽略建筑节能工程整体的要求，都会导致片面甚至错误的认识，影响建筑节能事业的健康发展。从建筑节能工程的寿命周期过程来看，上述五大子系统在不同阶段有不同的内容，表现出具体的特性，研究重点和分析方法也有所不同。不同阶段之间的子系统相互影响，表现出建筑节能工程的动态性和开放性特征。所以，建筑节能工程的复合模型在时间上表现为过程综合集成，把建筑节能工程看成是有生命的有机系统，对其实践活动进行全过程管理。

建筑节能工程系统模型的建立，是科学认识建筑节能工程的系统结构、功能、属性及各子系统或要素相互关系的基础。研究问题不同，建筑节能工程系统的划分结果不一样，所建立的建筑节能工程系统模型就不同。

4.3　建筑节能工程多元目标体系

建筑节能工程的总目标包含了社会目标、技术目标、经济目标、管理目标和生态目标五个方面，体现了能源及能耗的社会属性、经济属性和生态属性，而管理目标和技术目标则是实现总目标的重要支撑和保障手段，其多元目标体系如图 4.4 所示。

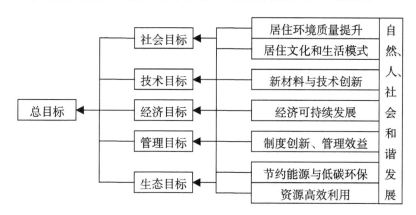

图 4.4　建筑节能工程的多元目标体系

1. 建筑节能工程的生态目标

把建筑节能工程看成是生态循环系统之中的生态社会现象之一，目的是要实现建筑节能工程的社会经济功能、社会文化功能与生态环境功能相互协调和互相促进。建筑节能工程的生态系统描述如图 4.5 所示。

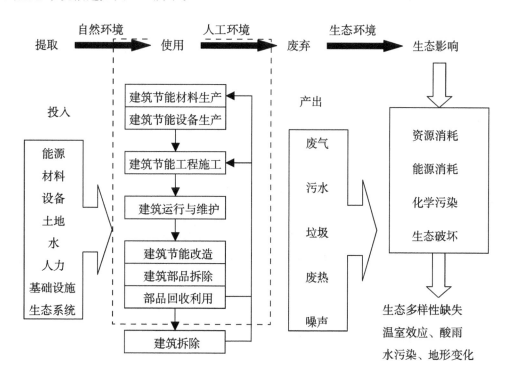

图 4.5　建筑节能工程的生态系统

建筑节能工程的生态系统关注的是与建筑节能有关的自然系统的运行原理与实践分析，如区域气候、城市能源系统、资源状况与生态环境等与建筑节能和人居环境建设的关系。从寿命周期情况分析，建筑节能工程应考虑从规划设计、施工、运行和改造整个过程中原材料的生产、运输和分配对生态环境的影响；建筑能源的输配和利用对生态环境的影响；建筑材料和设备的使用、再利用和维修及最终处置对环境的影响等因素，实现能源资源节约和低碳环保的生态目标。

2. 建筑节能工程的管理目标

建筑节能工程从建筑节能工程决策、工程设计和施工组织到运行管理等过程，关系到能源、材料、资金、人力和信息等要素的合理配置，需要根据工程管理的理论和方法开展建筑节能工程的管理实践。建筑节能工程的管理系统包括决策管理、研发管理、设计管理、施工管理、运行管理、生态 – 环境管理和产业管理等方面内容，是建筑节能技术集成和相关产业在不同阶段形成的综合体。从活动进程看，工程管理贯穿建筑节能工程活动整个过程，如图 4.6 所示。

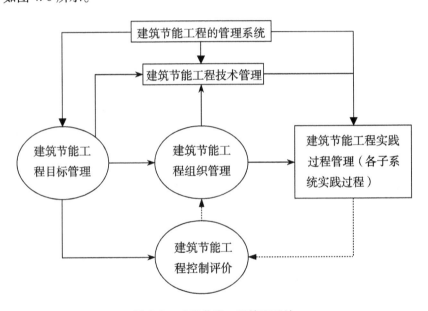

图 4.6　建筑节能工程管理系统

建筑节能工程过程中各分系统功能管理是关键，围绕建筑节能目标，对具体项目进行组织协调，所以，以建筑节能工程的目标管理、组织协调和工程过程活动为主线，形成以建筑节能技术和建筑节能评价与控制等子系统为支撑的建筑节能工程的管理系统有机整体。通过管理制度创新，实现建筑节能工程管理的目标。

3. 建筑节能工程的技术目标

建筑节能工程的技术系统就是指与建筑节能工程联系的技术和特定的、具体的工程中所使用相关技术的集合体。建筑节能技术系统的内容可以分为两个层次，第一个层次是技术系统本身各要素及其相互关系，主要解决技术与技术之间通过兼容方式相互匹配耦合的有效性问题；第二层次是技术系统作为一个整体与建筑节能工程环境的关系，表现为技术系统与工程之间的影响关系。建筑节能工程的技术系统如图 4.7 所示。

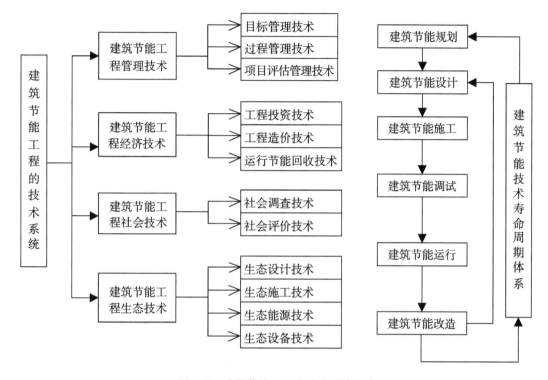

图 4.7　建筑节能工程的技术系统构成

在建筑节能工程实践中，理解建筑节能技术发展演变机制，形成建筑节能适宜技术体系，是建筑节能工程的技术目标。本书将在第 5、第 6 章分别从建筑地域性、自组织性方面进行探索研究。

4. 建筑节能工程的经济目标

建筑节能工程经济系统的组成是由建筑节能工程的经济特性和经济功能决定的，包括建筑节能工程的节能工程主体的财务经济系统、建筑节能产业经济系统和基于对国民经济发展影响的国民经济系统三个大的方面。建筑节能工程的经济系统基于全生命周期的时间价值分析，需要考虑连贯的时间背后价值分享的多主体性，这些建筑节能工程共同体在不同的时期承担各自的责任和义务，分别有自己的经济、环境需求和目标，这使得建筑节能工程的成本效益分配关系非常复杂。

建筑节能工程的经济系统如图 4.8 所示。

5. 建筑节能工程的社会目标

建筑节能工程的社会系统包括了建筑节能工程的工程目标、工程过程和工程评价相关的社会性因素，是基于工程的社会属性及人对居住环境建设的要求，包括建筑节能工程的

建筑节能原理与实践理论

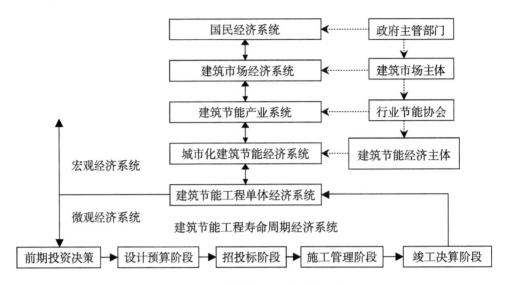

图4.8　建筑节能工程的经济系统

主体、内容、目标等方面的社会性，在建筑节能实践中必须分析工程的社会系统属性。建筑节能工程的社会系统如图4.9所示。

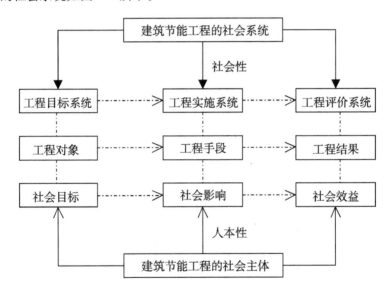

图4.9　建筑节能工程的社会系统

　　通过对建筑节能社会活动主体的分析，认识建筑节能工程不同主体之间的相互关系，协调近期利益与长远利益、个别利益与社会利益之间的关系，才能实现建筑节能工程的整体效益。建筑节能工程共同体内部各利益方在不同子系统中表现出不同的主体关系，如图4.10所示。

　　政府在建筑节能中通过开展一系列指导性或引导性工作，发挥主导作用。建设单位通过争取国家优惠政策，降低节能建筑开发成本，同时提升企业形象和竞争力，从而赢得顾客；通过节能建筑提高房屋价值，赢得利润。业主或房屋使用者在建筑节能中的作用体现

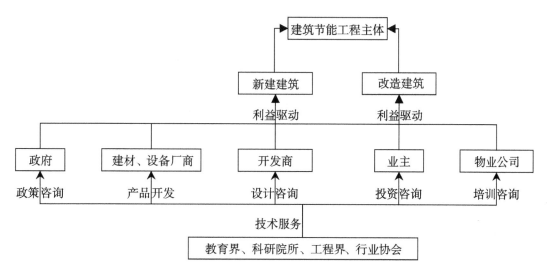

图4.10　建筑节能工程不同主体的关系

在支持并督促开发商对节能建筑的设计与开发，并发挥社会节能主体的作用，通过参与决策与监督执行建筑节能工程活动过程践行节能主体责任。工程活动的专业实践主体是工程师团队，来自高等院校、科研院所或工程公司，为建筑节能工程系统提供专业技术服务，其工程理念通过技术服务直接影响到建筑节能各阶段实施水平。总之，建筑节能工程的社会目标就是主体各方在工程过程中不断提升居住环境品质，满足人们对居住水平和居住文化的合理需求。

4.4　建筑节能工程的系统设计方法

1. 工程设计的内涵

系统设计是在系统工程理念的指导下进行的思维和智力活动，作为知识活动的系统设计，属于系统总体谋划与具体实现之间的一个关键环节，是通过技术集成和工程综合优化的过程。系统设计是一种创造性思维活动，创造性是其基本特点之一，需要通过设计创造出一些先前不存在的新东西，具有不能机械模仿、普遍推广的"独特个性"。

除了创造性，工程设计最典型的特征就是集成性。乔治·戴特（George E. Dieter）[8]在《工程设计》一书中用到的四个"C"来描述工程设计四大基本特点。

（1）创造性（Creativity）：工程设计需要创造出那些先前不存在的甚至不存在于人们观念中的新东西。

（2）复杂性（Complexity）：工程设计总是涉及具有多变量、多参数、多目标和多重约束条件的复杂问题。

（3）选择性（Choice）：在各个层次上，工程设计者都必须在许多不同的解决方案中做出选择。

（4）妥协性（Compromise）：工程设计者常常需要在多个相互冲突的目标及约束条件之间进行权衡和折中。

此外，复杂性、选择性和妥协性也是系统设计的基本特点，因为设计过程总涉及多变量、多参数、多目标和多重约束条件，设计者需要在多层次上对不同解决方案进行选择，在相互冲突的目标与约束条件之间进行权衡和协调。社会需求是工程设计最基本的驱动力，设计中的问题求解具有非唯一性，这就决定了系统设计的方法不同于一般的科学方法。

2. 工程系统设计的一般过程

系统设计是工程设计的一般方法。从时间维度上，工程设计基本过程从拟定目标、预测分析、方案综合、评价反馈到实施管理阶段，设计者对分析、综合和评价体现出较强的主观性和系统性。因此，建筑工程的设计方法属于整体设计方法，其整体设计过程如图 4.11 所示。

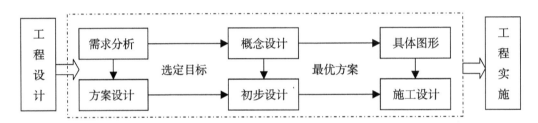

图 4.11　建筑工程设计的整体流程

3. 建筑节能工程的系统设计方法

进入 20 世纪 90 年代以后，随着能源、资源问题的日趋严重，建筑师与设备工程师必须在能源利用的层面上考虑建筑节能设计的含义，强调以较低的能耗通过被动式与主动式技术满足居住者舒适感的要求，形成一种多专业配合的集成建筑设计方法，通过合理调整建筑物、建筑围护结构设计及暖通空调等设备之间的关系提高环境品质并降低成本，进而提高能源利用率。集成设计体现了资源能效、动态发展和环境共生三原则。[9]

集成设计的内涵包括以下三个方面。

（1）从空间维度上，既要使建筑系统与外部环境系统的协调发展，又要使建筑系统内部各子系统或各要素之间性能优化。

（2）从时间维度上，从规划设计、施工调试到运行管理的不同阶段形成闭合过程，是寿命周期的节能设计。

（3）把传统观念认为与建筑设计不相关的主动式技术和被动式技术等集合到一起考虑，以较低的成本获得高性能和多方面的效益。这种设计方法通常在形式、功能、性能和成本上把绿色建筑设计策略与常规建筑设计标准紧密结合，其基本特点就是集成性，要体现整体设计的系统思想。

1）新建建筑的节能设计方法

建筑设计是保证新建建筑达到节能设计标准、实现建筑节能的重要环节。新建建筑的节能设计主要体现在两个方面：一是力求实现建筑物本身对能耗需求的降低；二是加大可再生能源在建筑上的应用。前者有强制性节能设计标准的要求，而后则一般由业主自由选择。建筑节能作为一种能源开发理念和政策取向，是以保障并逐步提高建筑物舒适度与综合性能为前提的，因而，既需要减少建筑物能源需求，又要保证合理高效用能，同时满足不同消费群体对建筑多元化的需求。这就要求新建建筑的节能设计采用性能化、精细化设计方法，将建筑节能的新技术、新材料和新手段融入建筑创作，成为建筑设计人员创作理念。新建建筑节能设计的一般流程如图 4.12 所示。

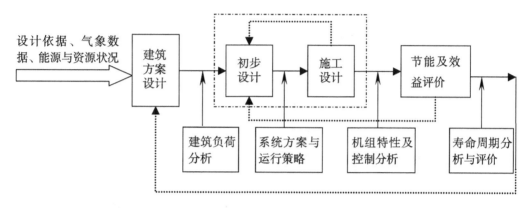

图 4.12　新建建筑节能设计的一般流程

徐峰等[10]建立了"以建筑节能为目标的集成化设计方法与流程"，将建筑模拟计算与建筑设计过程结合起来，实现建筑节能设计。不同的设计阶段有不同的设计任务、不同的已知和未知条件；不同阶段的设计应有各自的循环设计、评价与反馈的过程。这种设计方法和流程体现了设计的综合性和闭合性，每一个设计阶段的设计都是在前一阶段设计工作的基础上的进一步的创作与细化，每个阶段都需要建筑师、结构师、暖通空调工程师和能源师进行专业配合；同时每个阶段又都有其相对的独立性，其主要的任务不同，面临的问题也不同。这种共性与个性、统一性与阶段性的结合，正是以节能为目标的集成化设计流程的主要特征。这种综合性能化设计方向，需要设计、科研、院校、行政管理和设备厂家等方面合作创新，从管理和技术两方面解决设计方案问题。

2）既有建筑改造的节能设计方法

既有建筑节能改造是在确保建筑物结构安全、满足使用功能和抗震与防火的前提下，既要提升建筑环境品质，又要提高建筑能源效率。建筑节能改造设计的一般程序，如图 4.13 所示。

建筑节能改造设计是在节能诊断基础上，因地制宜选择投资成本低、节能效果明显的方案，对建筑系统的薄弱环节重点进行改造设计，以提升建筑整体的性能为目标。建筑能效诊断包括：查阅竣工图纸、主要用能设备样本和既有能耗统计资料；拟定初步的现场监

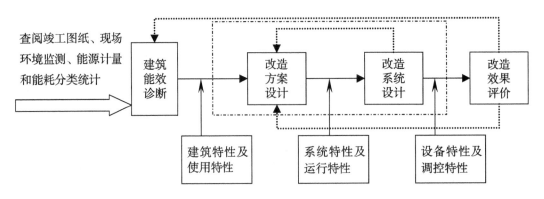

图4.13　建筑节能改造设计的一般程序

测计量方案；结合现场实际对计量方案进行修订完善，使其具有可操作性；用能设备分项计量的实施，对现有系统运行能耗进行分项常年监测；对室内环境品质进行定期监测；对既有设备性能进行能力诊断鉴定等。通过能效诊断确定需要进行节能改造的建筑，首先提出节能改造方案并进行效益分析，再对节能改造方案进行系统设计。既有建筑节能改造设计与施工同步进行，系统和设备节能改造效果评估，并根据评估结果反馈到方案设计或系统设计，形成闭合设计系统。节能改造设计难度一般比新建建筑节能设计要大，影响因素要多，对设计方法的选择更应慎重，更需要科学的理论和方法进行指导。

李兆坚等[11]针对暖通空调设计提出应采用寿命周期全过程设计的思想，综合考虑技术、经济、环境和人文等因素对设计方案进行客观综合评价和优选。无论新建建筑节能工程，还是既有建筑节能改造工程，都应以建筑节能科学观为基础，通过对复杂的能源环境问题和建筑自身问题进行跨学科的综合分析，以建筑与人、建筑与自然的整体利益为目标，采取因时因地制宜的方法和策略，将建筑节能工程作为一个有机的复杂系统采用综合集成方法进行设计。

本 章 小 结

本章将建筑节能科学观应用于建筑节能工程，从工程系统的角度对建筑节能工程的系统特性进行了描述，提出了建筑节能工程的系统分析方法，并构建了建筑节能工程的系统层次结构模型。

建筑节能工程的系统分析，是从建筑节能工程的时间、空间和能源维度，分析实现建筑全过程节能的物质基础和技术手段，就是把建筑节能工程看成一个有机的整体，研究实现整体节能的实践方法。对建筑节能工程的技术系统、管理系统、社会系统、经济系统和生态系统的目标及其在时间、空间维度的关联进行了系统描述，对工程系统的多目标及其系统整体特性进行了分析，为建筑节能工程的系统方法与实践建立了理论框架。

将建筑节能工程看成一个复杂、开放的集成系统，要求采用集成设计的方法，对新建建筑和既有建筑开展节能设计，充分体现建筑节能工程的渗透性、内涵不定性和边界模糊性等特性，为实现建筑节能工程的多重目标与多元价值提供方法支撑。

本章主要参考文献

［1］任军. 当代建筑的科学观[J]. 建筑学报，2009(11)：6 - 10.

［2］林德明，刘则渊. 面向科学复杂性的科学学方法创新[J]. 科学学与科学技术管理，2009(7)：19 - 24.

［3］黄献明. 复杂性科学与建筑的复杂性研究[J]. 建筑，2004，22(4)：21 - 24.

［4］衡孝庆，魏星梅. 工程思维简论[J]. 哈尔滨学院学报，2010，31(1)：13 - 16.

［5］徐长福. 理论思维与工程思维[M]. 重庆：重庆出版社，2003：1 - 8.

［6］李永胜. 论工程思维的内涵、特征与要求[J]. 洛阳师范学院学报，2015，34(4)：12 - 18.

［7］郭宝柱. 系统观点与系统工程方法[J]. 航天工业管理，2007(2)：4 - 7.

［8］G. E. Dieter. Engineering design：a materials and processing approach[J]. London：McGraw - Hill，2000，56(1)：74 - 90

［9］Ellis M W，Msthews E H. Needs and trends in building and HVAC system design tools[J]. Building and Environment，2002，37：461 - 470.

［10］徐峰，张国强，解明镜. 以建筑节能为目标的集成化设计方法与流程[J]. 建筑学报，2009(11)：55 - 57.

［11］李兆坚，江亿. 暖通空调方案设计现状分析[J]. 暖通空调，2005，35（9）：42 - 46.

第5章　建筑节能的适宜技术观

"地域"是指在气候特征、地理条件或文化传统等方面具有明显的相似性和连续性的区域。地域性建筑要求建筑能适应当地的地形、地貌和气候等自然条件，能运用当地的建筑材料、能源和建造技术，能充分吸收和尊重当地的建筑文化成就和历史传统，同时具有其他地域没有的显著的经济性和特异性。建筑节能的地域性源于建筑的自然属性，并通过建筑节能工程及技术的气候适应性表现出来。建筑节能科学观体系中的适宜技术观就是关于建筑节能地域性的最基本的、总的认识，基于建筑节能气候适应性原理的建筑节能适宜技术观是地域观的重要内容。本章应用建筑节能的工程思维方法，探索建筑节能技术系统的地域性，为建筑节能适宜技术发展提供理论支撑。

本章主要内容如图 5.1 所示。

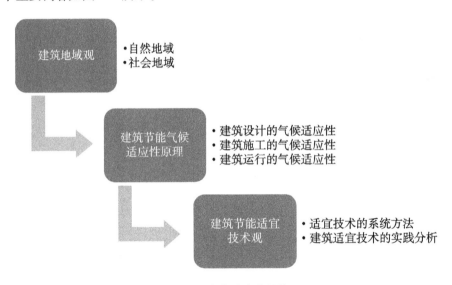

图 5.1　本章的内容结构

5.1　建筑节能的地域性概述

从建筑地域性对建筑能耗的影响关系上看，建筑能耗的形成及其变化规律主要涉及四个方面的地域性因素：①该地域的建筑居住文化及居住水平；②该地域的建筑气候条件；③适应该地域的建筑能源资源；④适应该地域的建筑管理技术水平。

这四个方面中，气候是建筑自然地域性的主要因素和基本条件；建筑居住文化和居住水平是地域性建筑的显著特色；营造建筑环境的建筑材料、围护结构形式、设备系统要求采用适应地区气候、资源能源条件的技术路线和能源方式，使建筑能耗构成具有显著的地域特点。后面两个因素，与各地经济发展水平、人们居住文化和生活模式息息相关，是影响建筑能耗变化、导致建筑单体能耗差异的主要原因。

1. 社会地域性对建筑能耗的影响

1）居住文化的地域性

居住文化是指人类在建筑建造和居住过程中所采用的方式以及创造的物质和精神成果的总和，包括了居住环境建构的方式（动态的）和居住建筑建构的成果（静态的）两个方面，这两个方面都具有显著的地域性特征。地域建筑环境是居住文化的体现，它不仅满足了社会的物质功能要求，更体现了人们的精神需求，反映了隐含于其中的深层次的地域文化内涵，造就了建筑的地域特色。

居住文化的地域性强调的是对历史传统的尊重，强调建筑节能应因地制宜、建筑节俭、崇尚自然等节能理念，不同的建筑节能技术措施都与环境文化和居住传统相关。中国建筑历史上无数南方、北方的传统民居，以及宫殿庙堂、亭台楼阁都体现出我国居住文化中的生态文明理念，是地域建筑随着气候、资源和当地历史文化差异而采取不同的建造技术策略而实现居住舒适、贴近自然、人与自然和谐共处的价值追求。我国黄土高原的窑洞背靠黄土高坡，依山凿出宽敞空间，向南开窗，最大限度地利用太阳光，做到保温蓄热、冬暖夏凉。这种典型的居住文化体现了人与自然和谐共生的生态文明思想，是人们在漫长历史发展过程中形成的居住文化传统和智慧，对建筑节能技术策略具有重要导向作用。

2）居住水平的地域性

从建筑发展过程来看，人类居住水平发展已经走过了三个阶段：第一个阶段是工业化阶段，主要解决住房的有无问题；第二个阶段是关注住宅性能和质量的阶段，关注住宅的品质优劣问题；第三个阶段是追求节能、生态、环保，也就是关注建筑与环境之间的关系问题。随着居住环境的改善，住房建设过程的一些问题也暴露出来，比如：住宅供需之间矛盾突出；住宅建设过程中土地、能源、材料浪费和环境污染严重；居住状况显著分化，高收入阶层购买一套或多套豪宅，中等收入家庭购买环境较好的普通商品住宅，而低收入家庭居住环境状况较差，加上进入城市就业的农村劳动力的居住贫困化，已经影响到城市的社会稳定和经济的持续发展；城镇居住建筑能耗总量逐年增长；不同地区及城市居住水平的差异加大，建筑能耗规模及其增长速度差异显著等。

由于居住水平不同，人们对居住条件和环境品质的要求不一样，导致建筑能耗需求就不同。现在的发达国家已经进入第三个阶段，而我国刚跨过第一个阶段，进入第二个阶段。我国要大力发展建筑节能，希望把三个阶段并成一步，就需要充分考虑由于居住水平地域性决定的建筑节能地域性特征，探索适合我国国情的建筑节能发展之路。

2. 自然地域性对建筑能耗的影响

气候是自然地域性的基本要素，自然地域性决定了建筑能源需求的差异。以中国气候特点为例[15]，与世界上同纬度地区的平均温度相比，大体上 1 月份东北地区气温偏低 14~18℃，黄河中下游偏低 10~14℃，长江南岸偏低 8~10℃，东南沿海偏低 5℃左右；而 7 月份各地平均温度却大体要高出 1.3~2.5℃，呈现出很强的大陆性气候特征。与此同时，我国东南地区常年保持高湿度，整个东部地区夏季湿度很高，相对湿度维持在 70% 以上，即夏季闷热、冬天湿冷，气温日较差小。这样的气候条件使中国的建筑节能工作不能照搬国外的做法，中国南方的建筑节能也不能照搬北方建筑节能的做法，而迫切需要发展适合中国气候特征的建筑节能技术体系。

气候状况是影响建筑用能的最基本的环境条件。建筑气候决定了建筑能源需求的地域性，表现在建筑节能设计方案选择、建筑节能材料获取、暖通空调节能技术路线筛选等方面。中国不同地区建筑能源需求的特征是：北方城镇采暖能耗是除农村能耗外占我国建筑能耗比例最大的一类建筑能耗，单位面积能耗高于其他各项建筑能耗；基于目前较低的室内采暖设定温度和间歇采暖方式的基础上，夏热冬冷地区城镇住宅单位面积采暖用电量较低；城镇住宅除采暖外的能耗总量从 1996—2008 年增加了 2.5 倍，而且随生活水平提高还在逐年上升；农村住宅商品能耗总量有显著增加，生物质能比例逐年下降；公共建筑电力消耗增长较快，由于大型公建比例增加导致公建能耗增长超过了公建面积的增长速度[22]。所以，中国建筑能耗由于地区气候差异，表现出很强的地域特征，不同气候地区的建筑节能技术政策和技术策略都要与地域环境相适应。

3. 地域性能源资源结构对建筑能耗的影响

世界上的煤、石油、天然气、水力等资源分布极为不均。从总体上看，非洲、拉丁美洲和中东的能源资源比较丰富，而经济发达国家除加拿大、英国等少数国家外，能源资源则相对匮乏。由于世界各区域经济发展水平参差不齐，各地区能源储量贫富不均，导致能源消费结构特点各异。根据《BP 世界能源统计年鉴(2016 年)》，中国占全球能源消费量的 23%，占能源消费净增长的 34%。中国已成为世界上最大的太阳能发电国，超过了德国和美国。2015 年，中国的二氧化碳排放降低了 0.1%，这是其自 1998 年以来首次负增长。2015 年中国能源消费增长 1.5%。增速不到过去十年平均水平 5.3% 的 1/3，并且是自 1998 年以来的最低值。化石能源中，消费增长最快的是石油(+6.3%)，其次是天然气(+4.7%)和煤炭(−1.5%)。除石油的增长率稍高于其十年平均水平外，天然气和煤炭的增长率都远低于过去十年的平均水平。中国的能源结构持续改进，尽管煤炭仍是中国能源消费的主导燃料，占比为 64%，是历史最低值，而近年的最高值是 2005 年前后的 74%。煤炭产量下降了 2.0%，其他所有化石燃料产量均有上升：天然气增长 4.8%，石油增长 1.5%。非化石能源中，可再生能源全年增长 20.9%。其中，太阳能增长最快(+69.7%)，其次是核能(+28.9%)和风能(+15.8%)，水电在 2015 年增长了 5.0%，是自 2012 年以来增长最慢的一年。仅十年间，中国可再生能源在全球总量中的份额便从 2% 提升到了现在的 17%。

　　建筑能耗在社会总能耗中的比例反映了建筑领域节能在社会节能中的重要性。发展中国家建筑能耗比例普遍比发达国家低，无论单位面积能耗还是人均能耗都低于发达国家，但随着城市化进程加快、经济社会全面发展，城乡居住环境不断改善。国家统计局 2017 年 7 月 6 日公布的数据显示，2016 年全国居民人均住房建筑面积为 40.8m²，城镇居民人均住房建筑面积为 36.6m²，农村居民人均住房建筑面积为 45.8m²。发展中国家建筑能耗总量增长速度将越来越快，给建筑能源供应带来极大的压力。这些特点表明不同国家要根据自身的能源资源条件选择适宜的建筑节能发展道路，保障建筑能源的可持续供应。

　　4. 建筑节能适宜技术观分析框架

　　基于建筑节能气候适应性原理，建筑节能适宜技术观分析框架如图 5.2 所示。

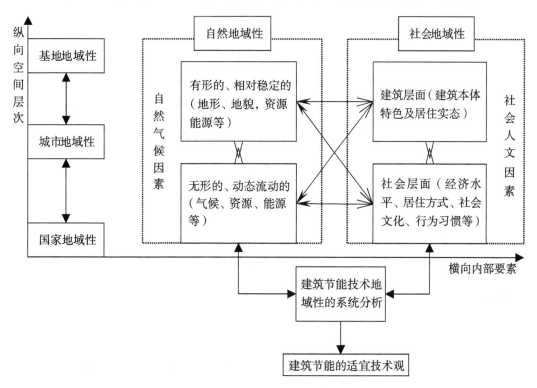

图 5.2　建筑节能的适宜技术观分析框架

　　由于建筑与能源资源的自然、社会相关性，以及气候的显著地域性，建筑节能活动都是在特定区域环境条件下进行的实践活动，既受自然环境气候和社会经济环境条件的限制，同时还受到地区人文环境、居住方式、消费习惯的影响。建筑节能不只是工程技术活动，还是一种社会文化活动，具有工程活动的自然和社会双重属性。

　　影响建筑地域性的因素很多，从对建筑能耗影响程度和建筑节能目的出发，在众多的影响因素中，气候、能源资源分布及其开发利用技术水平和社会经济发展水平及居住文化传统是最主要的因素。社会地域性要求建筑节能发展体现时代精神，要满足当今生活水平提升与人居环境改善的要求，创造出富于地方特色与时代气息的地域建筑和节能环境。这就要求，建筑节能发展应配合所在环境的社会地域特性，根据国家、地区或城市和建筑基地不同空间维度的社会经济和文化环境，与地域环境充分适应，合理地对环境的人文和自然特性要求做出反应，体现丰富的人文色彩。对建筑节能地域性的研究，就是以建筑能耗形成和发展的地域特征为基础，分析建筑节能与自然和社会环境的适应性问题，探索不同地域条件下建筑节能技术发展的适宜途径。

5.2 建筑节能的地域性特征

对建筑节能地域特性的分析不仅要充分认识其自然地域性，而且还要深入分析其社会地域性，将社会地域性与自然地域性协调并深度融合，才能形成完整的建筑节能地域性认识。本节从空间维度，从国家、城市和基地三个层次分析建筑节能的地域性。

1. 国家建筑节能的地域性

从国家层面看，建筑节能技术政策是为实现一定时期建筑节能任务规定的技术发展的行动准则，是以促进建筑节能技术发展，为促进经济可持续增长、社会发展、人居环境和健康等服务而采取的集中性和协调性的措施。建筑节能技术政策主要包括政府促进建筑节能技术发展的政策和利用建筑节能技术服务建筑节能的政策两个方面，重点是促进建筑节能技术新产品、工艺和服务的政策。由于社会经济发展水平不同，居住水平和文化差异，以及资源能源分布和消费结构、气候条件等环境差异，不同国家采取的建筑节能技术政策表现出不同特征。以德国和中国建筑节能技术政策进行比较，具体见附录表 A-1 和附录表 A-2。

德国自然资源相对贫乏，除拥有较为丰富的煤炭储量外，石油、天然气资源相当贫乏，这决定了其建筑能源结构和所面临的建筑能源问题，从而影响其国家的建筑节能技术政策。德国建筑节能技术政策发展早并且标准不断提高，提出了高于《京都议定书》和欧盟要求的节能减排目标，到 2020 年能源利用率比 2006 年提高 20%[1]。为实现这个目标，德国政府采取的技术政策包括：通过立法提高标准并加强国家监控；加强宣传，提高公众的建筑节能意识；加强对专业人员的培训；组织并实施示范项目；通过资金补助和低息贷款，促进既有建筑的节能改造等。在技术措施上，通过先进的保温技术、窗户、通风设备、热水系统和建造方式使建筑能耗更为经济合理，创新建筑节能管理制度与政策工具，研究开发与推广建筑节能新技术、新材料和新产品，使新能源开发与利用水平和产业化规模位居世界前列。

中国建筑节能技术政策的主要特点可以用武涌教授归纳的"统筹规划、分类指导、因地制宜、突出重点、创新机制、提交效率"这 24 字方针进行概括，具体路线包括：严格实行新建建筑的节能设计；积极采用节能建材，重视节能建筑设备产品的开发；加强建筑节能标准化工作；发展建筑节能科学技术体系；加强已建建筑的节能改造；实施建筑节能技术政策的措施等。总体上，中国从北到南分阶段建立建筑节能技术行业标准体系，促进建筑质量和性能的提高、改善室内热环境质量和舒适性，促进建筑技术发展和建筑业结构调整，推动建筑节能产业的发展，培育国民经济新的经济增长点。

可见，不同国家的建筑节能技术政策的形成及发展过程表明，国家的气候资源、能源环境和社会经济发展水平是影响建筑节能技术政策的主要因素，使建筑节能技术政策具有显著的地域特色。

2. 城市建筑节能的地域性

城市是一类以"环境为体、经济为用、生态为纲、文化为常"的具有高强度社会经济集聚效应和大尺度人口、资源、环境影响的地球表面微缩生态景观，是一类"社会 - 经济 - 自然"的复合生态系统[2]。2005 年，第 22 届世界建筑师大会在土耳其伊斯坦布尔举行，会议主题是"城市——建筑大集市"，从不同专业角度研讨了建筑对于城市文化和经济的作用与责任。2008 年，第 23 届世界建筑师大会在意大利都灵召开，主题是"演变中的建筑"。2009 年，中国可持续建筑国际大会在上海举行，中心议题包括"节能、舒适、健康"的可持续建筑理念、新能源开发与利用、中外生态建筑发展趋势、低碳城市与能源系统等[3]。

城市的地域性决定了不同城市建筑节能技术政策的差异性。城镇人均居住面积从 1984 年三代同室的 $4.77m^2$，到人均 $8m^2$ 的安居条件，2005 年达到城镇人均居住面积 $26.11m^2$，达到小康居住水平，到 2008 年年底，城镇人均住房建筑面积达到了 $28m^2$ 以上，并且还在进一步增长。人们对居住建筑环境的质量要求从忍耐性居住、具有可居住性，到健康、热舒适和高效率，居住品质要求日益提高。由于地区经济发展的不平衡，气候条件、资源能源环境差异，我国东部、中部和西部的大城市、中小城市和农村的建筑环境和居住水平和能耗规模存在显著差异。

从城市建筑节能技术设计策略的适应性看，合理利用当地的自然资源是建筑节能技术可持续发展的方向，也是城市建筑节能技术地域性的必然要求。因为城市根植于当地的自然、人文条件，在对抗普遍化趋势，实现区域特色回归的过程中，地域性技术会起到关键性的作用。

3. 建筑基地节能技术的地域性

1）建筑基地的概念

根据《民用建筑设计通则》的术语解释，建筑基地是指根据用地性质和使用权属确定的建筑工程项目的使用场地。将建筑用地的边界所圈出的虚构封闭空间，作为进行建筑节能技术对建设项目影响评估的封闭系统，既考虑建筑节能技术对外部环境形成的环境负荷，又考虑基地内部空间的环境性能影响，这样才能系统地对建筑基地的建筑节能技术方案进行综合评价与选择。借鉴建筑物环境评估理念[4]，可建立建筑基地的环境模型，如图5.3所示。

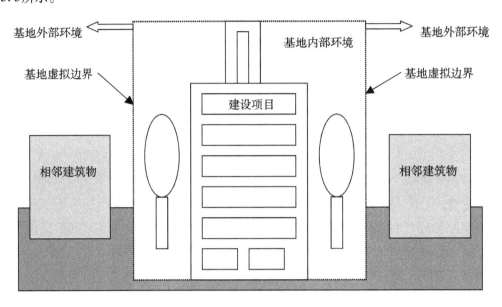

图5.3　建筑基地的环境模型

建筑环境性能包含内部环境和外部环境，其边界是相对的，取决于建筑使用者对室内环境性能中功能的要求。当内部环境指某个室内空间时，外部环境就是这个空间以外的环境。一般意义上，在建筑基地环境性能分析中，内部环境对居住者的影响就是建筑环境质量，属于建筑性能中的功能体现；由基地所带来的外部环境改变，则是建筑环境负荷。采用建筑基地来分析建筑节能空间层次上的微观建筑节能，而不是采用建筑单体的概念，目的是强调环境性能对建设项目节能的影响，突出建筑的地方性，强调的是建筑节能研究不能孤立地分析建筑单体的结构、功能和特性，必须把建筑单体放在特定的环境或场所，深层次上包含了天、地、人三者统一的关系，具有社会人文内涵，就更能表达建筑单体所具有的地域特性，表明建筑基地节能不再仅限于建筑单体的节能，还包括其所涉及的自然和人文环境关系。所以，引用建筑基地来研究建设项目的地域性，探索能够实现较低的外部环境影响与使用者对室内外环境较高满意度之间平衡的建筑基地建筑节能技术适宜方案。

2）建筑基地节能技术的自然地域性

建筑的基本布局方式只有与特定地点的具体条件结合，才可能产生真正意义上的原生建筑[5~7]。在建筑基地的规划设计中，结合建筑周边环境，对其自然、人文因素进行深入分析之后，尊重环境的主导地位，才能真正做到建筑与环境的融合，建筑才能成为具有生命力的建筑。

建筑基地的自然地域性是形成建筑基地节能社会地域性的物质基础，根源于建筑基地的气候适应性原理，反映了现代建筑学所倡导的建筑与人类居住区可持续发展的核心思想，通过建筑节能气候设计策略展现出来。通过正确分析室外气候条件和人体热舒适环境之间的关系，提出合理的节能设计策略和气候调控措施，从而在设计阶段能够真正考虑当地的气候资源。这就要求在设计阶段正确分析气候要素对建筑室内外环境的影响，掌握室外气候条件和人的生理活动之间的关系；合理运用气候调控策略，并与建筑形式相结合，使建筑基地节能的气候设计成为生态建筑技术的一项重要组成部分。

3）建筑基地节能技术的社会地域性

由于气候条件基本一致的区域内也存在完全不同的建筑形式，表明建筑特征具有很大的社会文化差异性，这体现了建筑基地节能的社会地域性，是社会文化及自然气候的双重作用在建筑特征上表现出不同的建筑文化和生活方式。建筑基地节能的社会地域性主要通过人在建筑基地节能活动中地位和作用表现出来，从根本上体现的是人与建筑的关系，在建成环境中人的居住习惯和生活方式对建筑能源使用的影响上。

21 世纪的人居建筑特征是具有舒适性、生态性、文化性和信息化，为每一位居住者提供与大自然接触、以绿色生态居住为基础、充分利用阳光、通风与自然地理景观和人文环境相融合，实现更健康、更环保、更节能的居住环境，最大限度地达到人与自然的和谐与共生。建筑基地为人工作和生活提供适宜的环境条件，建筑是为人而建，建筑基地节能的本质要求也应符合人的需要。

4）建筑节能技术地域性的综合分析

建筑基地的地域性要求在建设规划、建筑方案设计过程中，根据建设基地的区域气候特征，综合建筑功能要求和形态设计等需要，合理组织和处理各建筑元素，使建筑物不需要依赖空调设备而本身具有较强的气候适应和调节能力，创造出有助于促进人们身心健康的良好建筑内外环境。建筑气候设计包括了气候、人、建筑和技术四个方面，且是相互影响、相互作用的，基地建筑节能技术是基于建筑气候设计原理基础上充分考虑基地自然地域性和社会地域性的集成技术体系。

以上海世博会"沪上·生态家"为例[8]。里弄、山墙、老虎窗、石库门、花窗等是上海地域传统建筑元素，穿堂风、自遮阳、自然光、天井绿等上海本土生态语汇，加上"大都会""大上海"等高密度城市描绘，与夏三伏、冬三九、梅雨季等气候特征，绘就上海城市建筑印象。"沪上·生态家"用 15 万块上海旧城改造时拆除的旧石库门砖头砌成，集生态智能技术于一身，立足上海的城市、人文、气候特征，通过"风、光、影、绿、废"五种主要"生态"元素的构造与技术设施的一体化设计，展示了未来"上海的房子"。"沪上·生态家"的原型是上海市闵行区的国内首座"零能耗"生态示范住宅，它的外立面由 15 万块老石库门砖砌成，这些砖内部充满微小而密集的气泡，既有保温隔热的效果，又有透气的效果，因此被称为"会呼吸的墙"；用旧厂房拆迁回收的型钢经处理后拼装焊接加工成"生态核"、钢楼梯等钢结构；采用地源热泵系统，从土壤中取得热量；通过屋顶上巨大的太阳能光热设备可为整幢楼提供能源，实现高效利用太阳能；窗户外的百叶窗、落地玻璃外的卷帘门，还有阳台外的屈臂式遮阳篷等构成"外遮阳系统"，在炎热的夏天能够随时阻挡阳光，起到隔热降温的作用。

可见，基地建筑节能要充分尊重地方文化传统和生活习惯，通过鼓励城乡家庭改善与合理使用能源系统，通过鼓励采用新能源和绿色能源，如太阳能、风能、地热、废热资源等；鼓励采用各种类型的节能开关(如声光控延时开关、光电自动控制器等)，通过控制灯光照明时间，进一步达到照明系统节能的目的。发扬中华民族的优良传统，全社会倡导简朴生活，以提高生活质量为中心，保护自然，建立新的适度生态消费观，实现人与自然和谐共处的习惯及生活方式。

5.3　建筑节能技术的气候适应性原理

1. 气候适应性原理源于建筑对自然环境的适应要求

建筑产生与发展源于安全的基本需求，对自然气候条件的适应伴随着建筑整个发展历史。建筑是人类与大自然不断抗争的产物，建筑是人类适应气候而生存的生理需要。人类在从低纬度的热带雨林地区向寒带高纬度地区逐渐迁徙的过程中，利用建筑来适应不同的气候，是人类适应与抗衡自然环境的最初体现。因此，建筑的万千变化是气候复杂多样的结果。在不同的地域有着不同的建筑形态空间布局。自然气候与建筑的关系密切，建筑环境与自然气候众多要素相关，如图 5.4 所示。

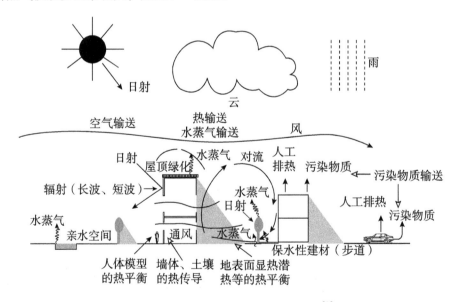

图5.4　建筑气候与外部微环境的关系[9]

气候主要是通过温度、湿度、光照、风、大气压力和降水等方面对建筑进行影响。这些气候因素的变化与人体健康程度的关系极为密切，气候的变化会直接影响人们的心理和生理活动。人类对气候的反应最明显也最直接的表现就是在自己的居住上，不同地区的人

们往往会根据居住环境的不同建造出适合当地气候的房屋。具体分析如下[10]。

1）光照对建筑环境的影响

光照是气候影响建筑中需要考虑的一个重要因素。对于住宅室内的日照标准一般是由日照时间和日照质量来衡量。保障足够或最低的日照时间是对日照要求的最低标准。中国地处北半球的温带地区，居住建筑一般总是希望夏季避免日晒，而冬季又能获得充足的阳光照射。在我国一般民用住宅设计规范中要求冬至日的满窗日照时间不低于 1 小时。

2）温度对建筑环境的影响

由于世界各地气候条件不同，不同地方气温也不同靠近南北极的地区气候寒冷而靠近赤道的地区气候炎热因此就有不同的建筑。这些建筑的特征主要表现在墙体的厚度与房址的选择上。气温高的地方，往往墙壁较薄，房间也较大，这样有利于加速房屋内空气流通，降低室内温度；反之则墙壁较厚，房间较小，以起到保温保暖的作用。曾有人通过调查西欧各地的墙壁厚度发现：英国南部、荷兰、比利时墙壁厚度平均为 23cm，德国 38cm，波兰、立陶宛 50cm，俄罗斯则超过 63cm。这也说明了气温越高墙壁越薄；反之墙壁越厚。中国陕北窑洞由于窑洞深埋地下泥土是热的不良导体，这样夏天灼热阳光不能直接照射里面，冬天则起到了保温御寒的作用，朝南的窗户又可以使阳光充满室内，这样既节省了建筑材料，又可以充分保留房屋内的热量。一些气温高的地方，也选择了这种类型的建筑风格，如沙漠地带的民居。

3）风对建筑环境的影响

风对环境中的水分平衡、气体交换起着非常重要的作用。在南方炎热地区，争取良好的自然通风是选择建筑物朝向的重要因素之一。应将建筑物朝向尽量布置在与夏季主导风向入射角小于 45°的朝向上，使室内得到更多的对流风。但当建筑总体布置呈行列式时，应当避免建筑物正对夏季主导风（即与主导风入射角成 0°）。在多风沙的地区，建筑物朝向要避免面对风沙出现季节的主导风向，宜使建筑物的纵轴平行于风沙季节的主导风向，这样既可以保持室内的卫生条件，又能大面积地减少风沙侵袭。有台风、飓风等灾害天气的地区，房屋多低矮平洼，外观简单，少有尖顶等突出部分，受风迎风部分很少，以减少强风对建筑的影响。中国北方冬季屡屡有寒潮侵袭（多西北风），避风就是为了避寒，因此朝北的外墙往往不开窗户，院落布局非常紧凑，门也开在东南角。我国云南大理位于苍山洱海之间，夏季吹西南风，冬、春季节吹西风，即下关风，下关风风速大，因此这里的房屋坐西朝东，成为我国民居建筑中的一道独特风景。在一些炎热潮湿的地方，通风降温成为建造房屋的主要问题，这些地区，房屋没有墙。现代建筑比较讲究营造"穿堂风"，用来通风避暑。

4）降水对建筑环境的影响

降水主要影响到建筑地址的选择以及建筑屋顶的不同处理。因此建造房屋时要避开容易积水、易被水冲刷到的地方，如山谷等地方。因此建筑选址一般都在地势高、易排水的地方，如山脊、山背等。降雨多和降雪量大的地区，房顶坡度普遍很大，这样可以加快泄水和减少屋顶积雪。中欧和北欧山区的冬季时间漫长，降雪量大，许多中世纪民居为了减轻积雪的重量和压力，减少冰雪对房屋的破坏，设计成尖顶样式。中国云南傣族的竹楼颇具特色。降水多的地方，植被繁盛，建筑材料多为竹木；降水少的地方，植被稀疏，建筑多用土石；降雪量大的地方，雪也是建筑材料，如因纽特人的雪屋。

5) 湿度对建筑环境的影响

相对湿度使许多建筑材料受潮后降低其保温性能，这对冷库等建筑更为重要。湿度过高，会明显降低材料的机械强度，产生破坏性变形，有机材料还会腐朽，从而降低质量和耐久性，潮湿材料上容易繁殖霉菌等，一经散布到空气中和物品上，会危害人的健康，促使物品变质。

2. 中国建筑气候分区与建筑节能

中国幅员辽阔，地形复杂，各地由于纬度、地势和地理条件的不同，气候差异悬殊。为了明确建筑与气候两者之间的关系，使各类建筑可以因地制宜，更充分地利用和适应气候条件，需要科学合理的气候区划标准。常见的气候分区有两种：一种是建筑气候区划，另一种是热工设计分区。建筑气候区划是反映建筑与气候关系的区域划分，它主要体现各个气象基本要素的时空分布特点及其对建筑的直接作用。为了明确建筑和气候两者之间的科学关系，中国《民用建筑设计通则》（GB 50352—2005）将中国划分为7个主气候区、20个子气候区，并对各个子气候区的建筑设计提出了不同的要求。一级区反映全国建筑气候上大的差异、二级区反映各大区内建筑气候上小的不同[11]。

建筑热工设计分区反映出建筑热工设计与气候关系的区域性特点，体现了气候差异对建筑热工设计的影响。两种分区均显示出建筑与气候的密切联系。两者的分区指标略有不同而大体相近，因此区域的划分虽然存在差异但也是相互兼容、基本一致的。

1) 北方地区气候特点

北方区域范围主要是指我国的严寒及寒冷地区，包括东北、华北、西北地区简称三北地区，这些地区累年日平均温度低于或等于5℃的天数一般都在90天以上，最长的满洲里达211天。这一地区被称为采暖地区，其面积约占我国国土面积的70%，同时也是我国《建筑气候区划标准》（GB 50178—93）中规定的第Ⅰ、Ⅱ、Ⅵ、Ⅶ气候区。具体地理区划分主要指黑龙江、吉林、内蒙古、新疆、辽宁、甘肃、西藏全境；陕西、河北、山西大部，北京、天津、山东、宁夏、青海全境，河南、安徽、江苏北部的部分地区及四川西部。

该气候特征如下。

（1）我国东北地区冬季漫长、严寒，夏季短促、凉爽；西部偏于干燥，东部偏于湿润，气温年温差很大，冰冻期长，冻土深，积雪厚，太阳辐射量大，日照丰富，东北地区年太阳总辐射强度为 140 ~ 200W/m²，年日照时数为 2100 ~ 3100h，年日照百分率为 50% ~ 70%，12 月份到第二年 2 月份偏高，达 60% ~ 70%；冬半年多大风。

（2）青藏高原地区长冬无夏，气候寒冷干燥，南部气温较高，降水较多，比较湿润，气温年温差小而日温差大，气压偏低，空气稀薄，透明度高，日照丰富，太阳辐射强烈，年太阳总辐射强度为 180 ~ 260W/m²，年日照时数为 1600 ~ 3600h，年日照百分率为 40% ~ 80%；冬季多西南大风，冻土深，积雪较厚，气候垂直变化明显。

（3）西北大部分地区冬季漫长严寒，南疆盆地冬季寒冷，大部分地区夏季干热，吐鲁番盆地酷热，山地较凉，气温年温差和日温差均大，大部分地区雨量稀少，气候干燥，风沙大，部分地区冻土较深，山地积雪较厚，日照丰富，太阳辐射强烈，地区年太阳总辐射强度为 170 ~ 230W/m²，年日照时数为 2600 ~ 3400h，年日照百分率为 60% ~ 70%。

（4）中北部地区冬季较长且寒冷干燥，平原地区夏季较炎热湿润，高原地区夏季较凉爽，降水量相对集中，气温年温差较大，日照较丰富，春、秋季短促，气温变化剧烈；春季雨雪稀少，多大风、风沙天气，夏秋多冰雹和雷暴。

2）南方地区气候特点

区域范围主要是指我国炎热地区，即累年最热月平均气温高于或等于 25℃ 的地区，主要包括长江流域的江苏、浙江、安徽、江西、湖南、湖北各省和四川盆地，东南沿海的福建、广东、海南和台湾四省以及广西、云南和贵州的部分地区。该地区气候特征如下。

（1）气温高且持续时间长。7 月份月平均气温为 26 ~ 30℃，7 月份平均最高气温为 30 ~ 38℃，日平均气温 ≥25℃ 的天数，每年有 100 ~ 200 天；气温日较差不大，内陆比沿海稍大一些。

（2）太阳辐射强度大，水平辐射强度最高为 930 ~ 1045W/m²。

（3）相对湿度大，年降水量大；最热月份的相对湿度在 80% ~ 90%；沿海湿度比内陆大。

（4）季风旺盛，风向多为东南向和南向。风速不是很大，平均在 1.5 ~ 3.7m/s 之间，通常白天风速大于夜间。

温度高、湿度大的热气候称为湿热气候，温度高而湿度低的热气候称为干热气候。我国南方炎热气候，大多属于湿热气候，且以珠江流域为湿热中心。四川盆地和湖北、湖南一带，夏季气温高，湿度大，加之丘陵环绕，以致风速较小，形成著名的火炉闷热气候。

建筑热工设计分区是根据建筑热工设计的要求进行气候分区，所依据的气候要素是空气温度。以最冷月（即 1 月份）和最热月（即 7 月份）平均温度作为分区主要指标，以累年日平均温度不大于 5℃ 和不小于 25℃ 的天数作为辅助指标，将全国划分为 5 个区，即严寒、寒冷、夏热冬冷、夏热冬暖和温和地区，如表 5 - 1 所示。建筑热工设计分区中的严寒地区，包含建筑气候区划图中的全部Ⅰ区，以及Ⅵ区中的ⅥA、ⅥB，Ⅶ区中的ⅦA、ⅦB和ⅦC；建筑热工设计分区中的寒冷地区，包含建筑气候区划图中的全部Ⅱ区，以及

VI区中的VIC，VII区中的VIID；建筑热工设计分区中的夏热冬冷、夏热冬暖、温和地区，与建筑气候区划图中的III、IV、V区完全一致。

表5-1 建筑热工设计分区及设计要求

分区名称	分区指标		设计要求
	主要指标	辅助指标	
严寒地区	最冷月平均温度≤-10℃	日平均温度≤5℃的天数≥145d	必须充分满足冬季保温要求，一般可不考虑夏季防热
寒冷地区	最冷月平均温度0→-10℃	日平均温度≤5℃的天数90天→145d	应满足冬季保温要求，部分地区兼顾夏季防热
夏热冬冷地区	最冷月平均温度0→-10℃，最热月平均温度25~30℃	日平均温度≤5℃的天数0~90d，日平均温度≥25℃天数40~110d	必须满足夏季防热要求，兼顾冬季保温
夏热冬暖地区	最冷月平均温度>10℃，最热月平均温度25~29℃	日平均温度≥25℃天数100~200d	必须充分满足夏季防热要求，一般可不考虑冬季保温
温和地区	最冷月平均温度0→-13℃，最热月平均温度18~25℃	日平均温度≤5℃的天数0~90d	部分地区应考虑冬季保温，一般可不考虑夏季防热

地域性建筑与气候的关系为建筑节能设计方案选择、建筑节能材料获取、节能技术路线筛选等提供了重要的理论基础。杨柳等人通过对建筑气候设计研究，建立了"被动式设计气候分区"，按冬季被动式太阳能时间利用率为主要指标，以夏季热湿不舒适度为次要指标，将全国分为九个建筑被动式气候设计区，见表5-2。在被动式气候分区基础上，确定与地区气候相适应的建筑被动式设计策略和设计原则，为建筑节能设计贯彻"被动优先"理念提供了很好的借鉴，形成基于气候的建筑节能设计地域特色，如冬季不同地区采用的建筑保温综合设计原则、建筑防风综合处理原则、充分利用太阳能等原则；夏季有效控制太阳辐射、充分利用自然通风、利用建筑蓄热性能减少室外温度波动的影响、建筑防热设计、干热气候地区利用蒸发冷却降温、利用通风除湿和构筑"开放型"建筑等原则。这些原则充分体现了建筑节能设计的气候适应性原理，也是节能建筑节能的气候适应性要求，是建筑节能地域特色最充分的展示和应用。

表5-2 被动式气候设计分区指标

级别	设计区	冬半年被动式太阳能利用时间比	夏季不舒适热指数 f_{oT}	夏季不舒适湿指数 f_{oH}	代表城市
I级	设计1区	利用时间比≤20%	$1 > f_{oT} > 0.5$	$0.5 > f_{oH} > 0$	哈尔滨、长春
	设计2区	利用时间比≤20%	$1 > f_{oT} > 0.5$	$f_{oH} = 0$	乌鲁木齐、呼和浩特

级别	设计区	冬半年被动式 太阳能利用时间比	夏季不舒适热指数 f_{oT}	夏季不舒适湿指数 f_{oH}	代表城市
Ⅱ级	设计 3 区	20% < 利用时间比≤35%	$f_{oT}=0$	$f_{oH}=0$	西宁、拉萨
	设计 4 区	20% < 利用时间比≤35%	$1>f_{oT}>0.5$	$1>f_{oH}>0.5$	沈阳、北京
	设计 5 区	20% < 利用时间比≤35%	$f_{oT}=1$	$f_{oH}=0$	吐鲁番、喀什
Ⅲ级	设计 6 区	35% < 利用时间比≤65%	$0.5>f_{oT}>0$	$f_{oH}=0$	昆明
	设计 7 区	35% < 利用时间比≤65%	$1>f_{oT}>0.5$	$1>f_{oH}>0.5$	西安、上海、南京
Ⅳ级	设计 8 区	65% < 利用时间比≤90%	$f_{oT}=1$	$f_{oH}=1$	成都、武汉、南昌
Ⅴ级	设计 9 区	90% < 利用时间比	$f_{oT}=1$	$f_{oH}=1$	福州、广州、 南宁、海口

注：表5-2引自(杨柳．建筑气候分析与设计策略研究[D]．西安建筑科技大学，2003：85)

建筑规划设计节能效果取决于气候调节，建筑气候条件也显著影响建筑设备能效及性能。气候变化的后果人类难以控制。改变自然气候难，但调整建筑与设备较容易。表5-3给出了中国不同建筑气候分区代表城市的基于气候特征的建筑节能技术策略。

表5-3 地区或城市建筑节能技术设计策略对比

建筑气候分区	代表城市	建筑节能技术被动设计策略	我国民用建筑热工设计规范要求
严寒地区	哈尔滨	冬季：主动式太阳能＋被动式太阳能 夏季：自然通风	必须充分满足冬季保温要求，一般可不考虑夏季防热
寒冷地区	北京	冬季：主动式太阳能＋被动式太阳能 夏季：自然通风(或蓄热降温)	必须满足冬季保温要求，部分地区兼顾夏季防热
夏热冬冷地区	重庆	冬季：被动式太阳能 夏季：自然通风＋隔热＋遮阳	必须满足夏季防热要求，适当兼顾冬季保温
夏热冬暖地区	广州	夏季：自然通风＋遮阳	必须充分满足夏季防热要求，一般可不考虑冬季保温
温和地区	昆明	冬季：被动式太阳能 夏季：自然通风	部分地区应考虑冬季保温，可不考虑冬季防热

5.4 基于建筑节能气候适应性原理的适宜技术观

1. 建筑节能适宜技术的内涵

20世纪60年代，西方学者舒马赫在其著作《小的是美好的》一书中最早提出了"适宜技术"的理论和观点。吴良镛[12]提出发展"适宜技术"的科技政策，指出"所谓适宜技术就是能够适应本国、本地条件，发挥最大效益的多种技术，既包括先进技术，也包括'中间'技术，以及稍加改进的传统技术"。

建筑节能适宜技术是建筑节能技术适应于环境发展的结果，其适应性内容包含了节能技术对地域自然环境的适应、对人需求的适应和社会经济发展的适应三个方面。建筑节能适宜技术具有以下几个特征。

(1) 与地区气候等自然条件相适应。

(2) 充分利用当地的材料、能源和建造技术。

(3) 符合地区社会经济发展水平和人们居住行为习惯要求。

(4) 具有其他地域没有的特异性及明显的经济性。

上述基本特征表明，建筑节能适宜技术的中心意义就是通过采用适宜的节能技术、使用适宜节能材料、采用基于气候的建筑节能设计思路并考虑环境保护来降低建筑人工舒适气候的环境支持成本，营造最佳舒适气候的同时，使自然环境付出最小的代价。中国发展建筑节能适宜技术，就必须符合国情，通过引进发达国家成熟的技术而不一定是最先进的技术，以更加低廉的成本来实现本国技术的升级，并在本地化利用过程中实现技术创新。

2. 建筑节能适宜技术的层次性

建筑节能适宜技术的层次性指以经济含量的多少及技术难度的高低为标准划分的分层性，包括高技术、中间技术和低技术。首先，低技术是指适应小规模建筑节能实践的相对封闭落后地区采用的一些传统技术，如采用木材、竹子建造的少数民族民居，具有适应气候特征、与环境融为一体的生态建筑特征。其次，中间技术即常规技术，指那些能反映一个地区整体的平均技术水平，与当地社会经济发展水平相适应的技术方式，如可再生能源的热泵技术、太阳能技术等，已成为发展相对成熟的中间技术。最后，高技术则指吸纳科学发展的最新成就，采用人工智能与网络集成的综合运用，具有高成本、高效益、技术性强的特点，要求科学化管理。如通过自动控制网络和集成技术实现建筑能源的科学管理，在智能建筑中已得到应用。

以上三种层次的技术划分没有先进与落后之分，在时间上展示历史发展过程的不同阶段，在同一时期反映的是地区之间的差异。当面对环境和资源的具体问题时，建筑节能技术只有与工程应用相适应，通过技术集成能实现以最小的环境(资源)代价来满足建筑舒适与健康的要求。

不同地区的客观条件不同、技术发展的不平衡、技术的文化背景的差异等因素，使各种技术层次得以并存。发达国家的建筑师们倾向于用高技术手段，主要是因为其经济社会发展程度较高。而在欠发达地区，巨额的引进成本和不成熟的材料、技术决定了需要保留长期流传下来的低成本、低技术的本土手段和传统方式来解决建筑舒适与能耗之间的矛盾，迫切需要开发具有地域特色的适宜技术来满足建筑人工环境的营造要求。这就要求从当地的传统技术中发掘智慧，结合当地的自然特征、社会背景以及生产力水平，体现出地域适应性与自然和谐性，通过生态化形成适宜的技术路线，这是绿色建筑技术的重要内容。适宜技术的核心是传统技术和现代技术的有机融合，既包含了时间历程的发展阶段性，又体现了技术实践的集成性。

建筑节能技术路径在空间结构上通常划分为建筑本体节能、建筑设备系统节能和建筑能源系统节能。建筑能源系统又分为常规能源系统的优化利用以及可再生能源利用两个方面，如图 5.5 所示。

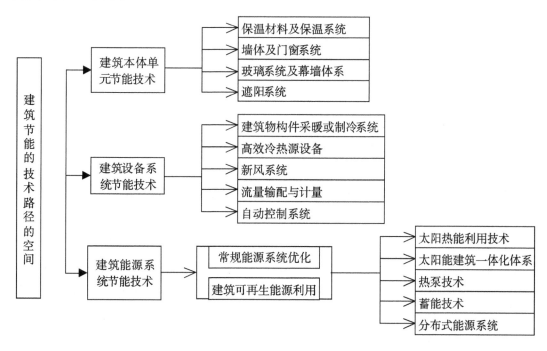

图 5.5　建筑节能技术路径的空间构成

在建筑节能技术实践中，不同层次的技术要素在空间上往往会相互影响，共同形成适应特定环境或地域的技术体系，这是动态的优化过程，具有一定的时空特性，不同层次的适宜技术相互可以转化、演变，表明建筑节能适宜技术是一个相对的概念。

3. 建筑节能适宜技术的实现途径

要实现建筑节能适宜技术，可以通过传统技术的适宜化和常规技术的地域化这两大途径，具体包括利用先进技术改造传统技术，或将先进技术加以调整以满足中间技术的需要，或通过技术创新，直接建立适应当地发展水平的适宜技术体系等。

1）建筑节能传统技术与新技术优化集成

根据建筑自然环境的生态效应，采用被动的传统技术来解决建筑冷热、干湿等环境问题，可以减少资源浪费和对环境的影响。传统技术通常被认为技术含量低，包含许多无效成分；而新技术有高技术含量的优势，但也有弊端，如代价高昂和应用条件比较苛刻等。建筑节能的传统技术和新技术并存，在建筑节能工程中选取合适技术，需要将传统技术与新技术进行结合，形成具体的适宜技术。如传统的绿化方法可以有效防止建筑夏季过热，调节建筑微气候，起到自然空调的效果，在此基础上发展的立体绿化、种植屋面、温室阳台等技术结合了自然条件和气候特征，使建筑节能的具体技术得到综合应用。

建筑节能技术必然经历从"低技术"到"高技术"的发展过程，但传统技术不等于低技术，新技术也不等同于高技术，只有通过技术之间的结合，应时应势互相补充完善，才能形成真正意义上的地域性适宜技术。江亿[13]指出，"要实现我国建筑节能的目标就要控制城镇建筑总量；维持目前节约型的生活模式和建筑物使用模式；从'节约型'模式出发，建造相适宜的建筑，发展相适宜的技术"。因此，建筑节能适宜技术的选择必须考虑国情，尊重民意，根据社会经济发展和人们生活、居住水平及文化传统，发展与地域环境相适应的技术体系。

2）能源资源的高效综合化利用

建筑能源利用主要集中在两个方面：一是将常规的初级能源有效转化为二次能源，如电力和热力；二是对可再生能源的开发利用。建筑能源资源的高效利用不仅要求关注能源消耗的数量和品质，还需要关注资源利用的数量和效率，以及能源资源利用过程中对环境的影响。

建筑环境调控过程中的能量消耗模式有三类：一是被动模式，即以自然的方式最大限度地利用自然环境，系统运营的能量输入和输出直接与外部生态系统进行，不需要人工机电设施；二是主动模式，指完全使用人工机电设施维持需要的建筑环境运营系统；三是混合模式，介于主动和被动模式之间，即部分采用人工机电设施进行环境调节和系统运行。这三种模式之间的关系如图5.6所示。

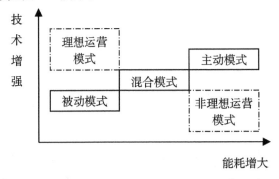

图5.6 建筑环境调控模式与能源消耗之间的关系

这三种方式中，主动模式对能量消耗最大，但从有效利用能源和满足建筑使用的健康和舒适的双重要求而言，主动模式对环境的调控能力最强。被动模式基于气候的设计来实现降低或消除对不可再生能源的消耗，减少或不使用机械系统，可获得最大限度的能源节约和环境保护，但对建筑环境的调控能力有一定限度。根据基地所处的气候条件，优先采用被动式建筑环境调控方式，最大限度地发挥和利用当地气候资源优势，其次再考虑主动式和混合式，可以实现对不可再生能源资源的最低消耗，这就是基于地域性的低能耗设计途径。

3）建筑节能技术的生态化

建筑节能技术的生态化，既包括了传统建筑技术基础上经过重新组合优化得以改进提高的生态技术，也包括了将其他领域的高新技术结合建筑要求移植到建筑领域所创造的新技术，是一个从低级到高级、从局部到整体的过程，在技术选择上使投资成本与环境效益相协调，寻找经济与环境的平衡点。生态可持续的技术构建要求节约世界资源、保护环境质量，要求通过技术的方式实现人与自然的和谐共存。建筑节能技术生态化有利于促进自然环境和谐，能适应本地的自然资源条件，有利于综合利用本地的资源、能源，有利于维护生态平衡。所以，建筑节能适宜技术的生态化也是建筑生态化发展的技术选择原则与要求。

4）建筑节能技术的系统化集成

建筑节能适宜技术的系统性体现在建筑节能地域性上，可以通过建筑节能技术与地域环境的集成关系进行分析，如图 5.7 所示。

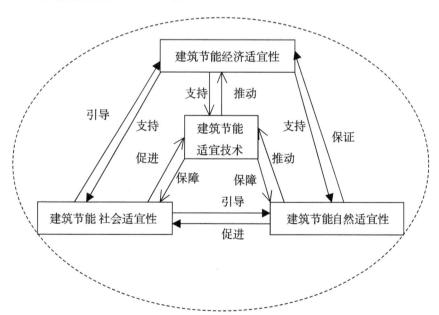

图 5.7　建筑节能技术的地域环境大系统

将建筑节能技术系统放在工程的经济环境中与自然系统、社会系统进行协调，实现技术与经济、自然、社会之间的正反馈互动。建筑节能技术在对经济、社会、自然产生影响的时候，外部环境同样也对技术的发展进行规范和引导，这种双向的信息交流使技术与经济、自然、社会保持整体上的和谐状态，是对于适宜技术活动的合理性要求。

发展建筑节能适宜技术也要注重体系的有效性，要求具有经济适宜性。经济适宜性包括：①建筑节能技术体系具有较强的可操作性，能够通过采用建筑节能的整体体系达到节能的目的，并且在一定的范围内应具有可推广性；②建筑节能技术系统应保证建筑要素的合理性，如建筑构造的合理性等；③建筑节能技术系统要考虑经济社会发展因素，符合我国的国情。因此，从系统的角度分析，建筑节能适宜技术的构建与和谐技术的构建原则一致，与以人为本、全面、协调、可持续的科学发展观在总体目标上是一致的。

建筑节能技术系统要达到的目标是技术活动的有效性与合理性的统一，即技术进步与社会进步的统一，经济效益与环境效益的统一，短期利益与长期利益的统一，物的价值与人的价值的统一。建筑节能适宜技术是建立在资源环境和社会持续发展的原则之上，基于建筑整个生命周期内有利于资源环境保护利用，具有经济合理化、地域化和人性化的技术整合，是根据具体情况的特定目标进行的技术集成系统。

5.5　建筑节能适宜技术的系统特性

1. 自然地域性与社会地域性的统一

建筑节能系统的协调状态不仅指建筑节能系统内部功能上达到优化，而且还指系统与外部自然生态系统、社会文化系统的和谐，要求实现节能技术与人、自然、社会之间在建筑领域的正反馈互动。建筑节能的整体性是自然地域性和社会地域性的充分融合，首先体现在建筑节能地域系统功能的优化上，打破自然与社会领域各自的分工界限，通过交叉、综合、渗透而形成相互匹配、相互耦合、相互依赖、相互制约的有机整体，其特点是地域系统的整体功能大于各个分散的自然或社会子系统功能之和。要实现建筑节能发展的基本目标，达到适宜技术的技术进步与社会进步的统一，经济效益与环境效益的统一，短期利益与长期利益的统一，物的价值与人的价值的统一，国家利益与企业、个人利益的统一，这就是建筑节能技术系统的完整性。

2. 创新与传承的集成

建筑节能适宜技术是创新与传承统一协调发展的阶段性成果，其操作形态、实物形态和知识形态的技术要素都是动态发展的，任意要素的创新或要素之间的关联关系、集成方式的创新都会导致技术系统的变化，所以技术创新是适宜技术发展演变的基本途径之一。同时，创新并不是从无到有，而是在传承基础上的更新或改造，需要通过既有技术方案的对比取舍、优化组合以及实施过程中的不断调整来实现技术系统整体的优化，都是具有一定历史背景和特定边界条件的约束，在技术系统要素的互相联系中开展的实践活动。因此，建筑节能技术体系体现创新与传承的集成性，是在一定地域和时域环境条件下，以不可分割的集成发展形态构建建筑节能工程整体。

从时间过程上把节能技术要素、结构和功能等方面构建一个整体，将建筑节能领域不同层次水平的技术进行组合和设计，从建筑节能总体目标的角度将不同类型系统的技术进行集成。在集成过程中，并不是将不同系统、不同部分的技术简单叠加，而应以建筑基本节能目标进行创造性的技术重构，这就要求相关专业模块的知识、技术、设备的整体信息的优化，实现建筑节能系统各子系统之间深层次的关联与协调。西安交通大学曹琦教授认为，"建筑应该像一个健康的人，是一个健康的有机系统整体，建筑耗能符合系统科学原理，因而指导建筑节能的思想应当是系统科学原理，而节能是健康建筑在结构整体层面上表现出来的优良属性之一，它是建筑的各个专业模块配置合理、协调运行、齐心合力运作的结果"。

3. 科学性与经验性的统一

建筑节能的地域理论中最重要的原则之一就是建筑设计的气候适应性，这是建筑节能设计的物理基础，需要考虑温度、光照、湿度、降水和风等因素的综合叠加，而结合气候的节能设计原则也是一项综合性很高的生态建筑设计原则。实践证明，着眼于建筑所处环境的气候特点，使建筑在形式、朝向、空间安排和结构方式等方面的优化是建筑节能和提高居住舒适度的有效方法。不同地域的传统建筑和以气候为设计原则的被动优先的低能耗建筑，就清晰地表达了建筑营造时处理气候的方法和气候对生态建筑设计的作用，这既是对客观自然生态环境的尊重，又是对能源、气候等资源的合理利用的科学性认识，体现了建筑节能适宜技术发展的客观性。

建筑节能作为一种社会活动，需要全社会成员参与，受技术主题、认识水平、生活习惯等影响，必然具有一定的经验性。建筑节能实践活动涉及的因素众多、关系复杂，从决策、系统设计与工程实施的各个环节既需要依据一定的科学理论与方法，又离不开实践主体的经验。在实践活动过程中主体经验水平不断提升的同时，其技术科学理论也得到丰富和发展，因此，科学性和经验性的统一也是建筑节能地域性的系统性体现。

5.6　建筑适宜技术的案例分析

1. 建筑太阳能利用的适宜性

1）与建筑一体化设计的协调性

从产品技术角度看，目前市场上太阳能热利用产品质量和性能参数，特别是系统及其主要部件的安全性、可靠性差，还不能满足建筑规范的抗风、抗雪、抗震、防水、防雷等要求，系统的集成与外观还不能适应与建筑一体化的要求。从工程技术角度看，目前建筑设计院较少参与太阳能系统设计，一般由太阳能企业凭经验完成，难以做到系统优化，房屋建成后安装太阳能系统是后置部件，由于安装与建筑设计不和谐，对建筑的使用功能和城市风貌都有负面影响。所以，城市建筑利用太阳能作为热源提供生活热水、采暖和空调，需要解决太阳能系统与建筑的一体化问题，通过整体设计、整体施工，才能发挥太阳能系统的技术综合效益。这是建筑太阳能利用的系统性问题。

2）资源地域分布的不平衡性

被动式采暖太阳房是建筑被动式光热利用的最常见形式，投资少、经济实用，但受太阳能不稳定影响大，是边远、贫困地区的学校、乡镇住宅的冬季采暖的传统技术；经过改进，若与常规采暖系统相结合形成新型被动太阳能采暖方式，对于北方农村建筑冬季室内热环境的改善也是一种适宜技术的途径。城市建筑密度大，单位建筑面积的太阳能可利用容量有限，需要通过城市能源系统的合理规划，系统研究在城市发展太阳能建筑利用系统的技术途径，同时还要考虑工程建设的经济性和政策环境等因素。这是由太阳能分布的自然地域性决定的。

3）太阳能利用的公平性

太阳能资源是全人类共同拥有的财富，开发利用太阳能也应考虑由此导致的社会公平问题。我国 2006 年 1 月 1 日起施行的《中华人民共和国可再生能源法》第十七条对我国太阳能利用的法律地位做了明确规定。国家鼓励单位和个人安装和使用太阳能热水系统、太阳能供热采暖和制冷系统、太阳能光伏发电系统等太阳能利用系统。对已建成的建筑物，住户可以在不影响其质量安全的前提下安装符合技术规范和产品标准的太阳能利用系统（但是，当事人另有约定的除外）。尽管太阳能可以免费使用，但获取太阳能并利用太阳能为建筑供冷热电却要支付高昂的费用，系统利用规模越大，投资费用越高，需要通过区域太阳能利用的合理规划，解决好季节蓄能技术、全年综合利用技术等关键问题。这是由建筑太阳能利用的社会地域性决定的。

2. 建筑地热能利用的适宜性

1）建筑地热利用的标准化、规范化

地源热泵技术是建筑地热能利用的主要途径，不同地域的不同建筑对地下换热系统、热泵机组和末端的匹配有不同要求。作为一项地域性很强的技术，目前存在的主要问题是：系统能效偏低、项目管理空白、设计规范缺乏可操作性、施工工艺有待总结、初投资偏高、系统运行模式不尽合理等。地源热泵技术要充分发挥地热利用的潜力，就需要从产品设计、系统设计、施工工艺到过程管理的所有环节做到因地因时制宜，才能作为一项建筑节能的适宜技术发挥其综合效益。这是地源热泵技术政策实施的有效性问题。

2）建筑地热利用的环境协调性

建筑节能技术的地域性表明，热泵技术大规模利用地热对生态环境产生重要影响，甚至导致资源开发利用不公平的社会问题。在水源热泵系统推广应用中，如何协调合理抽取和回灌地下水是保护水资源的重大课题；土壤源热泵在人口密集城市应用时，需要研究冬夏冷热负荷不均导致地温变化引发生态问题的可能性。这表明了地源热泵技术利用的自然和社会地域性。

3）建筑地热利用技术的集成问题

热泵复合能源系统是建筑地热利用适宜技术路径之一。根据各地区气候、地理资源特点，采用复合能源系统弥补单一热泵技术系统形式的不足，可以更充分地发挥热泵的节能性能。如太阳能与地热热泵、土壤热泵与地表水或地下水热泵结合、气源热泵与水源热泵结合等组成不同类型的高效复合能源系统，通过技术集成和系统优化，为可再生能源高效利用提供更大的空间。这表明地源热泵技术与相关技术的集成与优化是可持续发展的重要途径。

本 章 小 结

地域性是建筑节能系统性的重要内容，要求建筑节能的发展应遵循系统性原则，表现为自然地域性与社会地域性的统一、传承与创新的统一和科学性与经验性的统一这三个方面。通过对建筑节能的地域性特征的分析，从自然地域性和社会地域性两个方面，从国家、城市和基地三个空间层次对建筑节能地域特征进行研究，建立建筑节能气候适应性原理和适宜技术观的概念，并提出了建筑节能适宜技术构建原则和系统特征。以太阳能和地热能在建筑中的利用为例，分析建筑节能气候适应性原理所决定的技术系统适宜性，认为基于建筑节能气候适应性原理的适宜技术遵循整体性、客观性和人本性构建原则，表明了建筑节能技术系统各构成要素和作用机制之间的相互影响，需要在满足经济适宜、社会适宜和生态适宜原则基础上，与自然气候相适应。

本章主要参考文献

［1］国家发改委资源节约和环境保护司．德国推动节能的主要做法与经验［J］．节能与环保，2008（12），6-7．

［2］王如松，刘晶茹．城市生态与生态人居建设［J］．现代城市研究，2010(3)：28-31．

［3］邹德侬，王明贤，张向炜．中国建筑60年(1949—2009)历史纵览［M］．北京：中国建筑工业出版社，2009．

［4］日本建筑学会．建筑环境管理［M］．余晓潮，译．北京：中国电力出版社，2009：42．

［5］张晓琳，张学庆．建筑与环境的结合设计［J］．建筑技术，2009(24)：167.

［6］ Ken Yeang. Design with nature：The Ecological Basis for Architectural Design［M］. New York：McGraw—Hill，Inc，1995.

［7］ Nishide K. The behavioral basisi of environmental design for human beings//Sadahiro Y. Spatial Data Infrastructure for Urban Regengeation［M］. Sprinter Japan KK，2008：147－166.

［8］韩继红，张颖，汪维，等．2010上海世博会城市最佳实践区中国案例——沪上：生态家绿色建筑实践［J］．建设科技，2009(6)：44－47.

［9］龙惟定，武涌．建筑节能技术［M］．北京：中国建筑工业出版社，2009.

［10］朱颖心．建筑环境学［M］．北京：中国建筑工业出版社，2010.

［11］西安建筑科技大学，华南理工大学，重庆大学，清华大学．建筑物理［M］.4版．北京：中国建筑工业出版社，2009：12－13.

［12］李蕾．建筑与城市的本土观——现代本土建筑理论与设计实践研究［D］．同济大学博士学位论文，2006：112.

［13］江亿．高技术迷信是建筑节能之碍［J］．建筑，2009(9)：55－56，4.

第6章 建筑节能的社会适应观

本章从社会适应性原则出发认识建筑节能的发展，基于建筑节能科学观和自组织理论，通过对建筑节能系统的自组织机制分析，主要从复杂系统相干性和协同性角度研究建筑节能系统的自组织运行机制，具体内容如图6.1所示。

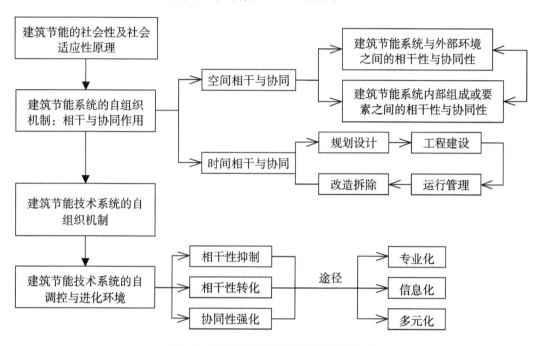

图6.1 建筑节能系统的自组织研究体系

6.1 建筑节能自组织机制

1. 系统自组织概述

自组织的基本含义指不需要外部指令，而在一定条件下自行产生特定有序结构的过程，系统自组织现象或过程普遍存在于物质世界之中。20世纪六七十年代兴起的耗散结构理论、协同学、超循环理论、突变论、混沌学和分形学等都是以系统的发生、发展为重点，探讨了系统的自组织演化问题。其中，协同学阐述了子系统之间的竞争和协同推动系统从无序到有序的演化，从总体上推动了人们对于系统自组织演化内部机制和动力的认识。

协同学[1]认为，"系统中各要素或子系统之间不仅存在相互排斥的关系，而且相互竞争的要素还会在一定条件下走向协同。离开协同，我们就不能理解自然系统形成和演化的过程，也不能理解新的有序结构和自组织的产生"。同时还认为[2]，"复杂系统演化的内在动力来自系统内部的竞争与协同的关系。竞争是要素之间作用的一个方面，使整个系统趋于非平衡状态；另一个方面表现为要素和子系统之间的协同，在非平衡条件下使子系统中的某些运动趋势联合起来并加以放大，从而使之形成序参量，占据优势地位，支配或伺服系统整体的演化"。

根据建筑节能的科学认识，建筑节能是一个复杂的系统，由一定的层次、结构和功能要素等组成，各组成之间、不同层次的要素之间相互关联，相互制约，以某种或多种方式发生复杂的非线性相互作用，是系统相干性和协同性作用的重要体现，也是系统复杂性的根源。张嵩[3]认为，"复杂系统由相互作用的成分或要素（也是系统）形成多层次的时空特定结构，体现出某种功能或行为。复杂性研究，就是研究复杂系统的结构、组成、功能及其相互作用、系统与环境的相互作用；研究系统整体行为和演化规律及控制它们的机制，然后建立模型，进行模拟实验，进一步对其施加影响、管理和调控"。

2. 建筑节能自组织演化的基本动力

我国 20 世纪 80 年代初，建筑能耗强度还处在较低的水平，同时居住环境水平也很低，热环境质量差。最早的建筑节能是从墙改开始，以加强墙体保温这种被动方式为主，以改善居住热环境质量为抓手，其目的是满足居住环境的宜居要求，维护居住者健康。随着社会发展水平的不断提高，以城市住宅为例，人们的居住条件持续改善，同时居民对居住环境的品质有了更高要求，建筑能耗总量逐年增加。建筑节能发展，同样也是要与一定时期的社会发展水平相适应，不同时期的工作重点有所不同，但建筑节能的基本前提都是保障和持续提升建筑环境以满足居住者使用要求。这是由建筑节能的社会性决定的，也是建筑节能发展的内在机制。

建筑节能系统各个组成要素之间或者各个子系统之间在演化过程中存在和联合、合作、协调与同步行为，就是构成协同作用。协同是建筑节能系统整体性、相关性的内在表现，能够使系统自组织形成某种有序的结构，也可以将其看作是系统竞争后期自组织演化的一种表现。竞争或相干作用能够使要素或子系统保持个体性的状态和趋势，能够使系统丧失整体性；而协同则能够实现要素或子系统集体性的状态和趋势，能够使系统保持和具有整体性。如果系统中只有相干，则系统会越来越不稳定，最终导致系统的分解；而如果系统只有协同，系统内部各要素或子系统最终将会趋于完全的相同状态，系统也就达到"平衡态"，意味着发展的终止。建筑节能系统的演化发展是子系统相干与协同效应共同作用的结果，它们共同构成了系统演化发展的基本动力。

3. 建筑节能系统要素的相干性

所谓建筑节能系统的相干性，就是系统的要素之间、要素与整体之间，系统与环境之间存在普遍联系的同时也互相制约，互相影响的关系。任何一个要素在系统中的存在和运动都不是孤立的，当系统中某个要素发生改变时，必然会引起其他相关要素发生相应变化。相干性用来描述建筑节能系统的特征，就是表征系统各要素相互影响、制约的程度和范围，包括建筑节能的空间相干性和时间相干性两个方面。建筑节能时间相干性，指在寿命周期不同阶段相互作用和影响的性质；建筑节能空间相干性，指系统在结构、功能上各要素相互作用和影响的性质。

从建筑节能系统的功能性关联来看，系统在与其外部环境进行相互联系和相互作用的过程中表现出系统的性质、能力和目的，建筑节能最基本的功能性（目的）是在保证建筑使用舒适度的前提下降低能耗和提高能效。建筑是人类的空间艺术，建筑节能不能以损失空间的基本使用和艺术享受为代价来减少能耗，这就如同不能以增加建筑能耗作为享受空间艺术的代价一样。历史上曾经出现过为了减少空调的能耗，大幅减少外窗的面积，整个建筑形态极为封闭的设计倾向，虽有效地控制了建筑空调的能耗，但随之而来的是大量空调综合征，最终使得建筑系统的整体功能性受到了破坏。

因此，在建筑节能实践过程中，对建筑系统的某些要素进行改变和调控时，就必须考察其对其他相关要素产生的影响，综合衡量该要素的改变以及其改变所引起其他要素的改变而产生的整体效益，并且使这个整体效益最大化。这表明需要研究系统要素之间的影响与制约关系，通过相干性分析获得建筑节能系统整体的功能及特性，认识并把握其发展规律。建筑节能系统的相干性是评价系统性能的一个重要指标，反映系统内部各子系统之间及其与环境的相互作用，不断适应、调节，经过不同阶段和不同的过程，向更高级的有序化发展，呈现独特的整体行为与系统特征，产生复杂系统自适应、自组织的趋向有序化的功能。将相干性作用机制融入建筑节能系统的研究，是笔者的初步尝试。

4. 建筑节能系统要素的协同性

建筑节能系统的协同性指系统中各子系统或要素的联合作用关系，表现为一定条件下组成要素之间的连接、合作、协调与同步关系，具体表现为系统在空间维度上的协调性和时间维度上的持续性两个方面。空间维度上的协调又可以分解为系统结构协调、功能协调和环境协调三个方面。结构协调是指系统各要素之间内在关系由一种完整严密的组织构成，具有合理的比例关系和高度的秩序性，表现为建筑节能系统的各要素行为的非孤立性，要素的行为影响整体功能，使系统具有多层次、多方面的结构，并且彼此协调发展。功能协调指系统内各要素互动与协调，在一定的时间和空间实现总系统多层面的不同功能。环境协调是基于开放系统的特性，要求建筑节能系统作为一个整体与自然和社会环境协同发展，表现为特定时期和空间范围的一种健康的发展状态。建筑节能系统的时间持续指系统发展本身的阶段性，以及不同阶段系统具有不同的目标状态，但各阶段的目标都处于总体目标体系中，是多目标与基本目标统一性的体现，也是建筑节能系统可持续发展的特征。

所以，研究建筑节能系统的协同性机制实质是强调系统发展的整体性、发展中各个要素之间的协调性等问题，站在生态文明建设和人类可持续发展的高度促进人与自然、生态、社会的协同和谐发展。

5. 建筑节能系统相干性与协同性的统一性

建筑节能系统各个组成部分与组成部分之间、组成部分与系统之间、组成部分内在各子要素之间都存在着相互联系和制约的关系，相干作用和协同作用统一于建筑节能的系统性。各种节能措施通常是针对某种节能要素，如基于自然通风或自然采光的建筑节能设计研究，没有或者较少地考虑这些节能措施之间的相互关系，没有形成整体。而基于系统思维的建筑节能体系正好强调这些要素相互之间的关系，研究其组成结构，使其成为一个整体[4]。如在建筑节能实践中，良好的自然采光设计有利于减少照明能耗，但带来较多的辐射热能，从而增加空调能耗；时间过程上方案设计与实际施工的衔接问题、审批管理与检测验收的对应问题，以及政策激励与市场培育问题等，都涉及建筑节能的相干与协同关联作用。

通过相干性与协同性研究建筑节能系统的整体性，就是在众多纷繁复杂的要素中寻求统一的结构，在整体与部分的对立统一中把握系统的整体性，将建筑节能技术体系视为建筑系统的一个子系统，或者一个要素，从建筑与其所处环境的关系出发，着眼于建筑与所处的环境之间相互联系和相互作用，寻求系统的结构，使建筑与环境达到共生；又从系统内部探索各子子系统或要素之间的相互作用，使系统内部协调有序，实现系统总体的目标和功能。这是基于系统思维的建筑节能科学体系整体性的认识，一方面，将建筑节能体系作为建筑系统的一个要素，考虑建筑与环境的关系；另一方面，强调建筑节能体系本身的整体性。

6. 建筑节能系统演化的客观性

1）建筑节能系统与外部环境关联的客观性

研究建筑节能系统与外部环境的关联性，就是从相干性和协同性两个方面出发，揭示建筑节能科学发展的客观规律，为建筑节能技术进步和技术创新提供外部条件。

（1）建筑节能系统与自然环境之间的关联性。

建筑物在设计、建造、运行及最后拆除的整个过程中都要消耗和占用大量的材料、能量和其他资源，这决定了自然环境与建筑节能系统之间的相干性。建筑节能主体对自然界的利用和人居环境建设是一个物质、能量和信息的转换过程，作为手段和方法的建筑节能技术是人们利用自然科学知识基础上创造出来的，应符合自然规律。从建筑能量消耗途径分析建筑节能技术在不同阶段与自然环境要素之间的关联关系，关键就是将建筑作为生物圈中能量与物质流动中的一个环节进行整体性分析。建筑能量消耗途径主要包括：建筑材料的加工运输、建筑的施工建造、建筑运行维护以及最后的拆除，不同阶段或途径有不同的建筑节能适宜技术，对自然环境的影响或受自然环境的制约程度就不同。建筑节能系统与自然环境之间的关联性表现，如图 6.2 所示。

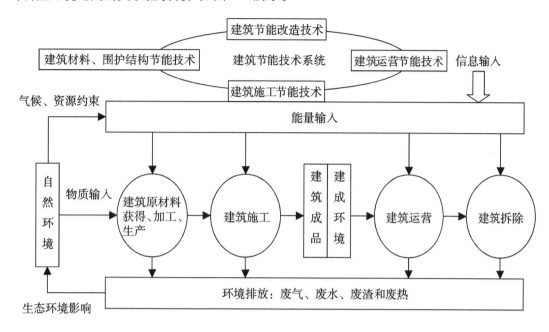

图 6.2　建筑节能系统与自然环境之间的关联性

建筑节能系统与自然环境的客观性体现了两方面的重要特征。

① 动态关联。建筑节能系统动态性是建立在系统开放性的基础上，与自然环境构成一个有机网络系统，不断进行物质流、能量流和信息流交换，通过建筑节能技术发展实现能源、资源的高效循环利用，减少资源能源的输入，降低废弃物和污染物的产出。

② 整体关联。从建筑节能系统作为有机整体角度分析，建筑节能技术的存在方式、目标和功能应保持一致性，包括了建筑节能技术系统时间维度的整体性和空间维度的整体性。整体协同强调的就是建筑节能技术系统在能源存在、转换、流动、利用和排放的各个阶段、各个方面的整合。

建筑节能系统的客观性决定了建筑节能具有一定的生态系统特征，按生态性原则要求，体现尊重自然、尊重生态规律和维护生态系统动态平衡的客观要求。因而，建筑节能系统的发展遵循生态学的"和谐共生""协同进化"原则，在"社会－经济－自然复合生态系统"框架下来认识建筑节能系统演化的动力。

（2）建筑节能系统与社会环境之间的关联性。

建筑节能实践活动都是在一定社会环境中进行，是建筑节能技术开发、应用企业与社会环境相互作用的结果，社会环境对建筑节能技术的发展影响是深刻的，甚至具有决定性意义。建筑节能不仅仅是工程技术领域的实践形式，还与社会文化理念、人居生活方式、经济管理公平等多方面问题密切相关，使建筑节能技术的开发、应用等都与社会环境相互影响，具有社会属性。建筑节能系统与社会环境的相干性既包括了建筑节能本身对社会发展的影响，同时也包含了社会经济发展水平对自身发展的制约关系，其关系如图6.3所示。

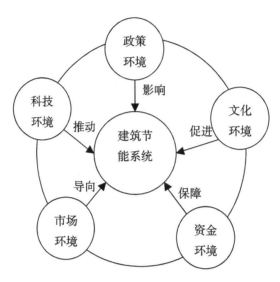

图6.3 建筑节能系统与社会环境之间的关系

在建筑节能系统自组织发展过程中，与社会环境关联的客观性表现在三个方面：①社会环境向技术研发企业或机构输入负熵流，减少系统内部不确定性，为技术系统的自组织进化提供必要的外部条件；②社会环境对节能技术创新提供正确导向，基于人的需求适应性要求，是建筑节能创新者及时对社会环境信息进行反馈，正确选择自己的技术创新策略；③社会环境可以借助管理、经济等手段对相关企业技术创新提供有力支持，激发企业潜在的技术创新能力，使建筑节能技术发展的市场环境、资金环境、科技环境、政策环境和文化环境等因素共同作用，形成建筑节能技术系统运行的健康机制。市场环境为建筑节能技术创新提供导向，同时按照经济规律接纳和吸收建筑节能创新产品和服务，实现建筑节能技术的市场价值。资金环境是建筑节能技术创新的前提和保障条件，确保技术创新投资的经济效益。科技环境是推动技术创新的基本社会环境因素，要求建筑节能创新科技成果适应市场开发新产品或服务的需要，同时确保科技成果进入建筑节能产业的渠道畅通。政策环境是国家和政府引导建筑节能企业进行技术创新的调控手段，促进企业内部创新机制的形成和技术创新体系的建立，同时优化建筑节能企业外部技术创新环境的优化。而文化环境是建筑节能系统健康发展的重要方向，积极的文化环境有利于促使建筑节能产业主体的价值选择和行为习惯符合社会道德、风俗、习惯和价值观等，才能使建筑节能技术的推广应用得到社会的普遍认同。可见，建筑节能的社会性关联决定了建筑节能发展应符合与人文环境共生的原则，包括符合人性化的健康原则和对地域文化的尊重等。

2）建筑节能系统演化的自组织性

建筑节能系统进化是一个合乎客观规律的自组织过程。这是因为，一定时期的建筑节能科学知识、经验、技能、目的和要求等主观因素的具体内涵总与那个时期特定的物质生活条件所决定，与社会经济发展水平相适应；建筑节能技术发展过程中具体技术演化规律的决定性和技术主体的能动性共同作用于技术发展进程，具有客观必然性。根据建筑节能科学思维的层次结构，从不同子系统之间的关联关系出发，可以进一步认识建筑节能系统进化的自组织性。

（1）建筑节能系统工程性关联。

建筑节能技术在建筑节能工程中既包括操作形态的技术、实物形态的技术，还包括知识形态的技术，通过有序、有效的合理集成，从而形成特定边界条件下的建筑节能工程。建筑节能技术方法是建筑节能工程特定主体掌握的主观技术形态，表现为节能实践的具体技能、经验，用于工程实践的全过程；建筑节能产品或设备是建筑节能工程活动的物质手段和客观条件；建筑节能技术知识作为工程科学知识的基本组成部分，是建筑节能工程创新的重要基础。在不同的建筑节能工程阶段和不同工程环境中，建筑节能技术形式不同，技术要素之间有主次或核心和辅助技术之分。

建筑节能系统内部工程性关联主要表现在：构成工程的各技术系统不是简单相加，而是相关技术要素与非技术要素的关联集合，相干关系与协同关系的作用结果表现为工程的整体性，即工程是技术及其相互关联中产生的整体，无论相对于工程存在的环境还是相对于技术关联的系统，建筑节能工程都以统一体出现，并且具有显著的多目标特征。

（2）建筑节能系统管理性关联。

由于工程活动不是单纯的技术活动，而是技术与社会、经济、文化、政治及环境等因素综合集成的产物。同样，建筑节能工程的成败不是技术问题就能决定的，还必须考虑非技术要素，需要通过政府及相关职能部门提供政策管理为保障，通过制定和执行建筑节能技术规范和标准，进行规划、协调、监督和服务，引导、规范建筑节能技术创新企业的行为，为建立建筑节能技术开发、应用提供良好的环境。

从宏观节能管理上，建筑节能发展应符合国家长远的根本利益，建筑节能技术标准与规范的制定是国家立法管理建筑节能事业发展的重要内容。通过管理制度促进建筑节能技术创新激励机制的形成，通过政策管理，运用法律、法规及经济激励等手段，可以引导和促进建筑节能技术活动的开展。从微观建筑项目节能管理上，陈海波等[5]通过北京商业建筑、上海各商业建筑、深圳商业建筑的调查研究表明，由于人们忽视建筑寿命周期节能系统管理的整体性，必然导致建筑使用阶段运行的高能耗，难以发挥建筑能源管理的积极效益。

（3）建筑节能系统经济性关联。

经济性一般包含两个方面：一是对自然资源和社会资源的投入最少；二是产生的经济效益、社会效益和环境效益综合最佳。任何一个建筑节能方案都是由相应的人力、物力、财力、运力、自然力和时力组成的，为达到建筑节能的具体目标和实现建筑节能工程使用价值而进行的一种有机组合，其中财力就是指建筑节能技术系统的经济效益和经济效率问题。

建筑节能经济性关联具体包括三个层次：与国民经济的关联、与建筑节能产业市场主体的关联和与居住者经济效益的关联。建筑节能系统与经济系统的关联程度可以用产出与投入比值大小来表示。建筑节能的产出不只是实现的节能量，还包括节能建筑功能的实现与提升。节能建筑的功能是实现了普通建筑功能的扩展，包括容纳活动的能力与效率、环境优化程度和环境舒适程度等。节能建筑的成本包括个人成本、社会成本和环境成本等，其中个人成本包括建造成本和使用成本两个方面。

建筑节能技术研发和规模应用一般需要企业大量资金投入，因而需要配套的财政税收激励政策和必要的资金支持，保证市场机制失灵领域内能发挥建筑节能技术应用的社会公益性。经济成本直接影响居住者对建筑节能技术产品的选择，建筑节能技术的经济性评价是技术方案选择的重要内容，关系到居住者的切身利益，是建筑节能实施可行性的主要依据。建筑节能的经济评价目的是最大限度地提高技术应用的整体经济效益，避免或减少节能技术投资失误给业主造成经济损失，使技术方案具有经济可行性和合理性。

所以，对建筑节能系统经济性关联的分析必然与社会关联密切联系，不能简单用经济性指标进行评价。由于建筑节能系统存在公共外部性和代际外部性特征，决定了其外部性无法通过"自愿协商"的谈判方式加以消除，而需要通过政府补贴、税收优惠等经济激励政策或法律法规等手段，将建筑节能所形成的社会收益转为私人收益，让外部性内部化。这也表明建筑节能系统经济性需要与管理系统关联，从而在工程实践中，建筑节能主体的经济利益才能通过技术手段得以实现。

（4）建筑节能系统社会性关联。

建筑节能系统与社会系统关联对技术系统内部发展机制的影响主要体现在建筑节能适宜技术的筛选上，必须考虑技术系统的社会属性。建筑节能技术活动影响人们的居住环境质量和能耗水平，人们的居住方式和能源消耗观念又反过来影响建筑节能技术的发展。社会公众及建筑节能活动特定主体对建筑节能活动的认识水平和参与程度影响建筑节能技术的发展。节能知识的普及程度、节能产品的推广程度，是评价建筑节能社会效益评价的重要内容。

建筑节能实践的主体是人，既包括了作为建筑使用者的普通居民，又指特定建筑节能工程项目实施过程中的规划师、设计师和工程师等，因而需要加强建筑节能教育来提升主体对建筑节能技术的认知水平。通过建筑节能科普读物介绍建筑节能的基本知识和技术；通过高等院校工程教育和注册人员执业资格继续教育提升从业人员技术实践能力，这样才能真正从建筑节能主体角度促进建筑节能技术的发展。

6.2　基于自组织机制的建筑节能社会适应性原理

1. 建筑功能环境的社会适应性

吴良镛指出，人居环境（包括建筑、城镇、区域等）是"复杂巨系统"，在其发展过程中，面对错综复杂的自然与社会问题，需要借助复杂性科学的方法论，通过多学科的交叉从整体上予以探索和解决。他进一步指出，人居环境的灵魂即在于它能够调动人们的心灵，在客观的物质的世界里创造更加深邃的精神世界，如今我们在进行人居环境建设时，更要利用多种多样的新技术，作为艺术手段，探索新形式，表达新内容，使得我们的生活环境更加丰富多彩。21 世纪是人类社会的一个新纪元，正从"工业社会"走向"后工业社会"；从"工业化时代"走向"信息时代"；从"机器时代"走向"生命时代"；从"城市化"走向"城市世纪"；从"技术时代"走向"人文时代"；从"增长主义"走向"可持续发展"[6]。

建筑是服务于人的，而人是社会性的。随着社会经济的发展，越来越多的社会活动在建筑中进行，人们对建筑功能的需求促进了建筑环境营造方式的扩展。建筑从单一居住功能发展出城市建筑，从低层建筑到高层建筑，从固定建筑到移动建筑，如商务办公、餐饮娱乐、会议会展博览、购物、医疗保健、体育文化交通和科教建筑等。建筑功能日益丰富，建筑的发展顺应了人们对建筑室内环境品质的需求，使不同时期的建筑环境营造水平具有典型的时代特征。

建筑节能的发展也是经历了由易到难、稳步推进的过程。我国从 20 世纪 80 年代初期开始，从新建建筑开始，从居住建筑开始，从制定和实施节能设计标准入手，从采暖地区城市打开局面，从北京等条件较好的大城市取得突破。节能率从 30% 起步，先发展到节能 50%，再推进到节能 65%，直到目前低能耗和零能耗建筑标准的提出；新建建筑从严寒、寒冷地区启动，由北向南推进到夏热冬冷地区和夏热冬暖地区；从开展新建建筑节能设计为起点，逐步推动既有的大型公共建筑和采暖居住建筑的节能改造。这表明，不同阶段的政策和技术体系都与相应时期的社会发展特征相适应，满足不同层次的建筑环境质量标准。从建筑节能与健康、舒适的关系角度看，建筑节能与提高建筑环境舒适度的目标是一致的，尤其在我们生活水平还较低的时期，建筑节能不能以降低生活质量为代价，所有采取的节能技术措施都应该有利于提高建筑的舒适度。

建筑室内环境的舒适包括了热舒适、室内空气品质、光舒适和声舒适等。与高耗能建筑相比，节能建筑改善了室内微气候，尤其是热环境质量，消减了过冷或过热对人体健康的危害，提高了建筑舒适度，这体现了建筑以人为本的价值原则，也符合国家和民族长远的、根本的利益。

2. 建筑节能文化发展的社会适应性

建筑的重要性质决定了建筑是社会的建筑、理性的建筑。建筑也是全民的参与，没有哪一个领域能够牵动那么多人的心和物质资源，这是一个影响十分广阔的领域。建筑师和创造建筑的人们担负着十分重大的社会责任、历史责任、环境责任和教育责任。建筑节能与居住者行为关系密切，而人的居住实况越来越受社会经济文化水平的影响。比如，职业决定着生活作息时间；经济水平决定着对居住环境质量要求；文化水平决定着生活习惯；而社会发展引起家庭结构变化，作为社会细胞的家庭越来越趋向小型化的核心家庭。建筑能耗水平与人们对环境的舒适水平需求相关，而人作为建筑的使用者，对舒适环境的感受是有一定范围的。考虑人的主动性和适应性，应倡导低碳生活、绿色行为，建筑环境调控设备应部分时间、部分空间运行，充分考虑人对室内外气候的调节和适应能力，将舒适、健康和节能协调起来。

由于改变社会体系较困难，但调整建筑节能技术体系较容易。建筑节能要适应社会发展状况，建筑节能技术选择应遵循社会适应性原理。

6.3　建筑节能技术系统的自组织

1. 技术系统自组织的含义

技术系统自组织是指一种有序的技术结构自发形成、维持、演化的过程。根据自组织的技术系统观[7]，技术系统自组织机制包括：人类解放和自由进步是技术系统自组织演化的序参量；公众的社会需求与企业追求经济价值是促进技术系统自组织进化的吸引子；技术系统内部要素之间存在的复杂的非线性相互作用是技术系统自组织进化的动力；技术日益智能化是技术系统自组织进化的一个重要表现；涨落、环境选择的作用机理推动技术系统的自组织进化。

前文对建筑节能系统与外部社会、自然环境之间关联的客观性，各功能子系统或要素进化的自组织性进行的分析，为认识建筑节能技术系统自组织性奠定了基础。在技术系统发展演变过程中，作为手段和方法的建筑节能技术必须依靠建筑气候和建筑环境，受建筑地域环境条件的制约，表现出技术系统的自然属性，具有客观性、自组织性特征。在建筑节能技术实践中，主体能动性是技术系统演化的内在动力。

2. 建筑节能技术自组织演化的主要序参量

所谓序参量，是指在自组织系统中，支配着其他变量的变化，进而主宰系统整体演化过程的参量称之为序参量，它的大小决定了系统有序程度的高低。序参量来源于子系统之间的协同合作，是系统内部大量子系统协同运动的产物，是系统在演化时出现宏观有序的重要标志。

建筑节能技术系统既是建筑节能工程系统下的次级系统，同时又是与管理系统、社会系统、经济系统、生态系统的诸多要素相互作用而形成的复合系统，因而其内部也包含了建筑节能的工程技术子系统、管理技术子系统、社会技术子系统、经济技术子系统和生态技术子系统等。这些子系统协同合作，以"提升人居环境质量、提高能源系统效率和减少常规能源消耗，实现人与社会、人与自然的和谐发展"为目的，使建筑节能技术系统从无序到有序、从低序到高序、由简单到综合的自组织进化。

所以，建筑节能技术系统自组织演化的主要序参量就是建筑节能的基本目标——发展低碳排放的建筑技术体系，满足人们不断增长的居住环境质量需求。

3. 建筑节能技术的自组织演化动力

建筑节能技术系统自组织演化的内在动力表现为系统与环境之间、子系统之间和系统各要素之间的非线性相互作用。建筑节能系统内部各要素之间在系统发展过程中也充满竞争和协同作用，竞争使系统朝丧失整体性的方向发展，而协同作用却使系统内部各要素之间保持合作性与集体性，使系统保持整体性。相干和协同相互依赖，在一定条件下可以相互转化，从而出现新的协同性和相干性表现。这种竞争与协同的共同作用就形成了建筑节能工程系统的动态发展。

所以，建筑节能系统的相干性和协同性是技术系统自组织进化的动力，根源于子系统或要素之间的非线性相互作用和耦合，共同推动建筑节能技术系统有序化演变。技术创新包括技术管理制度创新、工程技术方法创新、技术主体理念创新、技术经济评价创新等多方面的内容，是技术系统发展的持续动力，通过信息化、智能化和专业化途径，使技术系统内部多要素竞争与协同作用才能实现综合创新价值。

4. 建筑节能技术系统自组织演化的吸引子

任何系统向特定结构的变化都可以认为是趋于吸引子。建筑节能技术系统自组织吸引子主要包括公众的社会需求和企业追求经济价值。建筑节能技术的发展，有利于改善人类的生存环境，提高人们居住环境质量，同时可以满足人们更丰富的居住文化需求。建筑节能企业通过新技术、新产品为社会提供建筑节能产品或服务，在满足公众社会需求的同时实现自身的经济效益。这些因素促进了建筑节能技术系统由简单到复杂、由低级到高级不断提高系统的有序度，实现技术系统的自组织进化。

5. 建筑节能技术的自组织机制

1）相干性抑制

建筑节能的发展受自然资源条件和社会经济文化水平制约，表现为自然环境和社会环境对建筑节能系统发展的相干性作用。相干性抑制就是指采取适宜的建筑节能技术手段，按照具体条件的不同，因时、因地、因人、因工程制宜，通过不同的技术方案进行优化、集成，减轻或消除建筑节能技术系统内外环境对技术本身发展的负面影响。通过建筑节能系统的相干性分析，在建筑节能设计时，建筑节能系统整体及外部环境设计是在分析建筑周围气候环境条件的基础上，通过选址、规划、外部环境和体型朝向等设计，使建筑获得一个良好的外部微气候环境，从而达到节能的目的。

在与外部环境的相干性抑制上，首先，建筑基地要合理选址；其次，合理的外部环境设计；最后，合理的规划和体型设计。日照及朝向选择的原则是冬季能获得足够的日照并避开主导风向，夏季能利用自然通风并防止太阳辐射。然而建筑的朝向、方位以及建筑总平面的设计应考虑多方面的因素，建筑受到社会历史文化、地形、城市规划、道路、环境等条件的制约，要想使建筑物的朝向均满足夏季防热和冬季保温是困难的，因此，只能权衡各个因素之间的得失，找到一个平衡点，选择出这一地区建筑的最佳朝向和较好朝向，尽量避免东西向日晒。比如，京津地区的四合院，就是传统社会中的节能典范，这种以房子包围院子的建筑方式，有效地减少了冷空气的入侵，符合京津一带夏季炎热、冬季严寒的气候特点。吊脚楼为每扇四柱撑地，横梁对穿一上铺木板呈悬空阁楼，绕楼三面有悬空的走廊，廊沿装有木栏扶手，符合南方夏季炎热、湿度大、空气流通需求量高的特点。中国传统民居都是在与周边生态环境共存共生的条件下，各类建筑功能与自然环境的充分协调，为建筑节能设计的适宜技术发展提供了典范。

2）相干性转化

建筑节能系统子系统或要素之间的相干性作用是系统整体性矛盾双方或多方相互作用的方式之一。相干性转化就是指在一定条件下通过主要矛盾与次要矛盾或矛盾的主要方面与次要方面之间的转化，使原来相干的双方关系变为协同作用，发挥技术系统整体正面影响。

以建筑工程节能施工为例。国家标准《建筑节能工程施工质量验收规范》于2007年10月1日颁布实施，是建筑装饰节能的指导性文件，是实现建筑全过程节能的重要组成部分。该规范以技术先进、经济合理、安全适用和可操作性强为原则，在建筑工程中推广装配化、工业化生产的产品，达到装修工程的节能、节材和环保要求，限制落后技术，旨在通过设计、施工和验收三环节闭合控制实现节能建筑的质量控制。根据《节能施工规范》要求，建筑工程的设计单位、施工单位、工程监理单位及其注册执业人员，应当按照民用建筑节能强制性标准进行设计、施工、监理。建筑装修工程的节能同样要注意节能设计、施工管理和材料、产品选购三个环节。

可见，建筑节能技术系统涉及设计、施工、验收和运行管理众多环节的工程、管理、经济等多种因素，只有把握这些不同阶段因素之间的关联性，将相干性转化，削弱相干作用，才能使各要素有机联系成一个集成系统，形成建筑节能技术系统的良性发展机制。

3）协同性强化

建筑节能系统协同性是系统整体性形成的基础，是系统自组织演变发展的必然结果，因而应通过强化系统协同性，促进系统有序发展。从建筑节能的技术系统关联模型组成分析，建筑节能技术系统是一个多层次、多要素、开放动态的复杂系统，其协同性强化路径包括单一维度的关联强化和不同维度之间的关联作用强化。

比如，通过阳光调节技术强化遮阳、通风与天然采光之间的协同。在围护结构中，门窗（主要是窗户）的朝向、面积和遮阳状况，对空调降温能耗的影响很大，采用有效的遮阳措施能较大幅度地降低空调负荷。研究表明，在开窗通风而风速较小的情况下，有遮阳房间的室温，一般比没有遮阳的室温约低 $1 \sim 2℃$。

再如，自然通风是一项古老的技术，也是当今建筑普遍采取的一项改善建筑热环境、节约空调能耗的技术。自然通风的作用主要表现在两个方面：一是实现有效被动式降温；二是可以提供新鲜、清洁的自然空气（新风），有利于人的生理和心理健康。当室外空气的温度、湿度以及清洁程度满足室内人居环境的热舒适和卫生要求时，应该加强通风，进行热舒适通风。充分利用室外空气的自然冷却能力转移建筑内的余热量，如夏季夜间通风、过渡季节利用室外新风方式、冷却塔换热方式等。传统的住宅采暖空调方式都忽略了通风设计，采暖空调设备运行期间室内空气质量下降，人们只有通过开窗通风，这样则导致冷热量大量损失。因此，低能耗建筑中采用置换新风板、窗际排风系统设计尤为重要。

可见，建筑节能系统发展过程中相干与协同作用并存，其相互关联形成建筑节能技术系统发展动力。在建筑节能实践过程中，通过管理制度、经济手段、文化引导和工程环境的营造，充分发挥建筑节能技术政策的导向作用，使建筑节能技术系统相干作用抑制或转化为协同关系，同时强化协同作用，才能形成建筑节能技术系统良性发展的局面。

6.4　建筑节能技术的社会适应性分析

1. 建筑节能技术系统的自调控

建筑节能技术系统自调控指技术系统在外部干扰情况下通过系统内部的非线性相互作用能保持其有序结构的能力。自调控的手段主要包括以下三个方面。

1）信息化

建筑节能系统作为一个复杂系统，包括建筑本身信息系统的复杂性和建筑能源系统的复杂性，涉及建筑物、建筑气候、建筑能源、建筑设备、建筑节能共同体等诸多自然、社会因素，需要将自然科学知识、社会科学知识和思维科学知识的综合利用来分析和解决具体工程实践中的技术问题。因而，信息化是建筑节能技术系统协同性强化的技术保障。

建筑节能信息不对称也是建筑节能市场失灵的主要原因之一，通过建筑节能技术系统的信息化，可以克服和消除建筑节能市场失灵带来的负面影响。具体表现在：房屋消费者在购房和使用过程中很难了解房屋的节能性能；建设单位在建筑的建造过程中也难以将掌握的建筑能效信息及时、准确地公开；政府部门制定相关政策措施也缺乏有效的依据；由于缺乏有效的规范，建材质量良莠不齐，建设单位面对建筑市场上各种庞杂的材料和产品信息，对其真实性和可靠度缺乏了解，常常处于无所适从的状态。建立建筑能效标识制度，是解决建筑节能信息不对称的主要途径。建筑能效标识，是指将反映建筑物或建筑材料、建筑部品等的能耗或用能效率的热工性能、能效等级指标及其他有关的信息以标识的形式进行公示。建立建筑能效标识制度，对于消除建筑节能市场的信息不对称，纠正市场失灵，具有重要的意义。

信息化是建筑节能智能化的重要途径。从建筑节能管理系统分析，计算机技术、网络技术和通信技术为建筑节能技术系统提供了信息化高速发展的可能，为建筑能源系统实现节能管理自动化创造了技术条件。以建筑设备系统为例，建筑设备是一个庞大的系统设备总成，具有数千台单机设备、设施和数十公里长的水管、风管线路。即使有先进周密的设计和规范的工程安装，但最终竣工后的设备系统，不可避免地产生各种偏差和彼此不匹配、不协调，结果使室内环境质量指标很难达到最佳，以及部分机电设备往往在高能耗满负荷下不停地工作。任何系统的自动控制装置都是在有限范围内调节，数以千计的风门、阀门，只有经过人工的合理调节，经过反复数年的经验积累才能形成优化的匹配，达到良好的运行效果和合理的运行能耗。这就需要依靠科学的信息化管理手段，通过在管道上安装测试仪表，根据系统正常运行要求达到的数据，对运行参数进行监测。通过 DDC 控制实现部分负荷下的设备及系统的高效运行，采用控制手段进行实时控制，确保其在不同工况转换条件下的实现。规范空调系统及设备的运行管理制度，确保空调冷热源、输配系统和空调末端之间的良好匹配。

2）专业化

专业化是建筑节能技术系统协同性强化的必然要求。建筑节能技术开发与应用需要一批专门的人才，包括建筑节能各个领域的创新型技术专家、管理队伍和工程实践人员。由于建筑节能从科学、工程、技术到产业形成一个庞大的知识体系，既包括了能源科学、环境科学等自然科学的理论，又包括了人居环境工程科学、社会科学的理论，还包括了技术观及技术方法等思维科学理论的应用，因此，需要通过系统教育与培训才能形成一支建筑节能技术实践的主体群，发挥建筑节能技术系统协同强化的主观能动性，提升建筑节能技术系统主体要素的智能。

专业化是培养和提升建筑节能技术实践人才队伍服务水平和服务能力的必然要求。国家批准设立建筑节能技术与工程本科专业，通过高等专业教育系统地培养建筑节能技术创新、技术应用等专门人才，为建筑节能事业可持续发展提供了人力资源保障。关于建筑节能技术与工程专业人才培养的途径，本文将在第 8 章进行系统论述。

3）多元化

建筑节能科学的方法与过程不具有独特性，只要是可以解决研究问题的科学方法就是好的科学方法，并没有一成不变的科学方法，这体现了建筑节能科学知识和科学方法的多元性。建筑节能适宜技术的层次性也表明技术系统的发展必然是不同类型技术同时存在，由单一技术形式向多元化发展，使低技术与高技术、被动技术与主动技术共存，形成与特定技术环境条件相适应的适宜、综合技术模式。因此，多元化是建筑节能技术系统协同性强化的主要特征，也是建筑节能技术系统的存在特征，其实质反映的是建筑节能技术体系的协同性，通过多元化强化建筑节能技术系统整体性能，例如：与自然气候条件相适应的自然地域性，与经济条件相适应的社会地域性，与工程管理相适应的高效性、灵活性、施工可操作性等系统性原则。

单一技术形式很难满足建筑节能复杂多元的需求，应该坚持技术多元化发展，走适宜技术发展路线。从时间维度看建筑节能技术不同阶段的适宜性，对于具体建筑项目，建筑规划设计节能技术、建筑施工调试节能技术、建筑运行管理节能技术和建筑节能改造技术等是一个体系，尽管在不同阶段节能技术各有特点，具有一定相对独立性，但不能把它们完全割裂开来，而应放在整个建筑系统节能的大体系中去分析和选择，才能使不同阶段之间的技术系统形成信息共享和反馈，实现不同阶段技术内容的调整优化，从而实现技术系统时间维度的协同强化，发挥出技术系统整体的效能。

2. 建筑节能技术系统进化的社会环境

从建筑节能技术系统进化环境看，技术系统的整体性具体通过四个方面的关联性表现出来。

1）结构关联

建筑节能技术系统的结构关联指系统内各要素之间内在联系构成完整严密的组织关系，单一技术要素的发展不能导致整体系统的发展，而是通过技术系统多层次、多要素合理比例关系和高度秩序性协调的结构。任何一种建筑节能技术的发明或创新既需要工具、设备等实体要素，又需要知识、经验和技能等智能要素，还需要把主客体要素相结合的工艺要素，三者缺一不可，体现了建筑节能技术系统的整体性。

2）功能关联

建筑节能技术系统功能是在整个"社会–技术–自然"复合系统中体现出来，系统整体功能由系统结构决定，表现为生态功能、经济功能和社会功能多个层面，并且随实践和地点具有变化性。建筑节能技术系统是一个复杂的技术系统，作为实现建筑能源合理利用的技术，只有在与自然环境相协调的前提下才能实现其长期的经济功能，而技术的生态功能是经济功能的前提和基础，实现了技术经济的生态化功能，才可能实现技术的社会功能，这是建筑节能技术可持续发展的内在体现和本质要求。

3）环境关联

建筑节能技术系统也是开放的系统，需要与自然生态环境、社会环境、经济环境、管理环境和工程环境协同发展，互惠互利，才能实现建筑能源资源的有效利用，节约使用资源和能源。技术系统与外部环境存在信息、能量和物质交换，不断从外部环境获得信息、资金、人才等，同时不断向外部输出建筑节能技术服务，各要素之间相互作用使系统处于动态发展过程中，表现出技术系统发展的内部物质流、能量流和信息流非均衡性，以及整个技术系统功能、结构的调整和变动。所以，环境协调是建筑节能技术系统整个发展过程中与不同环境要素相互作用、相互适应的结果。

4）时间关联

时间关联是建筑节能技术发展阶段性的重要体现，不同时段具有不同的建筑节能目标形态，但都要遵循建筑节能基本原则，符合建筑节能发展的总体目标要求。建筑节能技术系统的实践协调表现在建筑节能规划设计、施工调试和运行管理对建筑能源消耗的持续影响上，需要充分认识技术系统要素在建筑与环境整体关系的更新与演变，认识不同阶段建筑物、建筑设施、建筑材料的更新与改造，以及认识建筑运营过程中适应季节、昼夜变化的周期性特性，才能在时间的整体上实现技术系统的协调发展。

上述建筑节能技术系统的进化环境反映的是建筑节能技术在不同维度各个层级之间要素关系。研究技术系统的关联性就是要把握其自组织的环境特征，进而把握建筑节能技术整体发展过程中的规律，既要分析技术系统演化的普遍规律，同时又要顾及不同时段、不同要素的特殊性。建筑节能技术系统的内部关联性如图6.4所示。

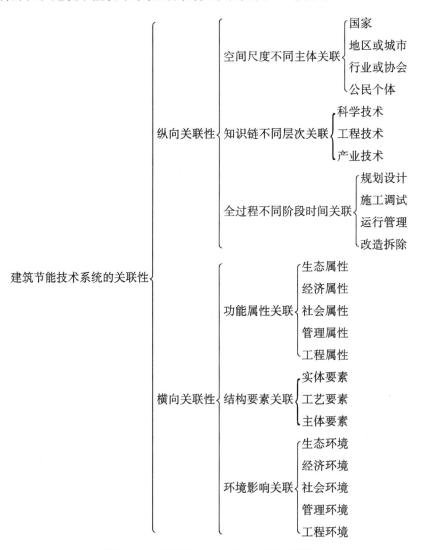

图6.4　建筑节能技术系统的内部关联性

可见，建筑节能技术系统是多层次、多方面要素的统一体。建筑节能技术系统的形成与发展过程中存在与生态系统、经济系统、社会系统、管理系统和工程系统之间的诸多矛盾，表现为不同系统之间的相干性关联。在诸多矛盾要素中存在主要矛盾和矛盾的主要方面，它们决定了建筑节能技术系统的发展方向和演化机制。分析矛盾发生变化的内部条件和外部条件，同时注意矛盾发展量变到质变的临界点，把握技术系统要素相干性抑制或转化的条件与时机，强化建筑节能技术系统各要素的协同性，是实现建筑节能技术系统整体性的重要路径。

因为建筑节能技术不只是自然科学技术问题，同时也是社会科学和工程科学技术问题，建筑节能工程本身的属性要求我们在研究建筑节能技术现象及问题时，也要一分为二地看问题，具体问题具体分析，抓住重点和主流，坚持两点论和重点论的统一。建筑节能技术系统是开放动态的系统，总与一定时期的社会经济发展水平相适应，既要分析建筑节能技术现在的状况，还要研究建筑节能技术的发展规律。在研究建筑节能技术系统进化环境时，应做到：

（1）承认建筑节能技术系统关联性的普遍性与客观性。建筑节能技术系统各子系统或各要素之间的相互作用是普遍存在的，通过相干性和协同性表现出来，是建筑节能技术系统整体性形成的内在机制。

（2）发挥建筑节能技术系统关联性的条件性和能动性。建筑节能技术系统总是与特定工程边界条件相关联的，在不同时期和不同环境条件下，相干性和协同性作用强度不同，并且可以通过内外环境影响促进相干性与协同性的转化。

本 章 小 结

将建筑节能的科学观与自组织理论相结合，认识建筑节能系统的发展机制。由于建筑节能系统的自组织特性，其发展动力来源于协同性和相干性作用机制。建筑节能系统的整体性强调的是系统集成与有效综合，追求的是系统总体效能目标，而不是任何单一子系统的效能。建筑节能系统的整体性在于它可以弥补子系统效能设计的不合理性，避免人们陷入对局部利益的追求。只有处理好各子系统的关联关系，才能使建筑节能系统的整体功能得以发挥，避免子系统相互干涉产生负效应。通过对建筑节能系统与外部环境之间关联的客观性、系统内部子系统之间关联的自组织性分析，构建了建筑节能技术系统的关联结构，并从时间、空间、功能属性、环境影响等不同角度分析各要素之间的作用与关系，形成对建筑节能技术系统的发展演变机制的科学认识。

建筑节能系统的自组织性强调必须将协同性和相干性统一起来，充分协调并促进建筑节能技术系统各子系统和要素之间的关联关系，形成相干性与协同性的良性作用机制，采用信息化、专业化和多元化的技术途径实现相干性作用的削弱和协同性作用的强化机制，形成对建筑节能系统发展规律的正确把握。

本章主要参考文献

［1］林德宏．科学思想史［M］.2 版．南京：江苏科学技术出版社，2004．

［2］金玲．基于自组织理论的建筑业系统演化发展研究［D］.哈尔滨工业大学博士论文，2007：52－53．

［3］张泰．关于促进复杂性研究的考虑．中国科学院《复杂性研究》编委会：《复杂性研究（论文集）》［C］.科学出版社，1993：3．

［4］李静，李桂文，间广君．基于系统思维的建筑节能体系建构［J］.华中建筑，2010(3)：1－3．

［5］陈海波．运行阶段的建筑节能研究［D］.清华大学硕士论文，2004．

［6］吴良镛．人居环境科学的人文思考［J］.城市发展研究，2003，(5)：4－7．

［7］秦书生，陈凡．技术系统自组织演化分析［J］.科学学与科学技术管理，2003(1)：35－37．

第7章 建筑节能工程思维与工程实践

在现代科学的发展过程中，除了数学方法得到普遍运用外，还出现了系统论、控制论、信息论等横断科学，对科学研究都具有方法论的意义。其中，系统科学的方法论不仅涉及一般与个别、部分与整体、简单与复杂、原因与结果等传统的哲学范畴，而且还提出系统、要素、层次、结构、功能等具有哲学意义的新范畴。建筑工程具有社会工程和自然工程的双重属性，对建筑工程领域节能的认识与实践必然以社会工程和自然工程的思维为基础，需要建立在建筑节能工程观基础上的工程思维方法作为实践指导。本章的内容框架如图7.1所示。

图7.1 本章内容框架

7.1 工程思维概述

工程活动的特殊性决定了工程思维的存在。目前工程思维研究的主要聚焦于三个方面：工程思维的内在结构包括工程设计思维、工程实施思维和工程消费思维；工程思维的外在功能主要体现在创造功能、理性化功能和标准化功能；工程思维在现实活动过程中表现出具备综合判断和选择的能力、面向对象性、复杂性、系统性以及非线性等特征。工程活动作为技术形态向物质形态的一种转换过程，这一过程一般可分为四个层次，即设计与决策层次、研发层次、实施层次、实现层次。前两个层次需要工程设计思维，实施层次需要工程实施思维，实现层次需要工程消费思维。[1]

工程设计主要内容包括立项、可行性分析、融资、设计、决策、风险评估、招标、授标等环节或阶段。工程设计思维面临的是潜在可能性与现实可行性的转化契机，寻求工程理想与工程实际两者之间矛盾的解决，包括对工程目的和实现途径的思考、设计中的决策之思、工程生态环境之思、设计中的美感之思，以及设计中的工程合理性思考等[2]。

与工程设计思维不同，在工程实施阶段，实施主体需要依据常规性、稳定性、安全性、可控性等原则，分析和解决工程实施过程中的实际问题。实施层次包括生产要素的

建筑节能原理与实践理论

更新与配置、组织与生产、形成商业化工程产品等要素。在运营阶段，工程消费思维属于实现层次，包括工程产品的经营销售、市场开拓、售后服务、实现商业利润等要素。

工程实践是一个复杂的系统，包含复杂的多层次要素，需要复杂性思维。复杂系统内一个层次与另一个层次之间有着根本的区别，一般来说，低层次隶属和支撑高层次，高层次包含和支配低层次。

7.2 基于建筑节能工程思维的事例分析

建筑全生命周期涉及规划、设计、施工及运营，时间跨度较长，参与的单位众多，各阶段协调不足，信息流通不畅，任何环节出现问题，都会对运营效果产生影响。具体而言，从项目管理流程看，设计、施工、运行是一个接力棒式的模式，不同阶段的主体目标不一致，仅仅从局部考虑问题，最终会导致建筑性能无法保证。比如，对于超高层建筑或大型商业综合体，由于投资大，社会关注度高，建设方更愿意建成低碳环保的绿色建筑，聘请顶级的建筑设计团队、机电咨询公司完成设计，但大量运行效果表明，实际建成投用后的效果并不好，运行能耗高且室内环境质量欠佳。2013 年年底，多家媒体集中报到了上海市一批"节能""绿色"建筑实际运行能耗"不降反升"的案例。同样，2009 年年底，美国学者 John H. Scofield 指出：在美国获得 LEED 认证的建筑，其实际平均单位建筑面积能耗要比同类型未获得 LEED 建筑的平均能耗强度高出 29%。[3]

1. 建筑能耗指标的科学性与公平性

《民用建筑能耗标准》（GB/T 51161—2016）自 2016 年 12 月 1 日起实施。该标准根据我国建筑用能的特点，分别对建筑供暖能耗、公共建筑能耗和居住建筑能耗提出了相应的指标。各项指标值分别给出实际运行能耗的约束值和引导值。约束值为运行能耗的上限，如果实际用能数量超出这一上限，则从建筑节能的管理要求出发，对建筑系统和运行管理进行整改；如果实际用能数量低于标准中的引导值，则说明这座建筑及其运行管理已经实现建筑节能。标准从以往的规范过程转换到规范结果，为推动我国建筑节能实现总量控制提供了一个基础指标。

建筑能耗指标是建筑能源消耗量的量化标准，是实施建筑能耗定额制度的基础。常用的公共建筑能耗指标有人均年能耗、单位建筑面积年能耗及各种分项能耗指标等。对既有的公共建筑，建筑能耗指标是根据历年能耗统计的数据作为建筑能源审计制定建筑能耗定额的依据。既有建筑能源实际消耗量受系统能效水平的高低、天气条件、入住数据或出租率、建筑运行时间、使用功能和运行管理水平等众多因素影响，不同种类建筑、不同地区、不同行业、不同单位，其实际能耗迥异。可见，合理地制定建筑能耗指标是一个复杂的系统问题，需要以建筑能耗形成规律的科学认识和建筑节能的科学方法为指导。建筑能耗指标制定的合理性具体体现在两个方面：一是能耗指标的科学性；二是能耗指标的公平性。

1）建筑能耗指标的科学性

建筑能耗指标的科学性是指根据建筑节能本身发展的科学规律，在保证建筑正常使用功能前提下，科学地制订一定时期、一定条件下建筑能耗的合理水平。科学性包含以下五方面的内涵。

（1）根据建筑节能社会学原理，建筑能耗指标应与一定社会时期的居住水平和居住文化相适应，不同居住水平时期的建筑能耗指标应不同。

（2）根据建筑节能管理学原理，建筑能耗指标应与建筑能源管理水平相适应。

（3）根据建筑节能生态学原理，建筑能耗指标应与一定地域的气候、资源能源条件相适应，不同地区的建筑能耗指标应不同。

（4）根据建筑节能经济学原理，建筑能耗指标应与一定时期国民经济发展水平和地区经济发展状况相适应，在社会经济发展的不同阶段建筑能耗指标不同。

（5）根据建筑节能工程学原理，建筑能耗指标还应与工程活动中建筑节能技术措施的总体水平相适应。

2）建筑能耗指标的公平性

公平性具体包括社会公平性（即代际公平性和同代人之间的横向公平性）、人与自然界其他生物之间的公平性。建筑能耗指标社会公平性的代际公平性，是指当代人对能源的消费应以资源能源条件的限制，使建筑能耗在提高建筑舒适度水平的同时适度增长，不影响后代人具有同样的发展机会，实现当代人与未来各代人之间的公平。建筑能耗指标的社会公平中同代人之间的横向公平性，是指针对生活、居住水平差异，既要控制单位建筑面积能耗，还要同时适当控制人均能耗指标，采用建筑能耗指标体系来反映实际消耗能源的水平。此外，建筑节能能耗指标还要考虑人与自然界其他生物之间的公平性，由于能源消耗的环境影响，要建设生态文明的资源节约型和环境友好型社会，就要以资源环境承载力为基础，确定适度的建筑能耗指标，构建低碳排放的建筑技术体系，实现建筑节能的总体发展目标。

2. 能耗超标停止供暖与能耗超限额加价

2010年是实现"十一五"节能减排目标的最后一年，为实现"十一五"降耗20%的目标，2010年单位国内生产总值能耗还要下降5.2%的艰巨任务，导致全国范围内很多省市上演运动式的限产，河南林州的能耗超标停暖事件就是其中之一。自2011年1月5日起，为了完成节能减排任务，河南林州大面积停止供暖。林州市共有碧坤和力源两家热力公司，此前他们一直使用优创电厂提供的热源供暖，当林州市关停了优创电厂，但是作为替代热源的大唐林州公司热电机组项目，也受电煤倒挂影响没有投入使用。而林州市邻近河北，1月份属全年最冷时期，1月11日当地最低气温为－10℃。在这样的气候条件下，当个人或者企业无法获得集中供暖时，必然导致大量的个人供暖方式，如购买具有制热功能的空调，或者是购买电暖器取暖。这些分散或局部的取暖方式与大规模的集中供暖相比效率更低，而造成的能源浪费更大，导致停止供暖并没有真正达到节能减排的目的。根据这一事件，应用建筑节能的科学观，可以更清晰地认识国家或职能部门从事建筑节能管理应遵循的原则与方法。

1）因能耗超标而停止供暖，违背了建筑节能的基本原则和发展目标

建筑节能是以提升居住环境质量为前提，提供健康、舒适和高效的室内环境是开展建筑节能工作的基本要求。建筑节能管理的目标，就是要在有限的能源条件下改善人民群众的生活环境、增进人民健康，促进社会公平，采取有效措施保障建筑节能事业的健康发展。因此，作为节能减排重要内容的建筑节能，必须坚持以"民生为本"，才能得到公众的理解与支持，建筑节能的发展才有动力。

由于建筑节能的社会属性，在相当程度上存在市场失灵现象，需要政府主导，加强建筑节能的监督管理，但政府的节能管理也需要以建筑节能科学观为指导，避免"行政化"倾向。政府通过政策和制度引导，努力解决节能活动成本或投资的分摊问题，通过节能活动的外部效益内部化，可以弥补单一市场机制在建筑节能中的失灵，建筑节能事业才能稳步发展。

2）实施能耗超限额加价制度的影响

建筑节能监管体系包括能耗监测系统、能耗统计、能源审计、能效公示、能耗定额、超定额加价和节能量奖励等环节。政府通过管制手段"能耗定额"实现建筑用能公平性，"超定额加价"则是利用价格或税收等手段兼顾效率和公平。目前，超定额加价的实施条件还不成熟，公共建筑能耗定额水平标准还没有建立，能耗定额制度就难以有效实施。这是因为，建筑能耗定额本身难以客观，公共建筑能耗的影响因素众多，除了建筑固有的属性外，与建筑的功能、使用方式和运行管理水平都有密切关系，单位建筑面积能耗强度在$30 \sim 200 \mathrm{kW} \cdot \mathrm{h}/(\mathrm{m}^2 \cdot \mathrm{a})$之间，变化范围非常大。合理确定建筑能耗定额，需要科学地制定实施能耗定额制度预期要达到的目标、社会预期的承受能力，分解实现节能目标的阶段目标，权衡定额水平的公平与效率等[4]。单位面积建筑能耗或人均能耗指标可以用来计算建筑的能耗强度和能源消耗总量的规模，但还不能全面反映建筑的用能水平和能源系统效率，以及能源服务所产生的社会、经济价值。此外，客观上我国大部分地区公共建筑的能耗监测平台没有建成，缺乏历年建筑能耗统计的真实数据，个别建筑的能源审计还不能客观反映公共建筑能耗定额的共性问题，建筑能效标识的政策还没有有效执行，建筑能耗基准或基线还缺少相应的技术理论与实践支撑。

3）建筑节能考核指标不是建筑节能目标

近二十年来中国建筑节能政策法规和设计标准中普遍把节能率作为建筑节能考核指

标。2011 年 5 月 11 日，财政部、住房和城乡建设部联合发布《关于进一步推进公共建筑节能工作的通知》，首度明确"十二五"期间，争取实现公共建筑单位面积能耗下降 10%，其中大型公共建筑能耗降低 15%。这也是对建筑节能考核指标的规定，在实施过程中容易导致将节能考核指标混淆为建筑节能的目标，导致工程设计、施工和运行管理环节追求"数字节能"，出现"能耗超标停止供暖""拉闸限电"等现象。建筑节能目标的定位是一个系统工程，节能率只是评价体系中的一项重要量化考核指标，不是唯一的评价标准。任何片面追求节能率而忽略建筑节能基本目标，脱离社会、经济和环境具体条件影响的评价方法都容易导致错误的节能理念，影响建筑节能事业的健康发展[5]。其原因如下。

（1）从建筑能耗的现状上看，我国建筑节能目标之一是控制建筑能耗规模的适度增长，在建筑规模增大和城市化进程加快的社会经济条件下，使建筑能耗增长与社会经济发展相适应。

（2）从建筑节能的社会属性看，我国建筑节能要不断适应人民群众对居住环境质量不断提高的要求，通过建筑节能改善居住质量和水平，促进人人宜居的社会公平。

（3）从建筑节能的支撑环境上看，我国建筑节能工程管理制度尚未形成体系，工程实践还处于示范阶段，工程建设与管理水平还很落后，对工程实践的经验总结和理论研究尚处于初级阶段，建筑节能工程科学的理论体系还没有建立，建筑节能专门人才的培养还不能适应工程建设与创新的需要。

（4）从建筑节能产业的发展上看，建筑节能工程目标还要有利于建筑节能产业的健康发展。我国建筑节能产业发展滞后，尚未形成完整的产业体系，难以达到大幅度提升的节能标准；节能产品种类少，标准性差，并且多数节能产品质量难以在短期内得到根本的解决；建筑节能主要还是以行政手段推动为主，市场机制发挥的作用比较有限。我国建筑节能市场既缺乏有效的需求，又缺乏成规模的供给，存在着动力不足的问题。

综上所述，加强建筑节能科学管理，建设建筑节能监管体系，必须在通过用能价格改革，使建筑能耗的代价能正确反映资源的稀缺程度和使用的环境成本，在充分发挥市场机制中经济激励手段的同时，还需要加强建筑节能技术的基础理论研究和技术创新，培养一批建筑节能技术与工程的专门人才，从事建筑节能管理决策相关工作，才能实现建筑节能管理的长远目标。

3. 对空调温度立法的再认识

《公共建筑室内温度控制管理办法》第 3 条规定："公共建筑夏季室内温度不得低于 26℃，冬季室内温度不得高于 20℃。"该规定引发了对"空调温度立法是否科学？温度立法为什么难以执行？"等一系列问题的广泛讨论[6]。根据建筑节能科学观，空调温度立法的科学性应建立在建筑节能系统的整体性上。

1）建筑节能子系统的协同作用是空调温度立法实施的基础

建筑节能系统包括管理子系统、工程子系统、社会子系统、经济子系统和生态子系统，不同子系统之间相互影响、交叉作用形成的子子系统。空调温度立法中建筑室内设计参数限值对热舒适和节能有重要影响，其影响关系是客观的，这是技术系统的自然属性，即在其他条件相同时，通过提高夏季室内设定温度或降低冬季室内设定温度，可以不同程度地降低空调采暖能耗。但是，工程技术系统也具有社会属性，任何技术措施、技术策略和技术法律条文只有通过有效实施并被公众理解和支持才能发挥其价值，这就要求从工程管理、工程文化和工程经济等子系统综合分析，充分协调它们与技术系统之间的关系，保障温度立法相关技术措施的有效性和可操作性，得到公众的理解与支持，将强制规定转化为公众的自觉行动。

2）室内温度对热舒适与能耗的影响是非线性的

作为社会活动的建筑节能全过程都要遵循"以人为本"的基本原则，任何节能减排的措施都要以满足人的舒适、健康要求为前提的。人工环境下对人体热舒适的影响因素研究表明，采用不同的空调通风技术，室内空气温度和相对湿度可在较大范围内动态变化，使人体获得相近的热感觉。所以，室内空气设计参数与空调系统节能条件的判定需要结合实际工程具体分析。科学界定室内空气参数对空调系统能耗的影响，需要认清具体项目涉及的建筑气候、功能、空调系统方式、通风策略、冷热源条件、调控手段和实施主体及对象差异等要素，以及各要素之间的相互关系，才能制定出合理的技术策略[7~10]。对复杂问题要采取综合集成的方法，如单一采用行政管理的手段对建筑室内温度进行规定，忽视建筑使用过程中不同建筑环境的差异性、同一建筑环境下不同使用者个体需求的差异性，单一地采用室内环境温度指标来限制建筑用能，容易掩盖影响建筑能耗的主要矛盾和建筑运行过程中高能耗的主要问题，导致建筑节能管理手段简单化，最终导致行政法规形同虚设，不能有效实施。

所以，任何一项与建筑节能相关的制度、产品、技术或措施都有其适用条件，需要从建筑节能系统的社会性和自然性两个方面综合分析。室内空气参数对空调系统能耗的影响分析不能脱离建筑功能、服务水平和空调方式这些基本前提条件，而要充分考虑建筑节能系统各子系统之间的关联关系，才能把握室内舒适标准与节能关系的系统性和科学性。

4. 建筑保温隔热与建筑通风的协同

建筑保温隔热和建筑通风都是建筑节能技术系统的重要措施，其技术策略的选用需要遵循"技术适宜性"原则，体现建筑节能的地域性和自组织特征。

1）建筑保温隔热策略的适宜性

由于建筑围护结构传热系数的增加与冷热耗量的减少并不是线性关系，所以需要对建筑保温隔热体系进行综合考虑。付祥钊教授认为，"合理"的保温隔热指单位投资所减少的冷热耗量要显著，其合理性包含了经济合理、安全合理和地域合理三个层次，体现了适宜技术选择的三大原则。

（1）经济适宜性。房屋的隔热措施应结合房屋用途考虑，对于白天使用和日夜使用的建筑有不同的隔热要求。在建筑外围护结构中，隔热要求最高的是屋顶和西墙；夜间天空辐射散热最强的是屋顶，所以屋顶也是保温的重点。白天使用的民用建筑，如办公楼等要求衰减值大，延迟时间屋顶要有6小时左右，使内表面最高温度出现的时间是下午7点下班之后。对于被动式节能住宅，一般要求衰减值更大，延迟时间屋顶要有10小时，西墙要有8小时，使内表面最高散热量出现在半夜。对于间歇使用空调的居住或办公建筑，应保证外围护结构一定的热阻，外围护结构内侧宜采用轻质材料，既有利于空调房间的运行节能，也有利于室外温度降低、空调停止使用后房间的散热降温。

（2）社会适宜性。安全性是建筑人本性最基本的要求。以建筑门窗为例，门窗的隔热保温性能、空气渗透性能、雨水渗漏性能、抗风压性能和隔声性能是其主要的五个性能，其中前两个性能是直接影响建筑门窗节能效果的重要因素。在建筑节能上，门窗是围护结构中传热形成冷热负荷的薄弱环节，门窗又是建筑围护结构中功能要求最多的部件。人们对门窗的功能要求从简单的透光、挡风、挡雨到节能、舒适、安全、采光灵活等，在技术上加强保温隔热性能的同时，协调好门窗的安全性能，从提高门窗综合技术性能（包括它的经济性和安全性）的角度来选择适宜的窗户节能技术措施，实现门窗技术系统的整体节能性和安全性。

（3）气候适宜性。不同气候地区应采取相应的保温隔热措施，夏热冬暖的地区，主要考虑夏季的隔热，要求围护结构白天隔热好。夏热冬冷的地区，围护结构既要保证夏季隔热为主，又要兼顾冬天保温要求。夏季闷热的地区，即炎热而风小的地区，加大隔热能力和衰减倍数，保证延迟时间足够长。严寒、寒冷的地区，要求整个冬季漫长而持续的保温性。这表明不同气候地区建筑保温隔热技术策略不同。

2）建筑通风策略的适宜性

根据建筑通风目的不同，有热舒适通风和卫生通风。热舒适通风又以降温通风为主，降温通风是指当室外空气的温度低于室内空气的温度时，停止空调设备的运行，利用室外空气置换室内空气，属于节能通风的方式。建筑卫生通风分为空调房间的卫生通风和特殊房间（如厨房、卫生间）的卫生通风，是为了保证室内空气品质所要求的清洁和新鲜度。建筑通风方式对建筑能耗有重要影响，合理利用建筑通风可以有效地降低建筑运行能耗，改善建筑热环境质量。

热舒适通风根据建筑运行时间，包括间歇通风和过渡性季节通风等。不同时期的通风方式选择不同，体现了通风技术策略的地域性。以夏热冬冷地区为例，全天自然通风作为住宅夏季降温的手段在很长一段历史时期为建筑界和普通居民所采用。在社会经济发展水平和人民生活水平都很低的年代，住宅人员密度大，炊事清洗等热湿源及其他室内空气污染源和人混杂在一起；住宅围护结构热工性能差，遮阳隔热措施不力；室内散热量和通过围护结构传入室内的太阳辐射热，使室内气温即使在午后也超过室外；因而全天都需要引入室外空气排除室内热量。但随着建筑技术的发展与居住水平的提高，上述情况已经发生根本性变化：住宅内人员密度减少，城市人均居住面积已接近 30m²；厨房、卫生间和居室分开，炊事、清洗等室内热湿源得到控制，不再将热、湿量散发到居室内；围护结构热工性能得到改善，特别是窗口的遮阳隔热措施明显加强。这些变化使住宅白天特别是午后气温低于室外。白天进入室内的室外空气由排除室内热量变为向室内带入热量。因而，夏季应当采取间歇通风方式，即白天特别是午后室外气温高于室内时，限制通风，避免热风侵入，遏制室内气温上升，减少室内蓄热；在夜间和清晨室外气温下降、低于室内时强化通风，加快排除室内蓄热，降低室内气温。

可见，建筑通风系统应根据不同气候地区、不同功能和不同居住环境水平来确定，同时还要与建筑采光、空调系统和能源系统的设计相适应，从建筑通风设计基本原则上做到功能与形式的协调、自然通风与机械通风的协调、通风设计和通风运行环节的协调等。这体现了建筑节能技术策略的适宜性。

3）建筑保温隔热与建筑通风的协同

合理保温隔热与改善通风的关联密切，既要克服或削弱其相干性，又要强化其协同性，才能形成针对建筑基地的适宜技术体系。以间歇通风方式为例，由于屋顶隔热措施不力，造成顶层住宅室内过热，如同蒸笼，居住者感受到难忍的烘烤，这时应加强通风。但是，如果建筑屋顶热工性能好，如采用种植屋面、蓄水屋面等，顶层住宅白天关闭外门窗限制通风，室内最高气温可比室外低4℃，夜间再加强通风，采取间歇通风方式，可以有效改善建筑室内热环境。可见，采取间歇通风的重要前提条件是围护结构热工性能好。

再如，双层（或三层）围护结构是当今生态建筑中所普遍采用的一项先进技术，被誉为"可呼吸的皮肤"，它主要针对以往玻璃幕墙能耗高、室内空气质量差等问题利用双层（或三层）玻璃作为围护结构，玻璃之间留有一定宽度的通风道并配有可调节的百叶窗。这项技术既有效地将建筑通风和建筑保温隔热协调起来，又由于建筑围护结构整体性能改善与玻璃幕墙的其他功能如光环境、声环境和视觉空间感等协调一致，表现了建筑节能技术体系中任何一项新技术应该具有的协同特性，同时体现了强化技术措施的协同性对技术集成与创新的重要性。

7.3　典型示范工程中建筑节能工程思维的综合实践

本节以深圳建科大楼为例，结合前文关于建筑节能科学观研究的成果，从工程思维角度对该案例进行分析。

1. 基地概况

深圳建科大楼地处深圳市福田区梅坳三路，占地面积 $3000m^2$，总建筑面积 $18170m^2$，地下 2 层，地上 12 层，于 2009 年 4 月竣工投入使用，并于同年获得国家绿色建筑设计评价标识三星级及建筑能效标识三星级。建筑功能包括实验、研发、办公、学术交流、地下停车、休闲及生活辅助设施等。建筑设计采用功能立体叠加的方式，将各功能块根据性质、空间需求和流线组织，分别安排在不同的竖向空间体块中，附以针对不同需求的建筑外围护构造，从而形成由内而外自然生成的独特建筑形态。[11~12]

资料分析表明，该实践案例成功的主要基础是在建筑节能规划、设计、建造和使用过程中践行建筑节能工程观，将绿色建筑理念融入工程实践的全过程，充分利用建筑节能技术的系统特性，通过适宜技术策略的整体优化与集成实现了建筑运行节能高效和建成环境绿色与低碳。

2. 建筑节能工程多元价值的实践分析

建科大楼从规划设计、建造到运营使用的整个过程中，通过新技术与适宜技术的集成创新，体现了从建筑节能工程理念到绿色建筑理念的跨越，实现了工程的多元价值目标。

1）主体全过程参与，体现建筑节能工程的人本价值

建筑设计过程是共享参与权的过程，设计的全过程体现了权利和资源的共享，关系人共同参与设计。建科大楼作为一个有机的生命系统，绿色建筑本身也是作为社会的建筑，其社会性在建筑细部设计、功能分区等方面将人与自然共享、人与人共享和生活工作共享平台得以充分实现。通过与城市公共空间融合的建筑形态和开放的展示流线，以积极的态度向每一个前来的市民展示绿色、生态、节能技术的应用和实时运行情况，以更直观、"可触摸"的方式普及宣传绿色建筑，使绿色、生态、可持续发展理念和绿色生活方式深入人心。建科大楼的设计也遵循着人与自然共享的目标，在一个只有 $3000m^2$ 用地的高密度的办公楼里，营造了远远超过 $3000m^2$ 的"花园"，回馈给自然和工作在这里的人们；公共交流面积达到 40% 左右，层层设置的茶水间，成为大楼空中庭院的一部分；通过"凹"字形平面设计将南北两部分的办公空间通过中央走廊联系起来，集中形成宽大的空中庭园；除了办公空间，大楼里分布着各种"非办公"的功能和场所，有屋顶菜地、有周末电影院、咖啡间、公寓、卡拉 OK 厅、健身房、按摩保健房、爬楼梯的"登山道"、员工墙、心理室等，成为大楼员工共同创造事业与共享生活的场所。

从建科大楼绿色人文理念的实践中可以看出，以人为本作为其核心的价值理念，通过建筑设计实现了人与自然的有机统一，认为自然界是一切价值的源泉，人是地球生态大家庭中的普通成员，通过绿色建筑技术将人、建筑与自然社会的关系协调起来，将节约资源、保护环境和以人为本有机结合在一起，通过环境友好展示出来。

2）多元技术的优化集成体现建筑节能工程的技术创新价值

从设计到建设，建科大楼采用了一系列适宜技术共有40多项（其中被动、低成本和管理技术占68%左右），每一项技术都是建科大楼这一整合运用平台上"血肉相连"的一部分。它们并非机械地对应于绿色建筑的某单项指标，而是在机理上响应绿色建筑的总体诉求，是在节能、节地、节水、节材诸环节进行整体考虑并能够满足人们舒适健康需求的综合性措施。从方案创作开始，整个过程都定量验证，并大量应用新的设计技术，利用计算机对能耗、通风、采光、噪声、太阳能等进行模拟分析。楼体的竖向布局与功能相关联，材料、通风、自然采光、外墙构造、立面及开窗形式等各方各面的确立也都经过优化组合。在节能设计上，通过采用节能外围护结构、绿色照明降低空调冷负荷需求，并针对不同楼层采取四种节能空调系统，充分利用热回收、新风可调和变频技术提高空调系统能效，并加大可再生能源利用，强化能源管理等技术手段等，使不同节能措施充分协调优化，形成建筑能源系统的整体高效低耗。

在技术集成过程中，既有传统技术的继承，也有新技术的吸纳；既有规划设计节能技术，也有运行管理节能技术；既考虑了工程技术的自然地域适宜特性，又充分体现了工程技术的社会经济和文化方面的社会地域适宜性；既充分发挥了规划设计师、建造师、设备师等专业技术人员的智慧，又体现了公众参与工程设计过程、公众共享建成环境的技术社会价值。

3）建成环境的节能低碳体现建筑节能工程的生态价值

大楼节能技术体系主要包括：节能围护结构＋空调系统＋低功率密度照明系统＋新风热回收＋CO_2控制＋自然通风＋规模化可再生能源，其建筑设计总能耗为国家批准或备案的节能标准规定值的75.3%。建科大楼作为全面资源节约型建筑，遵循生态学法则，最大限度地减少不可再生能源、土地、水和材料的消耗，追求最小的生态和资源代价。充分利用自然资源，发挥了自然通风与自然采光的环境效益。根据室外风场规律，进行窗墙比控制，然后研究各个不同立面采用不同的外窗形式（平开、上悬、中悬窗等），结合采用遮阳反光板；同时外窗朝向和形式考虑外部噪声影响。在建筑平面上，采用大空间和多通风面设计，实现室内舒适通风环境，开窗的各种功能需求自然地确定出大楼的建筑外围护构造选型，即由功能需求决定形式。

通过建筑生态设计，以资源能源环境指标为依据，考虑建筑整体的生命周期过程负面影响，将建筑与生态环境相协调，发挥工程师的专业智慧，在工程受益者的需求与环境承载力之间、经济效益与环境成本之间、环境现状与环境优化之间进行权衡判断，为大楼的生态环境优化探索了一条出路。

4）基地建成环境体现建筑节能工程的经济价值

建科大楼以本土、低成本绿色技术集成平台为指导探索共享设计理念，做到绿色建筑三星级和LEED金级要求，工程单价约为4200元/m²；经测算分析，每年可减少运行费用约 150 万元，其中相对常规建筑节约电费 145 万元，建筑节水率 43.8%，节约水费 5.4 万元；节约标煤 600 吨，每年可减排 CO_2 1600 吨。2009 年 7 月—2010 年 1 月期间的实际运行结果表明：大楼节能效果显著，与典型办公建筑分项能耗水平相比，空调能耗比同类建筑低约 63%，照明能耗比典型同类建筑低约 71%，常规电能消耗比典型同类建筑低 66%；近 90% 员工对大楼办公环境的舒适性感到满意，工作效率大大提高。实测研究表明，除已经取得的节能效果外，通过系统能效诊断分析，大楼还有节能潜力。[13]

作为绿色节能建筑的建科大楼，其工程的经济价值充分体现在：建筑工程的最终价值接受主体是员工群体，体现的工程经济价值表现为员工对建成环境的满意程度；工程投资者作为建筑主体，其获得的经济价值通过节能减排量的经济效益和投资收益体现出来；对规划和管理部门，其经济价值通过大楼对其他公共建筑节能示范的长期、潜在的影响体现出来。

此外，无论 CO_2 减排是否能够实现市场交易，绿色建筑项目都具有一定的环境价值，但是如果能够将 CO_2 的减排价值内在化，从财务评价的角度去考虑的话，把 CO_2 的减排价值通过碳排放交易机制作为绿色建筑项目的收益，能够真正体现绿色建筑在低碳背景下的实际收益情况。

3. 建筑节能工程适宜技术的实践分析

1）建筑节能技术的多元化集成

建筑规划设计节能，充分考虑了基地的自然地域性降低建筑能源需求。深圳属亚热带海洋性气候，夏热冬暖。基地三面环山，周围建筑密度低。建筑规划充分利用场地环境特点和自然气候条件，建筑设计风格定位为开放型。例如，报告厅外墙设计为可开启型，六层设计为架空花园式交流活动平台，各层公共交流空间、茶水间以及楼梯间均设计为开敞式，采用太阳能花架建造成半露天的屋顶花园等，由于大量开敞空间设计使大楼空调区域面积比一般建筑大幅度降低，减少了照明能耗；良好的空气品质和视野可以减少人们对电梯的依赖，减少了电梯运行能耗。

建筑通风与采光技术选用符合"被动优先、主动补充"的原则，实现了自然通风、自然采光与遮阳一体化协同的整体效益。报告厅可开启外墙既具有自然采光功能，还能与开敞楼梯间形成良好的穿堂风，在天气适宜的条件下可以充分利用室外新风作为自然冷源。地下车库利用光导管和玻璃采光井获得良好的自然采光，降低照明电耗量。建筑 7～12 层凹字形平面设计，采用连续条形窗户，窗户上安装设置具有遮阳和反光双重作用的遮阳反光板，同时采用浅色天花板，为办公空间奠定了自然通风与自然采光的基础，基本能满足晴天及阴天条件下的办公照明需求。大楼节能设计实现了尽量减少主要空间的太阳辐射得热，从而减少空调冷负荷的目标。例如，将楼梯间、电梯、卫生间等非主要房间布置于大楼西部，除北向以外的外窗采用中空 Low－E 玻璃自遮阳，南区办公空间西侧采用通风遮阳式光电幕墙等措施，使围护结构体系整体与通风、采光与遮阳等功能要求相协调，从设计阶段充分利用各种被动节能技术，减少主动节能措施的压力。

2）信息化与专业化是建筑节能技术创新的保证

通过建筑节能管理实践实现节能规划设计、节能施工调试的节能减排量。大楼运行采用了模拟预测、信息监控等绿色建筑运行方式，倡导绿色生活理念，具体包括：仅当室外气温高于28℃时，才开启集中冷却水系统，各楼层主机及末端设备由使用人员按需开启；根据自然采光效果变化确定开放照明灯具等。控制系统的灵活性和管理方式的人性化使建筑使用者行为节能成为可能。

该建筑基地实现了可再生能源利用与空调系统方式的多层次技术协同作用，践行了低成本、本土能耗的适宜技术原则。大楼综合了太阳能光热和光电利用技术，减少了对常规电力的需求；通过被动技术使空调负荷降到最低、空调时间减到最短后，为满足最热天气的热舒适要求，空调系统主机采用可灵活控制的分散水环式冷水机组＋集中冷却水系统，空调末端采用溶液除湿新风系统＋干式风机盘管或冷辐射吊顶。将多种能源系统与不同空调系统集成优化设计，针对不同楼层建筑功能需求，将设备、能源与建筑充分配合，发挥技术子系统各要素的协同特性，强化并发挥了节能技术系统的整体效益。

案例研究表明，建筑节能是一个复杂的动态系统，从规划设计、施工调试到运行管理不同阶段，将不同建筑节能技术进行优化集成，充分发挥各要素之间的协同作用，克服或转化各要素之间的相干作用，实现建筑节能技术系统的整体目标和效能，是将建筑节能科学观应用于工程实践的创新成果。

7.4 面向建筑节能产业人才需求的工程思维培养

1. 建筑节能产业发展对人才的需求

人类面临的能源环境形势对建筑节能学科产生了强烈的市场需求。国家节能减排的目标，促使国家和各省市的建筑科学研究院急需创建本学科的研究队伍，而大多数单位人才还是缺口。国家和各级政府行政事业机构的管理层面也急需补充该学科高层系人才；国家建筑节能条例拓开了建筑节能市场，建筑节能公司如雨后春笋，需要高层次人才（硕士、博士）运作管理，或硕、博人才在节能减排领域创业。新能源在人工环境中的应用、二氧化碳减排的国际交流与合作、碳交易、低碳经济等都需要高层次专门人才。目前在大学本科、硕士、博士就业普遍困难的情况下，建筑节能专门人才却供不应求。

建筑节能专业教育是建立在建筑节能学科与建筑节能职业基础之上的，建筑节能学科是相对稳定的，而社会对建筑节能职业的要求则是动态变化的。

首先，社会对建筑不同阶段的建筑节能职业的要求是不同的，其主要不同体现在知识结构上：规划设计阶段的建筑节能职业的知识结构是以规划师、设计师为主体，以建筑节能设计的知识为客体；而建造调试运行阶段的建筑节能职业的知识结构是以能源师、设备工程师为主体，以节能安装、调试和运行控制的知识为客体。

其次，社会对不同层次建筑节能职业所要求的知识结构也是不同的：低层次的建筑节能职业要求具有一些建筑节能工程专业知识和检测操作技能；较高层次的建筑节能职业则要求具有更多的建筑节能工程技术设计和能效诊断分析能力；而高层次的建筑节能职业要求具有建筑节能工程、技术专业研究能力与建筑节能学科带头研究的能力。

最后，同一建筑节能职业在不同社会经济发展阶段，时代所赋予它的历史使命是不同的，随着社会的发展，社会对原有的建筑节能职业要求则越来越高了。因而，必须用发展的眼光来看建筑节能职业，并将建筑节能专业建设放在发展变化的建筑节能职业基础之上，以满足建筑可持续发展对建筑节能职业的要求，努力创新建筑节能专业教育，或增设建筑节能相关的专业方向，并及时调整专业教育内容，以适应新的建筑节能产业发展的需要。

建筑节能学科与专业在建筑可持续发展过程中相互支撑与促进，通过建筑节能专业教育培养建筑节能专门人才，满足社会对建筑节能专业技术职业人才的需求，这是建筑节能学科发展的根本所在。我国《公共机构节能条例》第二十五条规定，公共机构应当设置能源管理岗位，实行能源管理岗位责任制；重点用能系统、设备的操作岗位应当配备专业技术人员。这是国家首次在行政法规中明确了建筑节能技术人才的能源管理岗位。国内现有的建筑节能技术人员大部分都是原有的建筑从业人员通过实践和自学的方式获得节能知识，知识缺乏完整性和系统性。由各行业协会牵头，为了解决燃眉之急，开展了一些节能短期培训，如针对照明行业开设的 LED 路灯散热及二次光学设计培训班；或者由大学和地方政府联手，对专业人士进行对口集训，输送节能管理人才，如上海市就率先把包括建筑业在内的多个行业的节能人才的培训纳入全市技术人员继续教育的范畴，2008 年 9 月启动以来已开班 7 期，培训数百人。但是这类短期培训的知识体系也主要是针对解决已经出现的问题和矛盾，对节能知识不具有前瞻性，知识体系不完备，加上培训时间短，培训效果并不理想，难以满足建筑节能产业发展对人才的要求[14]。所以，培养建筑节能工程技术专业人才，是建筑节能事业发展的迫切需求。

2. 建筑节能专门人才的工程思维培养

建筑节能学科是把多学科的理论和方法综合起来对建筑节能领域进行系统研究的科学，是在应对社会经济可持续发展面临的迫切需要解决的建筑能源环境相关社会问题和技术问题过程中产生并发展的综合性学科。

综合性是建筑节能学科作为交叉科学最根本的特性，需要采用跨学科的系统科学、思维科学的研究方法。建筑节能工程思维的综合性具体体现在以下三个方面的统一性。

1）学科知识自然性与社会性的统一

建筑节能学科的自然性（或客观性）表现在对建筑外自然环境状况的适应和建筑内环境

营造过程中，对能源、材料、气候条件及变化规律等综合分析知识的物质性，具有实在性、确定性，不以人的意志为转移。建筑节能作为社会活动，本身是一项庞大的社会系统工程，因此建筑节能学科具有显著的社会属性。建筑节能学科的社会性是从认识和发展建筑节能科学、从事建筑节能实践的主体角度表明人有目的从事建筑节能活动，受到主体知识、能力、经验和素质等的影响，形成特定的建筑节能目标群。人在建筑节能活动中既是主体要素，又是客体要素，反映了建筑节能不仅是工程活动，而是作为一项社会实践活动的本质特征。因而，建筑节能学科知识也具有自然科学与社会科学的双重属性。

2）学科知识真理性和价值性的统一

求真是科学的本质，评价科学价值的首要标准是真理性。作为一门科学的建筑节能，其真理性体现在建筑节能发展规律的客观性，由建筑作为一个系统与外部自然生态社会环境相互作用表现出来的性质、关系和状态的客观性确定，进而使建筑节能系统表现为客观性、时空性、多层次性等特征。建筑节能科学知识的真理性既要体现对建筑节能规律的真实反映，能在工程实践中获得证明，又要在本身知识体系上逻辑严密、结论可靠，在认识建筑节能上有较高的价值。建筑节能科学的价值性表现在与社会作用中的社会价值或社会功能，其价值属性表现为建筑节能科学活动的社会价值和建筑节能科学知识的使用价值两个方面。建筑节能具有明确的社会目的性，在降低建筑能耗、提高建筑能源利用效率的同时，还担负着改善建筑环境质量的使命；建筑节能科学活动创造的知识成果可以渗透到建筑相关的活动领域，作为劳动要素的重要内容帮助其创造价值，在建筑节能工程实践中转化为直接的生产力。随着人类认识能力的不断提高，建筑节能学科内容的真理性不断充实，其价值性的发挥也更加突出。因而，建筑节能学科真理性和价值性的统一，是建筑节能科学知识作为建筑节能实践中直接生产力的重要保证。

3）学科知识普遍性和地域性的统一

建筑节能学科是关于建筑节能发展规律的基本认识，具有普遍性。而建筑本身的地域特征必然要求在不同地域条件和环境下，有与其相适应的建筑节能学科形式表达。建筑节能学科知识的地域性内容是区别于其他综合性学科的显著特征之一。建筑节能学科的普遍性是基石，地域性是具体条件下发展的产物，也是建筑节能学科客观性、真理性一般规律和个别规律相结合的综合要求。比如，建筑节能的气候适应性原理是建筑节能科学的一般规律，是建筑节能实践的普遍要求，而具体地域条件下，建筑如何与气候相适应，其科学表达就具有显著的地域特征，表现为不同的技术形式。

3. 高校建筑节能工程技术专业人才知识体系的构建

建筑节能工程教育的目标是培养未来建筑节能岗位需要的绿色能源工程师，具有工程教育的显著特征，应以建筑节能产业发展形成的人才市场需求为导向，作为建筑节能专门人才培养的定位。

建筑节能专业教育涉及人工环境营造过程的能源供应、输配、转换与利用环节，也就是建筑能源服务相关的整个系统。尽管涉及很多工程领域，但建筑节能的基本目标都是在营造人工环境，实现合理有效的用能。建筑节能工程教育内容包含了建筑系统空间不同功能子系统在建筑节能寿命周期不同阶段的知识集成，相互之间交叉影响、互相融合，形成复杂的知识体系。针对具体的工程问题，比如：①为了满足建筑可持续发展，到底需要什么样的建筑节能目标？如何制定建筑节能发展战略？②建筑围护结构体系以及外部环境如何影响建筑能耗？③怎样通过机械的或被动的建筑设备系统，在营造出各种需求的室内物理环境的同时提高建筑能源利用效率和服务水平？④怎样充分依靠各种自然条件和可再生能源，尽可能消耗最少的化石能源来营造各种所需求的室内环境？⑤采用何种手段实现营造各种室内人工环境的相关设备、系统的节能运行与管理？

建筑节能工程教育主要教学内容如下。

（1）新建建筑节能设计与既有建筑节能改造。具体包括：建筑节能规划设计；新建建筑能耗模拟与评价；建筑节能施工安装；建筑系统节能调试技术；建筑能效标识；建筑能耗调查；建筑设备系统运行管理；建筑能源审计、建筑能效测评与判定，既有建筑节能改造设计与施工等。

（2）营造人工环境的能源供应系统。具体包括：人工环境的物质和能源输配与保障技术；人工环境对空气、水和能源的输送和分配要求；输送和分配空气、水和能源的设置与排放的可持续方式；空气、水、能源的高效利用；为了满足各种人工环境营造系统所要求的能源输配和转换系统、可再生能源系统。例如热力输配系统、燃气输配系统、热电联产、热电冷三联供、分布式能源、新能源在人工环境中的应用，各类太阳能热利用系统、自然冷热资源的采集与利用系统等。

（3）建筑节能与人居环境建设。具体包括：建筑节能与居住方式；公众参与与行为节能；建筑节能效益评价；建筑节能与可持续发展等。建筑节能技术经济包括建筑节能技术体系、建筑节能管理、建筑节能评价体系、建筑节能产业发展等。

（4）建筑节能管理制度建设。具体包括：建筑节能条例；建筑节能设计标准；建筑节能技术规范；建筑节能工程验收规范；建筑节能具体技术及产品规程以及各级政府制定的相关规定等。

建筑节能工程教育可以针对不同阶段不同空间维度的建筑节能开展，将建筑节能工程系统和技术系统的一般原则、方法与具体工程项目相结合，通过传授建筑节能科学理论与原理方法，培养学生认识问题、分析问题、解决问题的能力。如图 7.2 所示，从教育目标、内容和要求上，建筑节能教育体系纵向分为四个层次：建筑节能科学、建筑节能学科、建筑节能专业到建筑节能职业。不同层次之间相互关联，形成一个庞大的建筑节能教育体系。

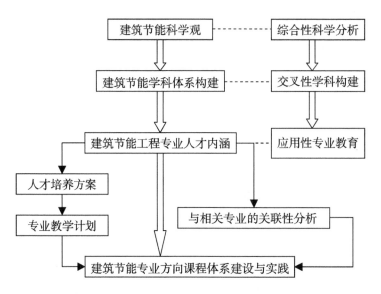

图7.2　建筑节能工程技术人才培养方案体系

从学科知识结构层次上看，可分为建筑节能基础科学、建筑节能技术科学、建筑节能工程科学和建筑节能产业科学四个板块，每个板块都有相应的理论与实践技术，从而构建了建筑节能教育的丰富内容，是一个系统庞大、体系完整的知识链。建筑节能学科体系的结构，如图7.3所示。

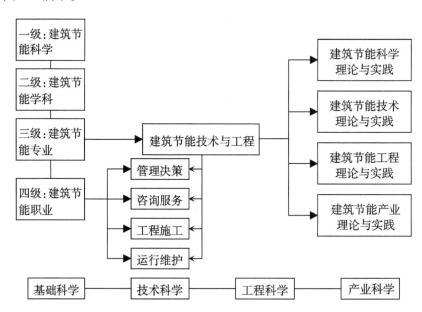

图7.3　建筑节能学科专业人才培养体系的结构

建筑节能学科的理论性强调建筑节能科学观对建筑节能活动的指导，体现科学研究的基础价值。建筑节能学科的实践性强调建筑节能作为社会实践活动，需要将科学理论与方法与具体环境条件下的工程实践相结合，才能实现建筑节能的多重目标与多元价值。理论性和实践性的统一是建筑节能科学体系完整性的必然要求。用建筑节能科学观指导建筑节能实践活动，并在实践中接受检验，从而促进建筑节能学科的可持续发展。

4. 高校建筑节能工程技术专业人才的工程思维培养

从建筑节能科学的属性上看，基础科学要研究建筑能耗形成、建筑节能发展变化的基本规律，是形成建筑节能学科体系的基石，这就决定了建筑节能学科必然具有基础科学的特征。技术科学是建筑节能基础科学和建筑节能工程科学之间的桥梁，是研究建筑节能通用性的一般技术理论的科学，这就决定了建筑节能学科具有技术科学的一般特征。工程科学和产业科学把建筑节能基础科学和建筑节能技术科学应用到建筑节能实践的全过程，具有显著的实践性，这就决定了建筑节能学科同时又具有工程科学和产业科学的特征。可见，建筑节能学科体系中包含了建筑节能基础科学、技术科学、工程科学和产业科学的系统知识，每个层次都包含相应的技术内容。基础科学中包含与基础科学理论对应的建筑节能实验技术；技术科学中包含与技术科学理论对应的建筑节能专业技术；工程科学中包含着与工程科学理论对应的建筑节能工程技术，体现了建筑节能技术与科学相互包容、一体化发展的特征。这表明建筑节能学科知识体系的综合性特征。

建筑节能技术与工程专业化教育是建筑节能职业化的前提，为了满足建筑节能管理决策、咨询服务、工程施工和运行维护岗位对建筑节能工程人才的需求，需要结合建筑节能工程的特性和发展规律，探索构建建筑节能工程教育的学科知识体系及人才培养途径。通过开展工程教育实践，促进专业理论知识的工程化，既要提升教师的工程教育能力，又要了解企业对工程师能力和素质培养的需求，通过校企合作，建立高水平的工程训练中心和实践教学基地。工程教育观强调工程哲学修养，核心是工程系统观，是工程思维的思想基础。工程思维引领工程教育，是工程教育主体应当具备的思维方式，是工程师素质的基本要求。项目是工程的单元，是工程师的职业舞台，是工程化知识应用和创新实践的平台。工程本身的属性表现为项目建造的整体性、复杂性，要求运用工程系统观来分析工程问题，从工程经济、工程文化、工程社会、工程技术、工程伦理、工程管理和工程自然等不同维度进行综合决策，实现工程目标和价值。图 7.4 所示是开展工程教育，培养工程思维能力的认识基础，即工程教育的思维结构。

学科属于科学学范畴，专业属于教育学范畴，职业则属于社会学范畴。建筑节能学科不同于建筑节能专业，但它们之间有着内在的逻辑关系：建筑节能学科是建筑节能专业的基础，离开了建筑节能学科知识体系，建筑节能专业的存在就受到合理性危机。建筑节能学科建设为建筑节能专业建设提供高水平的师资队伍、教学与研究的基地、学科发展最新成果的课程教学内容等。建筑节能专业则是对建筑节能学科的选择与组织，它并不是将所有的建筑节能学科知识纳入自己的教学范畴，而是对它们进行选择，使其中的一些学科知识进入教学领域，把它们编制成课程。不同课程之间的排列组合便构成不同的专业。

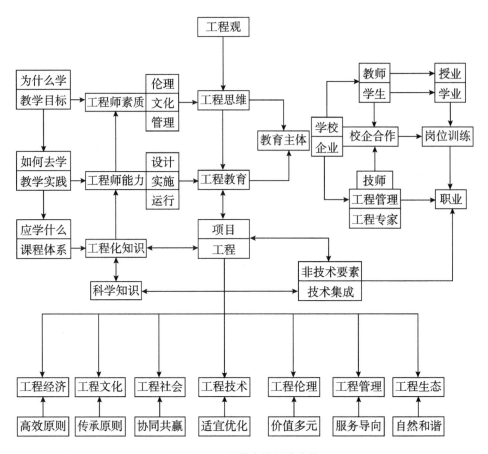

图7.4　工程教育的思维结构

建筑节能学科是建筑节能专业发展的基础，建筑节能专业为建筑节能学科承担人才培养的基地，是建筑节能学科的应用。建筑节能专业的发展离不开建筑节能学科的发展，建筑节能专业可以看作是建筑节能学科知识根据一定要求进行组织，有一定的交叉性。建筑节能学科与建筑节能专业都有人才培养的功能，都与一定的建筑节能知识相联系，都以一定的组织结构为依据，都是师生活动的主要领域。对高等学校来说，建筑节能学科与建筑节能专业同等重要，建筑节能学科与建筑节能专业的水平决定了建筑节能科技人才培养的水平。

本　章　小　结

应用建筑节能科学观对当前建筑节能领域存在的典型事例进行分析，从建筑节能科学认识的不同角度，分析了建筑节能工程实践中的典型问题：针对建筑能耗指标剖析，表明建筑能耗指标的制定需要从科学性和公平性两个方面来保证其合理性；通过对空调温度立法的剖析，表明任何建筑节能技术政策或措施都有一定的适用条件，需要体现建筑节能自然和社会的双重属性，才能确保建筑节能技术政策或措施执行的有效性；通过对能耗超标停止供暖与能耗超定额加价的合理性的分析，揭示建筑节能管理应遵循的科学方法与原则；对建筑保温隔热与建筑通风的系统性分析，揭示建筑节能技术集成过程中要充分认识建筑节能发展机制，进而通过协同强化和相干转化等途径来实现建筑节能系统的整体优化等。

本章还通过对深圳建科大楼典型工程案例解读，用本文建立的建筑节能的科学认识理论和工程思维进行分析，从建筑节能工程多元价值体系及其适宜技术的发展特性角度进行总结，表明用建筑节能科学观指导工程实践的重要意义。

基于建筑节能工程实践中人才需求，从工程思维培养角度建立了建筑节能工程技术人才培养的知识体系和能力结构，建立了建筑节能工程教育中工程思维培养的方法和路径，可作为高等学校工程人才培养方案制定的理论依据。

本章主要参考文献

[1] 衡孝庆，魏星梅. 工程思维研究的现状与展望[J]. 科学决策，2009(7)：90-94.

[2] 赵美岚. 工程思维探析[D]. 南昌大学硕士论文，2006.

[3] 清华大学-太古地产，建筑节能与可持续发展联合研究中心. 建筑节能常见问题分析[M]. 北京：中国建筑工业出版社，2015：3-5.

[4] 周智勇，付祥钊，刘俊跃，等. 基于统计数据编制的公共建筑能耗定额[J]. 煤气与热力，2009，29(12)：14-17.

[5] 龙惟定. 试论建筑节能的科学发展观[J]. 建筑科学，2007(2)：15-21.

[6] 殷平. 空调节能技术和措施的辨识(1)："26℃空调节能行动"的误解[J]. 暖通空调，2009，39(2)：57-63，112.

[7] Yao R. Li B, Liu J. A theoretical adaptive model of thermal comfortadaptive predicted mean vote (aPMV)[J]. Building and Environment, 2009, 44(10): 2089-2096.

[8] Zhang G, Zheng C, Yang W, et a1. Thermal comfort investigation of naturally ventilated classrooms in a subtropical region[J]. Indoor and Built Environment, 2007, 6(2): 148-158.

[9] Han J, Yang W, Zhou J, et aL A comparative analysis of urban and rural residential thermal comfort under natural ventilation environment [J]. Energy and Buildings, 2009, 41(2): 139-145.

[10] Andersen R V, Tofturn J, Andersen K K, et aL. Survey of occupant behaviour and control of indoor environment in Danish dwellings [J]. Energy and Buildings, 2009. 41(1): 11-16.

[11] 袁小宜，叶青，刘宗源，等. 实践平民化的绿色建筑——深圳建科大楼设计[J]. 建筑学报，2010(1)：14-19.

[12] 叶青. 绿色建筑共享——深圳建科大楼核心设计理念[J]. 建设科技，2009(8)：66-70.

[13] 清华大学建筑节能研究中心. 中国建筑节能年度发展研究报告(2010)[M]. 北京：中国建筑工业出版社，2010.

[14] 王军，吴雯雯. 建筑节能人才培养方案研究[J]. 中国水运，2009(9)：117-118.

第8章 建筑节能的可持续发展

当代著名的美国生态建筑师威廉·麦唐纳(William McDonough)说:"如果我们理解设计是人类意图的展现,如果我们创造事物是为了使养育我们的土地更为圣洁和荣耀,那么我们制造的东西,必须也只能从地上产生,再回到地下去。土归土,水归水,没有伤害到任何生灵。地球给予我们的万物也能自由地归复于地球。这就是生态,这就是好的设计。"生命万物的繁衍促进着生态系统的繁荣和持续演进,生态系统的各种规律对建筑的生态化都有重要的提示和引导作用,如食物链规律,物质循环规律,生态系统的能量流动和转化规律,生命系统的环境适应性原则、趋异原则和多样性原则等。本章基于绿色发展理念,从历史观和自然观维度分析建筑与环境的关系,探索建筑节能的发展轨迹,主要内容框架如图8.1所示。

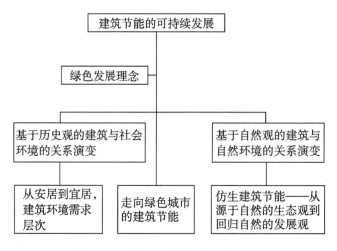

图8.1　建筑绿色化发展的内容框架

龙惟定教授[1]指出,建筑节能步入2.0时代,其最典型的特征就是:在经济新常态和城镇化新形势下,建筑能效提升的重点在于以人为本、技术的综合利用、能耗总量和强度的双控、可再生能源和能源互联网等新技术的利用,并把绿色与节能理念融入建筑规划、设计、建造、运行和改造的全过程之中。建筑节能工作的开展需要放在特定的历史时期,与社会发展和社会需求相适应。建筑节能发展的根本目的,就是在人居环境的升级和迭代过程中更好地促进建筑与环境的关系,服务于人的需求。

8.1　基于历史观的建筑节能发展

1. 建筑－人－环境关系

从"建筑－人－环境"的关系分析入手，建筑是建立在人与环境的关系基础上，由人建造并为人服务的。建筑既是人类适应环境的结果，也是人类发展自身的必然要求。建筑与环境的关系决定了人的自然需求满足程度，也制约着人的社会功能拓展。建筑与人的关系是人与环境关系的核心内容，是人们根据环境的约束建成环境，是建筑文化的表达。建筑节能的发展，正是基于"建筑－人－环境"关系，有其内在演变机制，是建筑业发展的必然。

人类的出现，在自然的环境中产生了社会环境，人类的活动促使社会环境中产生了建筑环境，而受自然环境制约。从这个意义上说，建筑环境是社会环境的组成部分，是最核心的、决定性的组成部分。建筑－人－环境的关系如图 8.2 所示。

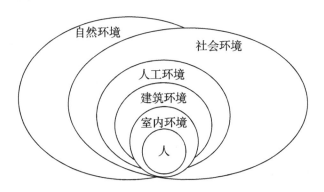

图 8.2　建筑－人－环境的关系

室内环境以满足人的需求为目的，是相对于建筑室外环境而言的。建筑环境是人工环境的一部分，由人建造而形成。社会环境是人的各种社会活动和社会关系的综合，与人的活动密切联系。而自然环境是相对于社会环境和人工环境而言的，即是人类生理循环的归属，也是人类心理发展的追求。人融入环境，人与环境的协调就包含了以下四个层次的关系。

（1）室内环境是满足人的安全、健康、舒适和高效生活与生产的保障，以人为本的原则就是要求基于人的发展产生的合理需求的满足。

（2）建筑环境或人工环境，是通过建筑内外环境的合理调控来为人类活动提供适宜的空间，拓展了人类适应社会和自然环境的能力，适应不同时期人类发展的需求。

（3）社会环境则充分考虑人的社会属性，是由人类活动而产生的各种关系，把社会经济、文化、法律、道德等要素融合，规制人类活动，形成特定时期的规范和准则。

（4）自然环境则提供了建筑与人发展关系的回归，是人工环境演变的内在机制，体现在进化过程中的共生关系。

2. 建筑环境从安居到宜居的发展

建筑起源于人的安全需求。自从有了人类，当天然洞穴不能满足日益增加的人口所需的遮风避雨、防止野兽侵袭的时候，人们用树枝、石块搭建棚穴，房屋建筑就应运而生，经过几千年的不断发展，建造形式日新月异。人类的建筑活动，从穴居、巢居到现代的摩天大楼，经历了漫长的发展历程。从对外部风险的防范，到对内部风险的规避。人们的日常生活都与建筑环境密不可分，大街小巷，高楼林立，都是形形色色的房屋建筑。

从外部看，即从建造者、工程发展角度，建筑与环境的关系经历了三个阶段：改造环境→利用环境→适应环境。而从建筑到城市的演变过程看，正经历着从单体建筑到建筑群，再到城市环境的空间延伸。作为基地的单体建筑，其外部环境和空间的叠加，从而生成社会、经济、地理、人文的城市空间环境，从物理尺度的延伸到社会关系的复合，进而演化出建筑领域新的科学、工程与技术相关问题。从室内环境营造角度划分，建筑发展历史经历了从被动适应到主动调节，再到被动设计基础上的主动适应性调节，体现发展理念的转变。从内部看，居住者、用户需求满足经历了三个阶段：庇护所→安居→宜居。

安居工程是我国于 1995 年 1 月开始施行的一项保障性住房政策，但自 1998 年全面施行住房改革后，这一政策逐步被经济适用房政策所取代。安居工程是指由政府负责组织建设，以实际成本价向城市的中低收入住房困难户提供的具有社会保障性质的住宅建设示范工程。该项政策计划自 1995—2000 年，建设总规划面积 1.5 亿平方米的"安居房"，当年暂定建设 1250 万平方米，约需 125 亿元。国家安居工程住房直接以成本价向中低收入家庭出售，并优先出售给无房户、危房户和住房困难户，在同等条件下优先出售给离退休职工、教师中的住房困难户，不售给高收入家庭。安居工程解决的是住房的基本需求问题，人们对居住环境质量的要求应体现在三个方面。

（1）基本生理方面的内容。包括户外空间、绿化、空气、日照和噪声等要素。户外空间要更多地为老年人和儿童着想，保证儿童安全成长的室外环境是住宅区规划设计的重点之一，室外的无障碍化和考虑老年人生活的室外环境也是至关重要的问题。

（2）基本生活方面的内容。包括商店、学校、邻里关系和景观等要素。在社区建设中，体育健身设施和文化活动设施也成为生活中非常重要的一部分。应从居民的基本需求入手，满足人们多样化价值观与生活方式居住要求，配置各种公共设施，并重视促进人际交往互助和社区的建设。

（3）基本卫生与安全方面的内容。包括给排水、火灾、交通、安全等要素。环境优质的卫生与安全的居住区，不仅要以整合的方法提供环境无害化的基础设施和服务，以增进人口的总体健康，还要通过精心设计避免对人的健康影响和不良环境伤害。

在安居的基础上，宜居更强调建筑室内环境适宜居住，即对安全、健康有保证，适合居住功能要求，满足居住者需求，对内外环境协调一致的一种关系或状态，其核心就是健康建筑环境的营造。从安居到宜居，体现了对居住环境的不同需求层次的递进，是社会历史发展到不同时期的必然产物。

3. 健康建筑标准

根据世界卫生组织（WHO）的定义，健康住宅是指能够使居住者在身体上、精神上、社会上完全处于良好状态的住宅，有以下 15 项标准。

（1）会引起过敏症的化学物质的浓度很低。

（2）为满足第一点的要求，尽可能不使用易散的化学物质的胶合板、墙体装修材料等。

（3）设有换气性能良好的换气设备，能将室内污染物质排至室外，特别是对高气密性、高隔热性来说，必须采用具有风管的中央换气系统，进行定时换气。

（4）在厨房灶具或吸烟处要设局部排气设备。

（5）起居室、卧室、厨房、厕所、走廊、浴室等要全年保持在 $17 \sim 27℃$ 之间。

（6）室内的湿度全年保持在 40% ~ 70% 之间。

（7）二氧化碳要低于 $1000mg/kg$。

（8）悬浮粉尘浓度要低于 $0.15mg/m^2$。

（9）噪声要小于 50dB。

（10）一天的日照确保在 3 小时以上。

（11）设足够亮度的照明设备。

（12）住宅具有足够的抗自然灾害的能力。

（13）具有足够的人均建筑面积，并确保私密性。

（14）住宅要便于护理老龄者和残疾人。

（15）因建筑材料中含有有害挥发性有机物质，所有住宅竣工后要隔一段时间才能入住，在此期间要进行换气。

以上标准表明，"健康"的概念包括生理、心理和社会适应三个方面，就是生理上包括人的躯体和器官健康，身体健壮、无病；心理上体现在精神与智力正常；社会适应方面应有良好的人际交往和社会适应能力。住宅既应该在物质方面，又应该在精神方面反映出居住者对健康的需求。1989 年，WHO 把"道德健康"纳入健康的范畴，强调一个人不仅要对自己的健康负责，而且要对他人的健康负责，道德观念和行为合乎社会规范，不以损害他人的利益来满足自己的需要。只有生理、心理、社会适应和道德这 4 个层次都健康，才算是完全的健康[2]。

同样，近 30 年来，随着建筑理念的深化和拓展，从智能建筑到绿色建筑，再到健康建筑这一过程中，正经历着从"建筑＋技术"智能建筑到强调"建筑＋技术＋环境"三者结合的绿色建筑，再到"建筑＋技术＋环境＋人"四者结合的健康建筑这一发展过程。《中国居民营养与慢性病状况报告（2015 年）》报告也提示，80％以上的癌症都是由于外在的环境因素和生活方式引起的，建筑环境是造成不健康或疾病的重要影响因素。健康建筑作为最新的建筑理念，结合智能建筑和绿色建筑的优势，从人类居住环境角度出发，打造"建筑＋技术＋环境＋人"的新型理念。健康建筑遵循"以人为本"的原则，强调建筑环境的健康性。从其内涵看，健康建筑首先是绿色建筑，在此基础上更加强调环境的健康，既包括物理层面的声、光、热舒适、无装修污染等指标，也包括精神层面的服务、人文、身心健康等内容。在健康建筑的整体设计当中，主要包括了空气健康、用水健康、声光热舒适环境健康、人性化和适老化以及健康服务等方面。健康建筑环境的实现，宜在项目规划阶段就进行整体考虑，并将健康建筑理念和技术贯穿项目整个实施阶段，从规划、设计、施工、采购、调试、运行直到物业管理[3]。

由中国建筑科学研究院、中国城市科学研究会、中国建筑设计研究院有限公司会同有关单位制定的中国建筑学会标准《健康建筑评价标准》（T/ASC 02—2016），自 2017 年 1 月 6 日起实施。该标准的编制和实施，旨在保障居住者可持续健康效益角度系统定量地评价和协调影响住宅健康性能的环境因素，将由设计师和开发商主导的健康住宅建设，转化为以居住者健康痛点，或者健康体验为主导的健康住宅全过程控制。《健康建筑评价标准》定位于绿色建筑多维发展的深化方向，以使用者的"健康"属性为核心，在我国绿色建筑领域尚属先例。该标准力求满足人们当前日益增长的健康需求，从与建筑使用者切身相关的室内外环境、空气品质、水、设施、建材等方面入手，将建筑使用者的直观感受和健康效应作为关键性评价指标，着眼于令使用者真正成为绿色健康建筑的受益群体。

8.2 建筑与自然的融合

1. 源于自然的建筑生态观——建筑活性体系

建筑发展的价值伦理，根基于安全、健康、高效、可持续原则，对环境影响和能源消耗的反思。环境污染、资源短缺迫使我们不得不深刻地反思自身与自然的关系。建筑如何与自然协调，如何维系生态系统，如何减少资源能源消耗，如何营造绿色健康的人居环境，都成了建筑可持续发展需要应对的大问题。因此，从生态观角度研究建筑节能，也是对建筑对社会与自然环境关系的回应。

生态建筑（EcologicalArchitecture）有多种称谓，如"绿色建筑""可持续发展建筑""永续建筑""健康、节能建筑""自然建筑"等。"生态"比"绿色"有着更广阔的含义。因为生态学学科的内容包括了个体生态学、种群和群落生态学、生态系统生态学、景观生态学、绿色环保和可持续发展。生态建筑学定义为，运用生态学原理、自然经济的规律，体现自然、生态整体有机和平衡理念，并通过设计、组织建筑的各种物质因素，以实现健康舒适的环境，资源的有效利用以及与自然环境的和谐统一[4]。

用生态环境学的思想诠释建筑与自然环境的关系，主要包括四个基本要素：即气与大气环境、火与能源、土与土地、水与水资源。建筑与环境的相互作用归根结底在于基本元素的交换。建筑也是通过这些元素对环境施加压力，如建筑需要占用大量土地；建筑材料需要消耗地球的资源；建筑运转需要消耗地球的能源，也会污染水资源。生态自然观跨越了人类文明漫长的发展阶段。在西方，早在古希腊时，希伯格拉底便著有《空气、水和场地》，它对西方的"自然环境决定论"有着深远影响。自然环境决定论认为：物质文化和技术受到的环境影响最大，不同地区的人们以各种方式来表达对自然力的敬畏和服从，这种心理也被表现在建筑当中。西北的窑洞、内蒙古的毡篷、南方的干栏式民居都是对地方资源和气候条件合理运用下的产物。传统民居的中庭和天井从南到北不断加大的走向，体现出民居建筑对地域阳光条件的被动式应变策略。以循从自然的理念，民居为我们展现了地方生态建筑各种有效的"原型"。

从语言学上看，"活"用于生物体，有生、生命、生存之意；用于非生物体有活动、流动、灵活、通达之意。《诗·卫风·硕人》曰："河水洋洋，北流活活。"唯有生机、灵活之事物方可有生意和生命。可见"活性"与有机和生机几乎具有同等的意义，而"体系"往往强调整体性，那么，"活性体系"便意味着整体的有机性。风水学、有机建筑理论、新陈代谢派、建筑仿生学、盖娅运动、生态设计都从各自的角度表达了建筑的"活性"观。

著名的"盖娅运动"将地球视为具备有机生命特征的实体，就像古希腊神话中的大地女神盖娅。人类是盖娅的有机组成部分，而不是它的统治者。这个以大地女神命名的绿色运动推出了《盖娅住区宪章》，认为盖娅式的建筑是舒适和健康的场所，并提出"为和谐愉悦而设计，为精神的安宁而设计，为身体的健康而设计"[5]。JohnTodd、NancyTodd 在《生态设计——从生态城市到活着的机器》中，他们公开宣称生命世界是所有设计的母体。日本"新陈代谢派"认为，建筑和城市也同有机体一样能进行新陈代谢、生长和繁衍。

1962 年，蕾切尔·卡逊在《寂静的春天》中昭示了全球环境污染问题的严重性；1968 年，罗马俱乐部《增长的极限》告诫人们："人类的发展不是无极限的，它受到资源有限性的制约。"建筑领域中，伊恩·伦诺克斯·麦克哈格出版了《设计结合自然》，探讨景观设计对生态学原则的运用；1969 年，保罗·索勒里在《城市建筑、生态学：人类想象中的城市》一书中积极地探讨了城市建筑资源的高效运作模式。保罗·索勒里首次把 Ecology(生态)与 Architecture(建筑)组合成"生态建筑学"(Archeology)这个名词；1969 年，约翰·托德在《从生态城市到活的机器：生态设计的原则》一书中提出城市生物多样性的设计原则。20 世纪 70 年代，环境保护的呼声越来越高。1972 年，联合国斯德哥尔摩会议《人类环境宣言》提升了全球对环境污染的重视；1985 年，J. 拉乌洛克《盖娅：地球生命的新视点》推动"盖娅"运动的蓬勃发展；1981 年，华沙 UIA 大会发表《华沙宣言》提出环境建筑学时代的到来；1989 年，D. 皮尔森著《自然住宅手册》倡导人类健康和生态的建筑运动。1987 年，联合国 42 届大会《我们共同的未来》正式提出可持续发展的模式。1992 年，联合国在里约热内卢召开的联合国环境与发展大会，发表《关于环境与发展宣言》，制定《21 世纪议程》《全球气候变化纲要公约》。1995 年，马来西亚建筑师杨经文在《设计结合自然》中提出建筑生态设计的理论框架。1997 年日本东京的联合国京都世界气候会议制定了《京都协议》呼吁全球协作保护大气环境，并制定二氧化碳交换制度。1999 年，第 20 次 UIA 大会通过《北京宣言》明确指出"可持续发展的思想推动了新建筑艺术形式"，"丰富了建筑领域的内容"[6]。

人类探究建筑与自然生态关系的第一步，是通过"模拟"来实现的。远古人造屋源于对自然事物的模仿。比如，"巢居"和"穴居"都是模拟"鸟巢"与"兽穴"而成。土拨鼠通过基因形成遗传本能，可以睿智地选择和适应环境，而人类进化而形成因地域择居的天赋和本能。

杨经文[7]指出："传统建筑设计主要从建筑美学、空间利用、形式、结构、色彩来考虑建筑，然而，生态建筑则从生态的角度来看待建筑。这意味着建筑不能仅仅作为非生命元素来对待，而应把它看作生态循环系统的有机组成部分。"建筑应变气候通常存在两种现象[8]，即"空间维度上的应变"和"时间维度上的应变"。其一，建筑灵活地应对地域气候，表现出体系的静态品质；其二，建筑对气候的周期性变化有相应的调节手段，体现出体系的动态品质。乡土建筑是长期与气候环境的不断磨合中形成的，最终表现为形态在地域上的差异性和多样性。植物对环境湿度变化通过表皮的气孔大小和构造来调适；向日葵的花盘可以随着太阳的起落而转动；某些动物通过冬眠和增厚毛羽和皮下脂肪来提高其保温性能；人体可以通过调整表层血液的流量和流速，以减少与外界的热交换。动植物和人体的这些自动调节机制给建筑设计带来许多遐想。"皇帝对土地的粗糙坎坷十分不满，下令它所有的土地上都应铺上柔软的皮毛。而智者建议，以一种更简单的方式可以达到同样的效果：即割下一小块皮捆绑在脚下。从而，最早的鞋子产生了。"[9]这就是与环境充分融合的适宜技术。

可见，建筑与环境的关系可以分两个方面：一是从自然属性看，建筑本体适应自然环境气候条件而形成的气候适应性建筑来认识；二是从社会属性看，建筑功能在不同社会经济发展阶段的历史建筑演变和形式拓展来认识。特定自然条件和社会历史时期，形成特定时空的地域性建筑，建筑融入环境是建筑与环境关系的核心，而地域建筑回归自然可促进建筑的可持续发展。建筑与环境的关系正经历着从能源危机向环境危机的转化，体现在人们对建筑能源应用的认识发展经历了四个阶段。

（1）建筑节能。节省能耗，减少能量的输入，即鼓励使用者以牺牲部分建筑功能为代价少用或不用能源。

（2）在建筑中保持能源。保持建筑中的能量，减少建筑的热工损失，通常做法是加强建筑围护体系的保温隔热，加强建筑气密性或降低新风标准，鼓励被动方式节能。

（3）提高建筑中的能源利用效率。采用高效设备与先进的系统技术，提高能源利用率，高效满足人员舒适需求。这一阶段设计阶段追求高能效指标，建筑实际运行能耗量不降反增。

（4）降低建筑负荷需求，实现建筑能耗总量控制。采用被动与主动技术相结合，通过被动优先原则降低建筑冷热负荷需求，结合气候资源和可再生能源技术的主动应用走低能耗或零能耗技术路线，使建筑实际运行能耗总量可控。

建筑应充分融入环境，把建筑看成环境系统的有机组成部分，建筑的能源消耗就应符合环境系统内部的运行机制，建筑的边界取决于环境系统内部子系统关系的确立。这也是研究建筑"活性"在建筑节能中的内在机制，作为应对气候和环境危机的意义所在。

2. 回归自然的建筑节能

自然界中的活性体系存在着作为个体的有机体和作为整体的生态群落系统。个体生态学有两个内容对建筑设计最有意义：①研究生态环境因子包括温度、光照、水分、土壤对生物的作用，以及生物对它们的适应方式和类型；②研究赋予生物体适应能力的结构和特征。

活性体系概念可由以下四个方面来定义：①活性的建构体系是一个有机整体的体系；②活性体系观是考察建筑全寿命周期物质与能量的理论；③生态建筑场所应是一个活性应变环境的体系；④生态建筑自身是一个活性的拟态体。建筑与生命体的类比关系如图 8.3 所示。

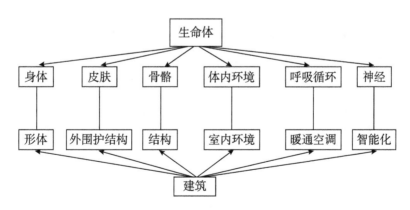

图 8.3　建筑与生命体的类比关系

在自然界中，物质循环的规律是：物质来源于地球，也要归复于地球。自然的体系里没有废物的概念，废物也是食物。物质中的元素以不同的形式出现，存在于永不间断的

"消解"和"重生"的过程中。达尔文认为[10]，世界上的很多动物都有多样化的结构和复杂性，因为在种类变得复杂起来的时候，它们便开辟新的途径增加其复杂性。这就是达尔文的趋异原则，一个被掩盖在"物竞天择、适者生存"理论光环下，常常被人忘记的观点。文化的多样性与气候环境的多样性共同作用于建筑的进化。建筑对气候、资源和文化的差异适应，使每一类甚至于每一栋建筑都成为是其特定环境的产物。

依据生态系统的能量规律，自然体系的能量总是从低级(太阳能)流向高级，而且所有能量都来自于"当前的收入"，不会向过去和未来索取。生态系统的能量规律提示我们，建筑应尽量使用低级能源，特别是太阳热辐射能、光辐射能、风能，地热，水利等低级可再生能源，减少电能等高级能源的消耗。气候要素中的热辐射、光辐射和风能等都是低级的能源，所以建筑设计中，应全面调动外界气候的有利因素，利用气候中的低级能源。此外，煤、石油和天然气等化石能源是自然界对过去太阳能的储蓄。只有减少对化石能源等不可再生能源的消耗，建筑才不会过多地向过去或未来索取。高效用能体系对低级能源和当前能源的利用是自然经济体系的规律。高效用能是自然系统生命力的标志，也是生态设计的目标。

3. 基于生物气候适应性的建筑节能发展机制

生物的适应性包括应对气候环境、食物获取、逃生安全、寄生等很多方面。气候资源在生物系统中被认为是关键要素之一，生物系统吸收气候资源的能量并将其转化产生成自我生存的能量，同时又能够"生物性"的记录和存储对外界气候信息的规律，从而产生各种行为和形态的季节性变化，趋利避害。针对气候因子(例如光、温度、风、湿度等)的适应，我们称之为生物气候适应性。生物气候适应性是指在外界气候条件变化的情况下，保持自身状态在一定的范围内的稳定，而实现对气候变化的适应特性。生物的适应性过程会发生在植物、动物和人类身上，而且这一过程既可以发生在长期的进化过程中，例如沙漠环境下植物叶从扁平、圆筒又到鳞片状，最后完全消失的仙人掌；也可以发生在短期气候条件改变的适应过程中，通常会称其为生物的应激性，例如向日葵花盘随阳光的转动即向光性的表现，而保证这一过程的是生物所具备的特性——内稳态机制。从生物活性体系角度分析建筑构造和建成环境，可以更直观地认识建筑与气候环境的关系，如图8.4所示。

仿生建筑是基于生物学原则和气候适应原理建造的，以生物界某些生物体功能组织和形象构成规律为研究对象，探寻自然界中科学合理的建造规律，丰富和完善建筑的处理手法，促进建筑形体结构以及功能布局的高效设计和合理形成。在适应气候及环境方面，建筑系统与生物系统具有相似性，具体比较见表8-1和表8-2。

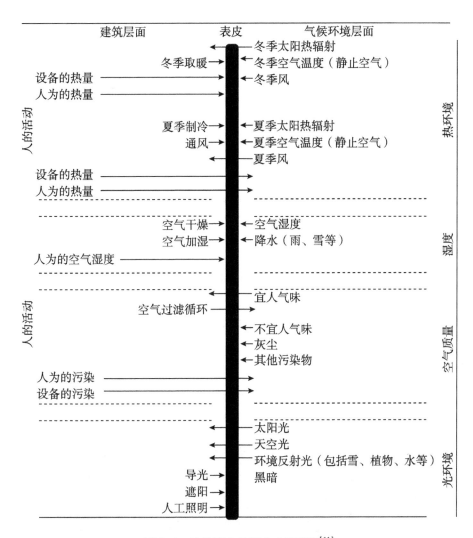

图 8.4　建筑表皮的基本功能对照[11]

表 8-1　建筑系统和生物系统的气候适应性类比[11]

	建筑系统	生物系统
重要系统组成	建筑表皮（围护结构），包括门、窗、屋顶、保温隔热层等	生物表皮组织，包括毛发、气孔、脂肪层等
系统分类	城市环境、建筑规模、建筑形式、功能性质等	生活环境、生物形态、种属类别等
系统需求	内部环境相对稳定、建筑节能、促进健康、适宜建筑功能和使用的类型	内稳态、能量转化和利用、保障生存繁衍、适宜生物种属的类别
气候适应对象	自然光及人工光、温度、风、湿度等	自然光、温度、风、湿度等

		建筑系统	生物系统
气候适应途径	形态	建筑形式、表皮(围护结构)组成、建筑材料	生物形态、表皮组成、生物组织
	生理	途径：建筑维护结构相关的构件材料改变、功能变化和构件运动等；机制：人为/自动控制(空调/照明系统)	途径：生物局部的器官形态改变、功能变化和器官运动；机制：内稳态机制
	行为	建筑整体的改造、加固、移动等	生物体的休眠、生活方式、巢穴行为等

表 8-2　基于生态理念的生物与环境关系

生物应激性和适应性	相关环境因素	生态理念
生物特殊的机能和习性	极端环境	存活于极端环境；极端环境下的舒适性
生物的能量获取和分配	太阳能、风能等自然能源	能源利用与消耗的内在平衡
生物的新陈代谢功能	温度、光照、水、大气、湿度、盐分、风、火以及土壤的物理、化学性质等	资源与能源有序、高效的循环转换；对大气、水和土壤的改造；维护生态平衡
生物的体温调节功能	温度、光照等	精确适应环境
生物的身体表征	地理、气候及特定环境条件和水、土等自然资源	资源利用集约化；与环境和谐、相融、共生

　　回顾科技发展历史，在人类主要居住环境还没有充斥人造品的史前时代，动物们利用周遭环境并让其与自己融为一体的策略，已经至少有 5 亿年。探索自然的奥秘，例如：黑猩猩用细长的棍子制成狩猎工具，从蚁丘中掏出白蚁，并用石头砸开坚果；蚂蚁在花园中放养蚜虫、种植菌类。高达 2 米的坚硬的土墩是白蚁的殖民地，其运作起来就像是昆虫的外部器官，因为土墩内温度可控，出现破损的地方会得到修复，连干燥的泥土本身似乎都有生命；同样蜂窝内部的蜡状结构和用细枝建造的鸟巢也以同样的方式发挥作用，可以将鸟巢或蜂巢看作动物修建的身体，而非自然长成。许多生物都学会了建造结构，这些结构让生物突破了生理的限制。

　　对比动物与人类，巢穴和建筑，按照科技是思想延伸出来的形体这一思想，我们可以从一个新的维度认识建筑的发展和建筑节能的未来趋势。两者相同的特性表现为：进化都是由简至繁，从笼统到具体，从单调到多样化，从个人主义到共生主义，从浪费能源到高效率，从缓慢的变化转变为更强的可进化性。

8.3　不同类型的仿生节能建筑

建筑仿生可以是多方面的，也可以是综合性，不仅是通过对生物的外形进行简单模仿而转化出具有实用价值的客观物，更重要的是要学习生物生长的自然规律与已的生存环境的关系，有效地运用仿生学原理创造出新颖和适应自然生态的建筑形式。向自然学习，通过建筑仿生探索建筑节能发展机制。作为自然系统分类的基本要素，仿生技术对建筑形状、结构、材料和功能产生不同类型的仿生建筑。因此，仿生学在建筑中主要有三大应用途径：功能仿生、结构或形式仿生和建筑材料仿生。仿生途径响应人类社会发展的问题，通过学习自然和模仿生物系统的结构、功能或材料属性，实现仿生建筑的节能。

1. 建筑功能仿生

建筑的功能往往是错综复杂的，如何有机组织各种功能成为一种综合的整体，自然界中的生物为我们提供了成功的范例，它不仅仅是单一功能元素的相互叠加，而是多功能发展过程的整合，因此产生了一个较高发展阶段的新特性。

1）太阳能利用

从植物的光合作用原理受到启发，既然植物通过与阳光、空气、土坡和水的接触和相互作用来维持生命并制造出氧气，那么我们设想是否能赋予建筑类似的绿色功能，即通过建筑界面与太阳能或其他能源的相互作用来维持建筑自身运作，并为人类的栖息提供场所，使其像植物一样利用太阳能或各种其他能源来满足自身运转得同时又不对外界产生任何的污染。吴锦绣等人对"建筑的光合"做了相关研究[12]。

建筑上的光合作用，如绿化墙体，如图 8.5 所示。太阳辐射照射到绿叶表面上，一部分太阳辐射被叶片反射，另一部分被叶片吸收，其余部分透过叶片之间的空隙照射到墙面上，其对于调节气温和增加空气湿度具有良好的效果，它利用植物从地面吸收水分，通过叶面蒸发、蒸腾作用对环境起到冷却作用；它对降低建筑墙体外表面温度，改善室内热环境，降低空调能耗极为有效。

图 8.5　绿化墙体

建筑节能原理与实践理论

建筑自身的"光合作用",如太阳能光伏光热建筑一体化是一种利用建筑围护结构有限的外表面应用太阳能同时发电和供热的技术,即在建筑围护结构外表面铺设光伏阵列或取代外围护结构,并在模块背面采取水冷或风冷模式,对流体带走的热量加以有效利用,可提高系统综合利用太阳能的效率[13],如图8.6所示。建筑的使用功能与太阳能的利用有机结合在一起,形成多功能的建筑构件,巧妙而高效地利用了建筑的界面空间。

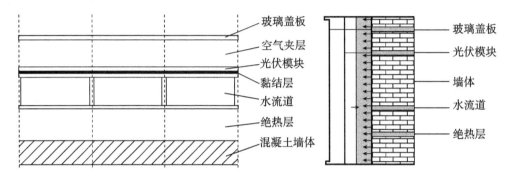

图8.6　单个光伏光热模块的剖面

复合太阳能墙是依托建筑墙体,集成两种或多种太阳能利用技术,充分考虑了复合效应的建筑构件,作为开放式围护结构系统的重要组成部分,其具有选择性透过膜、能量控制器等多重功能,不仅能够利用太阳能高效采暖、有效通风,而且解决了人与自然被实体墙分割的采光及其他问题,是太阳能与建筑一体化理念的建构基础,很好地解决了太阳能利用和建筑系统的整合问题。加拿大 Conserval 公司研制的太阳墙系统(图8.7),通过在建筑外墙安装的复合金属墙板,使得建筑的围护结构与自然界"共同呼吸",这种生态围护结构能够利用太阳能高效采暖、有效通风,很好地解决了太阳能利用和建筑设计一体化的问题,是复合太阳能墙的一种基本形式。

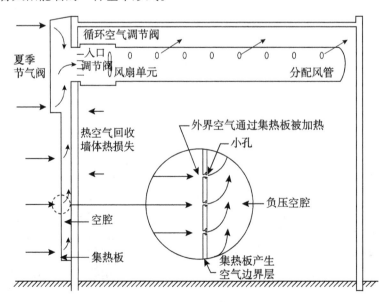

图8.7　太阳能墙系统的工作原理

太阳能在建筑中的应用并非仅限于光热、光电和采光，它还涉及在生态、技术和社会领域中所具有的丰富多样的可能性。复合太阳能墙与建筑一体化系统，从微观层面，是指建筑墙体的复合，即通过墙体的复合构造，充分利用太阳能，满足或部分满足建筑的采光、通风、采暖、制冷等功能需求，提升建筑复合能量系统的整体效率，达到使用者、气候、技术、经济以及建筑形式之间的平衡；从宏观层面，建筑即是城市空间环境的"墙"，通过对"墙"的解析，构建复合太阳能的建筑能量系统，结合分布式能源技术，构架城市能源有机网络系统，从而优化城市复合生态系统。这个复合的梯度体系，是由微观层面到宏观层面的复合[14]。

2）自然通风利用

风在建筑中积极作用主要有三个方面，已被人们所熟知：提供新鲜空气、生理降温和释放建筑结构中储存的热量（即结构降温）。建筑中自然风对使用者的影响可以归纳为以下两个方面。

（1）用室外的新鲜空气更新室内由于居住及生活过程而污染了的空气，以保持室内空气的洁净度达到保证人体健康的水平，可以称为健康方面的自然风影响。持续的健康通风与气候条件无关（即使在寒冷的冬季），这是在任何情况下都应当保证的。

（2）是当室内环境过热时，利用自然风来达到室内人体热舒适环境目的的通风，可以称为降温通风。以向室内提供舒适的热环境为目标的通风，影响的效果取决于当地的气候条件。

建筑师迈克·皮尔斯在津巴布韦首都哈拉雷的作品——东门中心（EastgateCentre building）的设计中模拟了白蚁洞穴的热适应机制，如图8.8所示。

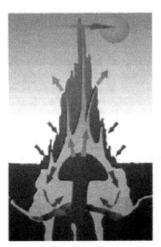 

图8.8　白蚁穴通风关系与东门中心中庭及屋顶通风烟囱

哈拉雷地区属热带草原气候，东门中心建筑由玻璃中庭连接两组平行的板楼组成，两个板楼中央分别风井并且与中庭下部一层的空间连通，该空间内设有绿色种植和提供整个建筑的进风口和风机，其整体通风机制为：白天，中庭一层空间所提供的空气温度相对较低，而混凝土建筑内的温度较高，且随着高度增加而增加，由此产生了控制性更强的烟囱效应，热空气通过天花板的排风口进入中央排风井，在各层热空气的不断汇入后加快了其上升，并由屋顶上的 48 个烟囱排至室外，而同时由中庭一层的风机抽取凉爽空气，在中央风井与房间的夹层内进入，并送至各层地板下的空腔，然后通过踢脚板处的风口进入每个房间，到达每个办公室，完成冷热空气的循环和置换。晚上，中庭温度下降较快，因此风机强度相比日间降低，冷热空气的循环和置换通道与白天一致该购物中心并没有安装空调，但却凉爽宜人，它所消耗的能量只是与其同等规模常规空调的 1/10。它的设计灵感来源于非洲的白蚁，这些小生物们能够在其塔楼巢穴中维持一个恒定的温度。它们经常开启和关闭自己塔楼巢穴中的气口，使得巢穴内外的空气得以对流——冷空气从底部的气口流入塔楼，与此同时热空气从顶部的烟囱流出，这一发现被建筑大师麦克·皮尔斯运用到建筑中去。这项仿生科技的应用，不仅节能增效，而且将省下的空调设备的成本汇聚成了涓涓细流，造福了该建筑的租赁者，他们所付出的租金比周边建筑的租赁者要少了 20%[15]。

为了防止中庭夏季过热，玻璃屋面比相邻办公楼的屋顶高出 4m，形成了超过 800m^2 的侧向通风口。中庭内被加热的空气上升，可由此排出室外。在充分考虑蓄热材料能够减缓温度波动的情况下，夏季昼、夜换气次数分别确定为 2 次/小时和 7 次/小时；冬季温度较低时，通过加热系统将中庭送风调整为暖风，而后输送暖空气到达各个房间[16]。

3）自然采光利用

国际照明协会 CIE 的 173 文件中提到，在常见的办公空间正常工作时长内，自然采光能够满足 25%~50% 的工作照明需求。当前对自然采光利用的节能技术包括窗玻璃系统、导光管系统等，都是通过建筑构件将自然光的引入室内。为了适应太阳的位置移动和不同光强，也不断出现各种主动式的跟踪光线采光装置，其本质目的在于最大化地利用外界资源，降低自身消耗。

对于生物系统来说，受光影响最大的是植物类，以及部分单细胞、藻类、菌类等低等生物。光对植物的影响不胜枚举，光合作用必须有光才能进行、气孔的开闭受光影响、光周期植物的开花受光调控等。由 UCX Architects 及其合作者设计的住宅高层项目"城市仙人掌（Urban Cactus）"，是一个典型的利用生物光适应形态优化的仿生设计案例。如图 8.9 所示，这座 19 层高的住宅能够通过交错旋转布置出挑平台，使得所有纵向的房间平台都在两层楼高距离，同时在角度上略有旋转，从而使得整个建筑的内部空间能够最大化地接受自然光，同时满足了室外平台的活动要求。

城市环境仿生是人类利用仿生学的理念和特征来改造环境，从而创造出高度人工化的生存环境。例如，1853 年法国皇帝拿破仑第三任命赛纳区行政长官欧思曼（G. E. Haussmann）执行的巴黎建设计划，把整个巴黎模拟成人的生态系统，在巴黎的东西郊建立两座森林公园仿照人体两肺，将巴黎各处的绿化带与塞纳河模拟成人体呼吸管道，环形和放射形的道路模仿人体的血管系统[17]。在采光装置的尺度上，在建筑系统中最典型的拟态方式即主动型的建筑采光装置，包括光导系列的技术，其中最为典型的是日本向

图8.9 荷兰鹿特丹"城市仙人掌"（UrbanCactus）

日葵光纤光导系统（图8.10），这一系统搭载了自动追踪太阳的程序系统，从而满足了对其光线的最大获取。研究已经表明主动性的太阳追踪方式可以比被动固定式的集光方式提高性能30%～36%[18]。研究表明，具有向光性行为的植物叶片相比固定叶片方式的植物，日均截获直射光量至少多出30%～40%[19]。

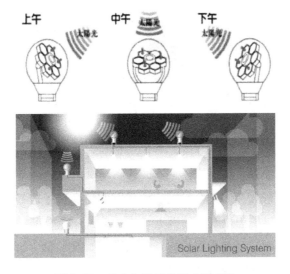

图8.10 日本向日葵光纤光导系统

4）新陈代谢机制

新陈代谢是生物体的各组成物质通过合成及降解不断更新的过程和能量交换过程的总称，就是生物体摄取营养转化成能量，维持生长发育和生命活动，并排除废物的全过程，它要求高效低耗地实现吸收与消耗的能量衡。建筑仿生学习生物的新陈代谢，主要是学习它的"高效低耗"的能量流通方式。当前建筑界倡导的生态建筑、绿色建筑、可持续建筑，从某种意义上就是使建筑更好地新陈代谢的努力。它们有一些共同的特点和要求，即充分循环利用自然可再生能源，结合气候条件，尊重环境，减少环境污染，保护自然生态。一句话就是高效低耗，采用合理的物质流、能量流模式。对能量流而言，应采取"开源节流"策略，积极利用太阳能、风能、地热等可再生能源，以维护生态环境。

2. 建筑材料仿生

建筑材料仿生是指模仿生物体组成材料的物理特性和化学成分，研究出新型建筑材料，来满足人们对建筑材料性能和品种日益增长的需要。适应性是生物对自然环境的积极共生策略，良好的适应性保证了生物在恶劣的环境下的生存，生存在冰天雪地中的北极熊，因其皮黑、毛密且中空，极佳地适应了寒冷的环境。有限的阳光辐射可以被高效地吸收，而北极熊体内的长波辐射却无法逸出，同时浓密的体毛有效地阻止了微空气的对流热量散失。在室外为 −20℃时，北极熊仍可保持35℃的体温。德国 Denkendorf 纺织工学院的 Stegmaier 等人根据仿生学原理，仿照北极熊毛皮结构开发了一种柔软、透明，绝热性能很好的窗格型复合材料。这种绝热材料由透明层、纤维层和基底层三层构成[20]：透明层是耐光、耐热的有机硅涂层，外部涂布特别的耐污染涂料；中间的是开放的、可储存空气的透明网格状耐光聚合物纤维，形成绝热层；基底层是透明的或黑色的硅橡胶。依此原理，人们制造出使热量"只进不出"的透明外保温材料 TWD，与普通外保温墙体相比，TWD 墙在保温的同时还可以高效地吸收太阳能。

再如，自然界蜜蜂以其超然的智慧和辛勤的劳动构筑了形状优美、结构独特的六边形蜂巢。早在公元四世纪的古希腊，数学家佩波斯就提出："蜂窝的优美形状，是自然界最有效劳动的代表。"他猜想，人类所见到的、截面呈六边形的蜂窝结构，是蜜蜂采用最少量的蜂蜡建成的，这个猜测一直被称之为"蜂窝猜想"。经过长期的观察和分析，人类发现蜜蜂蜂巢是一座十分精密的建筑工程，其大小刚好可以容纳一个蜜蜂幼虫。蜜蜂建巢时，青壮年工蜂负责分泌片状新鲜蜂蜡，每片只有针头大小。而另一些工蜂则负责将这些蜂蜡仔细摆放到一定的位置，以形成竖直六面柱体。每一面蜂蜡隔墙厚度不到0.1mm，误差只有0.002mm。六面隔墙宽度完全相同，墙之间的角度正好是120°，形成一个完美的正六边形的几何图形。蜂巢结构是蜂巢的基本结构，是由一个个正六角形单房、房口全朝下或朝向一边、背对背对称排列组合而成的一种结构，如图8.11所示。

图8.11　蜂窝及蜂窝结构复合板材

这种蜂窝结构有着优秀的几何力学性能，强度较高，重量又很轻，还有益于隔声和隔热。加工成型后的蜂窝结构复合板材，其外观与普通的实体板材无异，而品质不仅未降低，其抗弯强度、抗温差变化性能等还有所改善。由于蜂窝材料的特殊六边形结构，其使用的材料与实体材料相比不仅节省了大量的原材料，而且还可以改善板材的技术性能。理论上，蜂窝复合材料是介于实体材料和空心材料之间的一种可连续变化的结构材料，它依据使用场合和结构强度的要求进行设计，实现材料的最优化和最有效的应用。蜂窝结构材料具有下列七个基本特征：①使用最少的有效材料；②强度重量比最高；③刚性重量比最高；④良好的结构稳定性；⑤在压力作用下，可以预知的和均匀的缓冲强度；⑥良好的抗疲劳特性；⑦优良的隔热和保温性能。基于以上优点，蜂窝结构复合板材广泛应用于在装饰、幕墙、屋顶、楼板等建筑节能领域。

3. 建筑结构或形态仿生

结构仿生是从自然界汲取灵感，从而实现建筑力学、结构、材料性能等方面的仿生。对生物结构形态的研究是实现这些要求的有效途径。以动植物、微生物、人类自身等为原型，通过考察自然的选择和优化规律，提取出原型中的结构体系，来为新建筑结构提供合理的外形；通过分析系统的结构性质，将其应用于建筑整体的结构力学之中，比如薄壳建筑和腔体建筑。

1）薄壳建筑

生物界的各种蛋壳、贝壳、乌龟壳、海螺壳都是一种曲度均匀、质地轻巧的"薄壳结构"。这种"薄壳结构"的表面虽然很薄，但非常耐压。壳体结构的强度和刚度主要是利用了其几何形状的合理性，把受到的压力均匀地分散到壳体的各个部分，以很小的厚度承受很大的重力，这就是"薄壳结构"的特点。建于 1959 年的巴黎国家工业与技术中心陈列馆是薄壳结构建筑中较为出色的作品，如图 8.12 所示。建筑屋顶采用了分段预制的双

图 8.12　巴黎国家工业与技术中心陈列馆

层双曲钢筋混凝土薄壳结构，巨大的白色壳体平而呈三角形，每边跨度达 218m，矢高 48m，使用而积达到 90000m²。双层混凝土壳体借鉴了扇贝波浪状起伏的表面形态，使壳体的刚度大大增加，总厚度仅为 120mm，结构效率显著，实现了用最少材料建造最大使用空间的构想。

2）腔体建筑

动物体内具有内调节功能的空腔器官，如肺腔、鼻、肠腔、胃等腔体结构。空腔体中生长的微结构(如肺腔肺泡、肠腔绒毛等)能帮助生物体充分进行循环、消化吸收、排泄等功能，高效地完成物质与能量的交换和循环。荷兰位于大西洋东岸，雨量充沛，受大西洋暖流的影响，纬度虽高但并不寒冷，气温常年变化小(7 月份平均气温 15 ~ 20℃，1 月份平均 1 ~ 7℃)。当局对墙体隔热保温有严格的建筑法规，这导致一种自相矛盾的情形：由于建筑物内灯光、人和设备等在不断散热，而过于封闭的表皮使内部过热。为了生态地解决这一问题，建筑师独具匠心地设计了一个位于 2 层中央的交通枢纽大厅，如图 8.13 所示。大厅通高 2 层，中间有一个 10m×5m 的水池，顶部有 5 个斜插的泻槽。泻槽将收集的大量雨水，经过过滤净化后，从隐蔽于底部的开口处泄入水池。池中的雨水作为"空调系统"的天然冷媒，通过管道穿行在室内，经白天的"内循环"吸收室内余热可升温 2℃；吸收热量升温的水，晚上则又被泵送到屋顶泻槽中，向寒冷的夜空自然地散发着吸收的热量，等冷却之后再排放到水池中，形成降温的"外循环"。水池的存在，在夏天产生了舒适凉爽的感觉；在冬日，这些泻槽还可以给室内引入丰富的阳光。雨量充沛时，多余的水还可以用来冲洗卫生间，超量的水则排到室外，而当池中水位过低时，可以借助自来水及时补充。中央大厅作为整个大楼的标志性中心，被包裹在有着良好质感封闭的表皮中，形成了一个建筑的腔体结构，具有微气候的调节效果。具有这种能量循环和微气候调节机制的建筑腔体，中央大厅精妙地与自然进行着物质和能量的交换，既维持室内环境的高舒适性，又节省了相当可观的空调费用。在荷兰，空调费用通常占建筑总运行费用预算的 1/3，而明纳尔特大楼带有水池的大厅，借由对天然雨水的循环利用，从而大大降低了这项费用[21]。

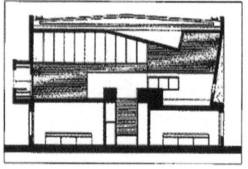

图 8.13　明纳尔特大楼的设计理念

3）气膜建筑

通过对气泡现象进行结构分析与模仿而产生的充气结构打破了传统的建筑结构形式，在有压气体压力的调整下，只要塑造出封闭的外形，任何形状都可以实现。水立方采用了新型基于气泡理论的多面体空间钢架体系，主体是由 ETFE 膜与钢框架相组合的充气薄膜结构，如图 8.14 所示。整个建筑长宽均 177m，高 31m，建筑面积 87283m²，由 3700 多个气枕构成，ETFE 气枕面积约 10 万平方米。

图 8.14　中国国家游泳馆——水立方

日本夏普公司[22]推出仿生型空调扇叶，在室内机送风板的设计上采用了类似鸟类羽毛的涡流器，使空调风轮送风效率调高 30%，最大风速比以往提高 14%，在送风量不变的前提下，鸟翼形状的风扇比传统风扇节电 10W。

4. 建筑仿生发展与建筑节能原则

1）基于多样性技术集成的仿生建筑整体节能

仿生建筑节能和仿生绿色建筑不是单一仿生技术或策略的简单模仿，而是在综合采用功能仿生、结构仿生和材料仿生等方面的复合技术；不是单一功能元素的相互叠加，而是多功能发展过程的整合与优化集成。建筑仿生需要充分认识建筑本身的系统特征，将建筑与自然环境看成一个有机整体，针对当地气候和地域环境特征，将建筑功能、建筑结构和建筑材料等多种仿生技术融合，在建筑环境营造过程中实现能源与资源利用的高效率，发展仿生绿色建筑。

2）遵循地域适宜原则的建筑功能仿生技术

太阳能利用、自然通风和自然采光等建筑可再生能源应用，是建筑功能仿生向自然生态系统学习的结果，也是建筑功能仿生的主要途径。仿生建筑节能和仿生绿色建筑设计遵循生态可持续原则，要求消耗资源的速度小于资源再生的速度，克服自然能源能流密度低、间断性和不稳定性的缺点，注重能量品质的有效利用，利用太阳能把低品质能量转化为高品质能量，减少矿物燃料的消耗。不同地域的自然资源分布不同，建筑功能仿生技术的选择也要符合地域适宜原则，类似于生物系统的环境选择性和适应性机制。建筑功能仿生技术遵循上述原则，合理利用太阳能、自然通风、自然采光和水资源收集，学习生物系统的新陈代谢原理，实现物质、能量和信息在建筑系统中的传输、分配与有效利用，实现"高效低耗"的能量流通方式，体现仿生建筑的能源效率与环境效益的统一。

3）源于绿色生态共生原则的建筑结构仿生技术

受到蜘蛛网启发而发明的"悬索结构"，灵感来源于蛋壳、贝壳、乌龟壳、海螺壳等曲度均匀、质地轻巧的"薄壳结构"，基于气泡理论的新型多面体空间钢架体系的"水立方"，这些仿生建筑结构与形态学习利用生物与自然之间合作共存与互利的共生原则，促进了建筑形体结构及功能布局的高效设计。仿生建筑结构是综合性技术应用，不只是通过对生物外形进行模仿而转化出具有实用价值的外形奇特的建筑物，更重要的是通过学习生物生长的自然规律与建筑环境的共生关系，有效地运用生态学原理创造出新颖和适应自然生态的建筑结构和形态。建筑结构仿生还需继续完善建筑空间使用的灵活性，减少建筑体量，将建设所需的资源降至最少，实现建筑节能、节地、节材、节水和减少污染的绿色建筑理念，最终实现建筑节能和资源节约的绿色发展。

4）借鉴生物再生原则的建筑材料仿生技术

学习生物表皮再生机制的建筑保温隔热围护结构体系，利用"蜂巢"结构轻质、抗震、自保温性能的墙体材料，源于"荷叶效应"具有自洁功能的外墙涂料，学习生物系统自觉应变、新陈代谢保障系统功能的自我修复建筑材料等。这些仿生建筑材料以生物系统的方式感知建筑物内部状态和外部环境的变化，并及时做出准确的判断和反应，具有自我调节、自我修复、自我净化和自我保护功能，最大限度地节约资源和能源，减少自然灾害的损失，体现出仿生建筑的基于生物再生原则的选择性与适应性。建筑仿生材料以仿生学、人工智能和系统控制为指导，将实现建筑能源系统智能化与智慧环境营造，赋予传统建筑以生命，使之能够适应自然环境和气候变化，使仿生节能建筑和仿生绿色建筑走向智慧建筑。

5）基于全生命周期的仿生建筑节能管理

仿生建筑节能和仿生绿色建筑的能源系统需要从规划设计、施工、运维到拆除的全过程进行管理，避免"重设计、轻运行"和"重技术、轻管理"，学习生物界生命周期的新陈代谢原理，考虑每个阶段需要材料、能源的流动和对环境产生的排放。把建筑环境看成一个"建筑－人－环境"的复合有机生命系统，使能量、物质和信息通过系统流动，集约使用能源和资源，保护和加强建筑全生命周期的技术适应性和多样性相互依存。这既是对自然界生生不息的生命原理的借鉴，又是为了与自然生态环境相协调，保持生态平衡。仿生建筑作为保证生态平衡的一种手段，是中国建筑"天人合一"理想的一种表达，也是建筑节能和绿色建筑走向可持续发展的必然选择。

8.4　从建筑节能到绿色城市

凯文·凯利在《科技想要什么》一书中，推论科技进化的方向跟生命一样，追求更有效率、更多机会、更高的曝光率、更高的复杂度、更多样化、更特化、更加无所不在、更高自由度、更强共生主义、更美好、更有知觉能力、更有结构和更强的进化能力。建筑是城市系统的单元，是城市的细胞。科技的发展推动建筑节能走向城市节能，按照系统原则和生态法则，必然走向思想智慧化、管理协同化和技术多样化。

1. 从城市演化过程看城市发展

1）生态城市

2006 年 6 月 5 日，国家环保总局发布《中国城市环境保护》报告指出，我国城市环境出现三大新问题：一是城市环境污染边缘化日益显现；二是城市机动车污染更为严峻；三是城市生态失衡不断严重。我国城市建设中面临的突出问题，从区域角度看，宏观的环境问题如黄河断流、西北沙化、北京的沙尘暴、长江和嫩江洪水肆虐、岸线崩塌、泥石流频发，正在一步步威胁着我们的生存环境。从城市发展历史角度看，微观的环境问题如城市建筑密不插针，大饼摊了一圈又一圈；建筑灰头土脸，欲与天公试比高。人们终日奔波在混凝土的森林里，栖息在砖石的夹缝中，人际隔阂、视觉灰蒙、难见天日、缺乏生机，我们的生存环境质量正在进一步恶化，刺激人们渴求拓展自己的生存空间，改善自己的生存环境质量，激发人们对生态城市的向往。这就需要科学的城市发展理论为指导。

纵观城市理论发展史，与生态城市相关的几个概念，包括田园城市、山水城市、健康城市、绿色城市、低碳城市和可持续发展城市等，这几个概念之间既有联系，又有区别。

"田园城市"理论被认为是现代生态城市思想的起源。田园城市是 1898 年英国社会活动家霍华德在《明日的田园城市》一书中提出的，描绘出了"青山绿水抱林盘，大城小镇嵌田园"的城市美景。他提倡的"社会城市"开创了区域规划、城乡结构形态、城市体系探索，开始了围绕旧城中心建设卫星城，用快速交通联系旧城与新城等新的规划模式的思考。现代城市规划的奠基人之一 P. 盖迪斯在 1909 年出版《城市之演进》一书中，倡导综合规划的概念，用哲学、社会学与生物学的观点揭示城市在空间与时间发展中所展示的生物与社会方面的复杂性；提倡"区域观念"，周密分析地域环境的潜力和限度，对居住布局形式与地方经济体的影响关系，突破城市的常规范围，强调把自然地区作为规划的基本框架，重视城镇密集区，同时把城市乡村纳入视野；提出有机规划的概念，反对形式主义与专家规划，是人本主义的综合规划的代表人物。

"山水城市"是具有中国特色的生态城市，注重强调人与自然协调发展。1984年我国著名生态环境学家马世骏教授结合中国实际，提出以人类与环境关系为主导的"社会－经济－自然复合生态系统"理论。这一理论20多年来已渗透到各种规划和决策程序中，为城市生态环境问题研究奠定了理论和方法基础。"山水城市"概念的正式提出，并见诸文字是钱学森1990年7月31日给吴良镛的一封信。信中有一段大家都很熟悉的话："我近年来一直在想一个问题：能不能把中国的山水诗词、中国古典园林建筑和中国的山水画溶合在一起，创立'山水城市'的概念？"下面又说："人离开自然又要返回自然。"吴良镛院士认为："山水城市"中的"山水"广而言之，泛指自然环境，"城市"则泛指人工环境。"山水城市"是提倡人工环境与自然环境相协调发展，其最终目的在于"建立人工环境"（以"城市"为代表）与"自然环境"（以"山水"为代表）相融合的人类聚居环境。

从现代医学角度提出的"健康城市"，从生命个体与环境的关系来看待城市；强调城市居民生理上的健康和环境关系的协调，把城市视为一个有机生命体，健康也是生态城市的特征之一。

生态城市的一个明显标志是可持续发展，健全的绿地系统是生态城市存在的基本条件和客观保证。生态城市面向人－自然的二元整合与均衡发展，强调城市系统内部的有机联系，绿地系统只是生态城市自然子系统中的组成部分之一。生态城市还强调社会人文和经济生态的和谐和健康，强调其内部系统的结构合理、功能高效和关系协调。而自然保护主义提出的绿色城市是通过简单地增加绿色空间，单纯追求优美的自然环境；田园城市过分地强调城市的田园性质，而违背了城市发展的集聚要求。钱学森先生倡导的"山水城市"更注重强调城市建设的"形"，对城市的社会和经济属性论述较少，内涵相对狭窄；而生态城市从生态系统的角度来考察城市，强调的是人与自然系统整体的健康，同时强调城市建设的"神"，包括自然生态化、经济生态化和社会生态化，内涵相对宽泛。

1987年苏联城市生态学家O. Yanitsky认为生态城市是一个理想城市模式，其中技术与自然充分融合，人的创造力和生产力得到最大限度的发挥，居民的身心健康和环境质量管理得到最大限度的保护，物质财富、能量、信息高效利用，生态良性循环的一种理想栖境。我国城市规划专家黄光宇认为：生态城市是根据生态学原理，综合研究"社会－经济－自然复合生态系统"，并应用生态工程、社会工程、系统工程等现代科学与技术手段而建设的社会、经济、自然可持续发展，居民满意、经济高效、生态良性循环的人类居住区。

2006年，成都提出建设世界田园城市的目标；2007年，无锡提出打造集"绿色""园林""生态"为一体的"田园无锡"；2008年，石家庄提出了建设具有燕赵山水风格的田园城市。随后，许多城市在"十二五"规划中，纷纷加入了山水田园城市建设的行列。

2）数字城市与智慧城市

数字城市是数字地球的重要组成部分，是传统城市的数字化形态。数字城市是应用计算机、互联网、3S、多媒体等技术将城市地理信息和城市其他信息相结合，数字化并存储于计算机网络上所形成的城市虚拟空间。数字城市建设通过空间数据基础设施的标准化、各类城市信息的数字化整合多方资源，从技术和体制两方面为实现数据共享和互操作提供了基础，实现了城市 3S 技术的一体化集成和各行业、各领域信息化的深入应用。数字城市的发展积累了大量的基础和运行数据，也面临诸多挑战，包括城市级海量信息的采集、分析、存储、利用等处理问题，多系统融合中的各种复杂问题，以及技术发展带来的城市发展异化问题。新一代信息技术的发展使得城市形态在数字化基础上进一步实现智能化成为现实。依托物联网可实现智能化感知、识别、定位、跟踪和监管；借助云计算及智能分析技术可实现海量信息的处理和决策支持。现代信息技术在对工业时代各类产业完成面向效率提升的数字化改造之后，逐步衍生出一些新的产业业态、组织形态，使人们对信息技术引领的创新形态演变、社会变革有了更真切的体会，对科技创新以人为本有了更深入的理解，对现代科技发展下的城市形态演化也有了新的认识。

2008 年 11 月，在纽约召开的外国关系理事会上，IBM 提出了"智慧地球"这一理念，进而引发了智慧城市建设的热潮。2009 年，迪比克市与 IBM 合作，建立美国第一个智慧城市。利用物联网技术，在一个有六万居民的社区里将各种城市公用资源（水、电、油、气、交通、公共服务等）连接起来，监测、分析和整合各种数据以做出智能化的响应，更好地服务市民。迪比克市的第一步是向所有住户和商铺安装数控水电计量器，其中包含低流量传感器技术，防止水电泄漏造成的浪费。同时搭建综合监测平台，及时对数据进行分析、整合和展示，使整个城市对资源的使用情况一目了然。更重要的是，迪比克市向个人和企业公布这些信息，使他们对自己的耗能有更清晰的认识，对可持续发展有更多的责任感。2010 年，IBM 正式提出了"智慧的城市"愿景，希望为世界和中国的城市发展贡献自己的力量。IBM 经过研究认为，城市由关系到城市主要功能的不同类型的网络、基础设施和环境六个核心系统组成：组织（人）、业务/政务、交通、通信、水和能源。这些系统不是零散的，而是以一种协作的方式相互衔接的。而城市本身，则是由这些系统所组成的宏观系统。

2014 年 8 月 29 日，经国务院同意，发改委、工信部、科技部、公安部、财政部、国土部、住建部和交通部八部委印发《关于促进智慧城市健康发展的指导意见》，要求各地区、各有关部门落实本指导意见提出的各项任务，确保智慧城市建设健康有序推进。意见提出，到 2020 年，建成一批特色鲜明的智慧城市，聚集和辐射带动作用大幅增强，综合竞争优势明显提高，在保障和改善民生服务、创新社会管理、维护网络安全等方面取得显著成效。

研究机构对智慧城市的定义为：通过智能计算技术的应用，使得城市管理、教育、医疗、房地产、交通运输、公用事业和公众安全等城市组成的关键基础设施组件和服务更互联、高效和智能。从技术发展的视角，李德仁院士认为智慧城市是数字城市与物联网相结合的产物。胡小明则从城市资源观念演变的视角论述了数字城市相对应的信息资源、智能城市相对应的软件资源、网络城市相对应的组织资源之间的关系。值得关注的是，一些城市信息化建设的先行城市也越来越多的开始从以人为本的视角开展智慧城市的建设，如欧盟启动了面向知识社会创新2.0的 Living Lab 计划，致力于将城市打造成为开放创新空间，营造有利于创新涌现的城市生态。

对比数字城市和智慧城市，存在以下六方面的差异。

（1）当数字城市通过城市地理空间信息与城市各方面信息的数字化在虚拟空间再现传统城市，智慧城市则注重在此基础上进一步利用传感技术、智能技术实现对城市运行状态的自动、实时、全面透彻的感知。

（2）当数字城市通过城市各行业的信息化提高了各行业管理效率和服务质量，智慧城市则更强调从行业分割、相对封闭的信息化架构迈向作为复杂巨系统的开放、整合、协同的城市信息化架构，发挥城市信息化的整体效能。

（3）当数字城市基于互联网形成初步的业务协同，智慧城市则更注重通过泛在网络、移动技术实现无所不在的互联和随时随地随身的智能融合服务。

（4）当数字城市关注数据资源的生产、积累和应用，智慧城市更关注用户视角的服务设计和提供。

（5）当数字城市更多注重利用信息技术实现城市各领域的信息化以提升社会生产效率，智慧城市则更强调人的主体地位，更强调开放创新空间的塑造及其间的市民参与、用户体验，以及以人为本实现可持续创新。

（6）当数字城市致力于通过信息化手段实现城市运行与发展各方面功能，提高城市运行效率，服务城市管理和发展，智慧城市则更强调通过政府、市场、社会各方力量的参与和协同实现城市公共价值塑造和独特价值创造。

智慧城市不但广泛采用物联网、云计算、人工智能、数据挖掘、知识管理、社交网络等技术工具，也注重用户参与、以人为本的创新2.0理念及其方法的应用，构建有利于创新涌现的制度环境，以实现智慧技术高度集成、智慧产业高端发展、智慧服务高效便民、以人为本持续创新，完成从数字城市向智慧城市的跃升。智慧城市将是创新2.0时代以人为本的可持续创新城市。

2. 智慧城市的特征及其关联模型

智慧城市是在生态文明与城市发展理论基础上，与当代社会经济文化发展要求相适应，并具有显著地域环境特征形态的绿色城市，突出"人本性、可持续性、高效性、系统性、地域性、多样性"这"六性"一体化特征，城市建筑是一个复杂的有机的巨系统。

1）人本性

生态城市具有合理的健康的生态结构，追求城市生态系统的健康与社会关系的和谐，其价值核心就是以人为本。在城市环境中，人是城市建设的主体，同时也是城市发展服务的对象，应以人为基准，体现人性，表达人情。人的活动总是多种多样的，并且与年龄、性别，以及社会经历、文化层次、生活方式等多种环境因素息息相关，不同的环境对人产生不同的影响。要求人体活动与城市环境协调一致、密切相依，乃是城市建设的重要功能表现，也是人与自然协调发展的必然要求，构成城市人性化发展的基本目标。

2）可持续性

包括自然、社会和经济的持续发展，指经济增长、社会公平、具有更高的生活质量和更好的环境的城市，其中自然持续发展是基础。可持续城市的基本标准包括：减少对水和空气的污染，减少具有破坏性的气体产生和排放；减少能源和水资源的消耗；鼓励生物资源和其他自然资源的保护；鼓励个人作为消费者承担生态责任；鼓励工商农业采用生态友好技术，开发、销售生态友好产品；鼓励减少不必要出行的城市交通，提供必要的公共交通设施。城市可持续性以满足城市中当代人和未来各代人的需求为目标，本质就是要从整体上把握和解决"社会 – 经济 – 自然"子系统之间，以及城市系统与周边区域等外部系统之间的协调发展问题，实现城市复合生态系统的最优化发展，最终提高人们的福利水平和生活质量。

3）高效性或智慧性

高效智慧城市的特征是发展高速、能耗降低、能效提升。通过城市软环境建设，体现知识经济最大限度地减少对自然资源的消耗，物质财富的增长成为经济的主要增长点。城市规划通过智慧城市顶层设计，城市智慧运行，提高城市基础设施和公共服务的智能化和便捷化，更好地满足城市居民的各方面需求。利用无线城市、智能产业工程、教育卫生信息化、智慧农业、互联网工程等，以新科技新理念渗透社会，实现全境"互联互通"，逐日改变城乡生产生活品质，高效服务百姓生活。

4）系统性或整体性

系统是由相互依存、相互作用的若干元素构成并完成某一特定功能的统一体，系统的特征包括整体性、关联性、层次性、目的性、稳定性。城市系统是 20 世纪 50 年代以后城市地理研究中广泛引用的术语，亦称城市体系，指不同地区不同等级的城市结合成为有固定关系和作用的有机整体。城市系统基于生态学原理建立的社会 – 人 – 自然复合的开放生态系统，各子系统在"生态城市"这个大系统整体协调下均衡发展，是自然和谐、社会公平和经济高效的复合生态系统，强调城市与人、城市与社会、城市与自然、城市与文化、城市与科技等的互惠共生和相互协调。系统性体现了城市建设系统的有机性和复杂性特征。

5）地域性或区域性

地域性是指某一地域所属的地理状态，地域形态变化万千，有平原、沟谷、高山、丘陵、沙漠和雪地等，特定的地域形态和历史文化赋予生长于这块土地上的人特定的精神面貌和个性品质。这种精神品质千百年来逐渐积淀、聚合，形成地域精神的内核。城市由于受自然条件因素（如山脉、河流、田地阻隔等）的影响或在人为因素的作用下（主要是规划和控制），建成区以河流、农田或绿地为间隔，形成具有一定独立性的众多团块状城市地域形态，称为组团式城市。城市地域性就是以一定区域地理环境为依托的城乡综合体，全域全境城乡融合的一体化，依托山水田园的自然形态建造城乡人工聚居环境，凸显地域特色。

6）多样性或复合性

横向看，城市多样性来自建设主体和建设机制的多样性。纵向看，城市多样性来自历史积淀，不同时期有不同的社会、政治、经济、技术等背景，这些都会写在城市和建筑中，穿梭于不同年代的街区和园区，就像在阅读城市的历史和故事。现代城市发展的多样性要求改变传统工业城市的单一化、专业化分割，其多样性不仅包括生物多样性，还包括文化多样性、景观多样性、功能多样性等。复合性指城市社会－经济－自然各子系统的统一性，城市复合生态系统强调辨识系统和子系统内部秩序，尊重各级子系统的运转规律，包括能量流动、物质转换、信息反馈等；强调系统间的配合与制约关系，保证复合生态系统的整体正常运行，经济、自然、社会三个子系统在城市的发展中各自起着不可替代的作用。

城市化建筑节能与5大支撑要素之间的关联模型，如图8.15所示。

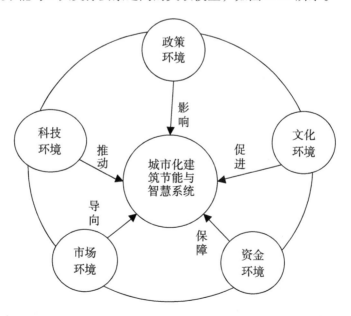

图8.15　城市建筑节能与智慧化系统与要素之间的关联模型

在城市建筑节能与智慧化建设过程中，政策影响、科技推动、市场导向、资金保障和文化促进这五个方面的支撑条件缺一不可，相互联系。市场环境为城市发展提供导向，同时按照经济规律接纳和吸收新型产业创新产品和服务，实现现代城市发展的市场价值。资金环境是城市转型发展的前提和保障条件，确保技术创新投资的经济效益。科技环境是推动技术创新的基本社会环境因素，要求城市建设的创新科技成果适应市场开发新产品或服务的需要，同时确保科技成果进入特色与优势产业的渠道畅通。政策环境是国家和政府引导城乡规划、工程建设等企业进行技术创新的调控手段，促进企业内部创新机制的形成和技术创新体系的建立，同时优化建设企业外部技术创新环境的优化。而文化环境是现代城市系统健康发展的重要方向，积极的文化环境有利于促使生态产业主体的价值选择和行为习惯符合社会道德、风俗、习惯和价值观等，才能使生态技术的推广应用得到社会的普遍认同。

与各支撑要素的关联性还表现在以下三个方面。

（1）社会环境向技术研发企业或机构输入负熵流，减少系统内部的不确定性，为技术系统的自组织进化提供必要的外部条件。

（2）社会环境对工程技术创新提供正确导向，基于人的需求适应性要求，城市建设与创新者及时对社会环境信息进行反馈，正确选择技术创新策略。

（3）社会环境可以借助管理、经济等手段对相关企业技术创新提供有力支持，激发企业潜在的技术创新能力，使城市发展的市场环境、资金环境、科技环境、政策环境和文化环境等因素共同作用，形成现代城市系统运行的健康机制。

城市建筑节能与智慧化规划目标及内容的五大支撑要素的关联关系还要求城乡发展应符合与人文环境共生的原则，包括符合人性化的健康原则和对地域文化的尊重等。

3. 绿色城市的节能体系构建

2014 年 3 月 16 日，中共中央、国务院《国家新型城镇化规划（2014—2020 年）》（以下简称《规划》）正式公布。《规划》把生态文明理念全面融入城镇化进程，着力推进绿色发展、循环发展、低碳发展，节约集约利用土地、水、能源等资源，强化环境保护和生态修复，减少对自然的干扰和损害，推动形成绿色低碳的生产生活方式和城市建设运营模式。中国人民大学国家发展与战略研究院研究员许勤华认为，绿色城市应是最大限度地节约资源（节能、节地、节水、节材等），保护环境和减少污染，为人们提供健康、适用和高效的使用空间及与自然和谐共生的城市。《规划》采用绿色城市概念，其理念高于低碳城市。从单体建筑到建筑群，再到城市建筑，绿色城市发展将节能建筑推向可持续建筑，从建筑系统与环境的适应性发展出发，实现建筑－人－环境的融合。绿色城市的构建与技术体系框架如图 8.16 和图 8.17 所示。

绿色城市更注重于城市内、外与自然、环境的协调、永续发展，即生态文明的体现。城市外部方面，在新城镇化过程中，新城市选址将会选择一些更适合人类生存的区域，如

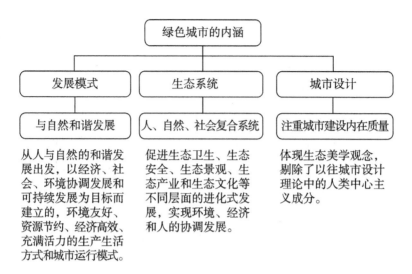

图 8.16 绿色城市的内涵结构[23]

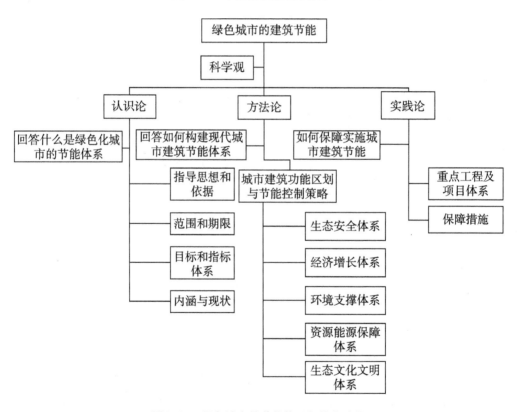

图 8.17 绿色城市的节能体系与技术路线

日本一些发达国家，均采用集中居民居住圈，优化生态；城市内部方面，能源供给更多地采用可再生能源以及提高能效。无论居民、商业和公共建筑加大节能建筑的比例，交通领域统一高燃料标准，采用更多的新能源汽车等。绿色城市能够从系统工程治理的角度治理目前突出的环境问题，从空气、用水、土壤和垃圾处理全幅度综合管理。

8.5 从建筑节能到绿色建筑

1. 国外绿色建筑发展回顾

20 世纪 60 年代，美国建筑师保罗·索勒瑞提出了生态建筑的新理念。1969 年，美国建筑师伊安·麦克哈格著《设计结合自然》一书，标志着生态建筑学的正式诞生。20 世纪 70 年代，石油危机使得太阳能、地热、风能等各种建筑节能技术应运而生，节能建筑成为建筑发展的先导。1980 年，世界自然保护组织首次提出"可持续发展"的口号，同时节能建筑体系逐渐完善，并在德国、英国、法国和加拿大等发达国家广泛应用。1987 年，联合国环境署发表《我们共同的未来》报告，确立了可持续发展的思想。1990 年世界首个绿色建筑标准在英国发布。1992 年"联合国环境与发展大会"使可持续发展思想得到推广，绿色建筑逐渐成为发展方向。1993 年美国创建绿色建筑协会；2000 年加拿大推出绿色建筑标准。国外主要国家的绿色建筑评价标准比较见表 8 - 3。

表 8 - 3　国外主要国家的绿色建筑评价标准比较

名　　称	BREEAM	LEED	GBTool	CASBEE
国家	英国	美国	加拿大等英联邦国家	日本
评价	最早的绿色建筑评估体系	商业上最成功的绿色建筑评估体系	最国际化的绿色建筑评估体系	最科学的绿色建筑评价体系，政府推动
适用建筑类型	新建和既有办公、住宅、医疗、教育建筑等，共 8 种类型	新建和既有建筑、住宅、社区、内部装修等，共 6 种类型	新建商业建筑、居住建筑、学校建筑等	新建和既有各种类型，社区、政府办公楼等，共 10 余种建筑
评价方式	评定级别（通过、好、很好、优秀）	评定级别（通过、银、金、白金）	评定相对水平（对于基准水平的高低程度）	S，A，B，C（折算为建筑环境效益，百分制）
评估内容	管理、人类健康、能源、交通、节水、材料、土地利用、生态、污染	可持续场地规划、提高用水效率、能源与大气环境、材料与资源、室内环境品质、创新设计	资源消耗、能源负荷、室内环境质量、服务品质、经济、管理、交流与交通	建筑品质、室内环境、服务品质、场地环境、环境负荷、能源消耗、材料和资源消耗、大气环境质量、综合建筑环境效益

2. 国内绿色建筑发展回顾

1992 年巴西里约热内卢联合国环境与发展大会以来，中国政府相续颁布了若干相关纲要、导则和法规，大力推动绿色建筑的发展。2004 年 9 月原建设部"全国绿色建筑创新奖"的启动标志着中国的绿色建筑发展进入了全面发展阶段。2005年3月召开的首届国际智能与绿色建筑技术研讨会暨技术与产品展览会(每年一次),公布"全国绿色建筑创新奖"获奖项目及单位,同年发布了《建设部关于推进节能省地型建筑发展的指导意见》。2006年,住房和城乡建设部正式颁布了《绿色建筑评价标准》,同年3月,国家科技部和建设部签署了"绿色建筑科技行动"合作协议,为绿色建筑技术发展和科技成果产业化奠定基础。2007年8月,住房和城乡建设部又出台了《绿色建筑评价技术细则(试行)》和《绿色建筑评价标识管理办法》,逐步完善适合中国国情的绿色建筑评价体系。2008年,住房和城乡建设部组织推动绿色建筑评价标识和绿色建筑示范工程建设等一系列措施,同年3月,成立中国城市科学研究会节能与绿色建筑专业委员会,对外以中国绿色建筑委员会的名义开展工作。2009年8月27日,中国政府发布了《关于积极应对气候变化的决议》,提出要立足国情发展绿色经济、低碳经济,同年11月底,在积极迎接哥本哈根气候变化会议召开之前,中国政府做出决定,到2020年单位国内生产总值二氧化碳排放将比2005年下降40%~45%,作为约束性指标纳入国民经济和社会发展中长期规划,并制定相应的国内统计、监测、考核。

2009年,中国建筑科学研究院环境测控优化研究中心成立,协助地方政府和业主方申请绿色建筑标识,2009年、2010年分别启动了《绿色工业建筑评价标准》《绿色办公建筑评价标准》编制工作。随着中国绿色建筑政策的不断出台、标准体系的不断完善、绿色建筑实施的不断深入及国家对绿色建筑财政支持力度的不断增大,中国绿色建筑在未来几年将继续保持迅猛发展态势。2012年5月国家财政部发布《关于加快推动中国绿色建筑发展的实施意见》2013年1月6日,国务院发布了《国务院办公厅关于转发发展改革委、住房城乡建设部绿色建筑行动方案的通知》)提出"十二五"期间完成新建绿色建筑10亿平方米;到2015年年底,20%的城镇新建建筑达到绿色建筑标准要求。同时还对"十二五"期间绿色建筑的方案、政策支持等予以明确。中国绿色建筑进入规模化发展时代,"十二五"期间,计划完成新建绿色建筑10亿平方米;到2015年年底,20%的城镇新建建筑达到绿色建筑标准要求。截至2015年年底,中国取得绿色建筑标志的项目达3979项,总建筑面积达到4.6亿平方米,其中设计标识项目3775项,建筑面积为43283.2万平方米,占总数的94.9%;运行标识项目204项,建筑面积为2686.4万平方米,占总数的5.1%[24]。中国绿色建筑评价标识项目数量得到了大幅度的增长,绿色建筑技术水平不断提高,呈现出良性发展的态势。

十三五规划提出:"绿色"作为一种理念,是指人类按自然生态的法则,创造有利于大自然生态平衡,实现经济、环境和生活质量之间协调发展的理念。我国老子提出的"人法地,地法天,天法道,道法自然"的"法自然"思想就是中国古代留下的一些朴素的绿色思想。绿色建筑基本人文理念,概括为"天人和谐、持续发展;安全健康、经济适用;地域适应、节约高效;以人为本、诗意安居"四句话,即"和谐""持续"两个一级理念和"适用""节约""安居"三个二级理念，对建筑节能理念的形成和发展起到了导向作用。

建筑绿色化发展已成为共识，绿色建筑理念发展到现在体现为：资源节约、环境友好、节能高效、和谐共生。总结近 10 余年绿色建筑与建筑节能大会的主题和住房和城乡建设部副部长仇保兴的报告题目，我们可以看到近年来对绿色建筑和建筑节能的认识不断深化，如表 8-4 所示。

表 8-4　历年绿色建筑大会主题及同期政策[25]

时间	大会主题	住房和城乡建设部副部长仇保兴报告题目	同期相关政策及发展成果
2005 年		智能绿色建筑与中国建筑节能的策略	住建部印发了《关于发展节能省地型住宅和公共建筑的指导意见》；住建部与科技部联合发布了《绿色建筑技术导则》
2006 年	绿色智能，通向节能省地型建筑的捷径	建立五大创新体系，促进绿色建筑发展	国务院颁布《国家中长期科学和技术发展规划纲要（2006—2020 年）》；住建部公布了《绿色建筑评价标准》，这是我国第一部从住宅和公共建筑全寿命周期出发，多目标、多层次，对绿色建筑进行综合性评价的推荐性国家标准
2007 年	推行绿色建筑，从建材结构到评估标准的整体创新	我国推行建筑节能的主要障碍与基本对策	住建部决定在"十一五"期间启动"100 项绿色建筑示范工程与 100 项低能耗建筑示范工程"（简称"双百工程"）；发布了《绿色建筑评价技术细则》，颁布了《绿色建筑评价标识管理办法》
2008 年	推广绿色建筑，促进节能减排	建筑节能三要素-专项检查、评价标识和组织机构	住建部《绿色建筑评价标识实施细则（试行修订）》《绿色建筑评价标识使用规定（试行）》《绿色建筑评价标识专家委员会工作规程（试行）》。绿色建筑项目从零起步，有 10 个项目获得了绿色建筑评价标识
2009 年	贯彻落实科学发展观，加快推进建筑节能	从专项检查到财政补贴，建筑节能工作总结与展望	获得标识项目个数比 2008 年度增加了一倍。住建部印发《绿色建筑评价技术细则补充说明（运行使用部分）》并开始执行
2010 年	加快可再生能源应用，推动绿色建筑发展	我国建筑节能潜力最大的六大领域及其展望	共有 82 个项目获得绿色建筑评价标识，比 2009 年增加了 3 倍多，同时绿色建筑面积也有了大幅度的增长。住建部印发《绿色工业建筑评价导则》

时间	大会主题	住房和城乡建设部副部长仇保兴报告题目	同期相关政策及发展成果
2011 年	绿色建筑,让城市生活更低碳、更美好	进一步加快绿色建筑发展的步伐	住建部研究起草了《绿色建筑行动纲要》,为国务院制定相关政策提供了支撑。当年共有241 个项目,共计 2524 万平方米的建筑获得绿色建筑评价标识,项目个数比 2010 年增加了 2 倍,建筑面积比 2010 年增长了 2.5 倍。《绿色医院建筑评价标准》颁布实施
2012 年	推广绿色建筑,营造低碳宜居环境	我国绿色建筑发展和建筑节能的形势与任务	当年共有 389 个项目,共计 4097 万平方米的建筑获得绿色建筑评价标识,项目个数及建筑面积分别比 2010 年增长了 61% 和 62%,特别是二星级以上的高星级绿色建筑数量大幅度增长
2013 年	加强管理,全面提升绿色建筑的质量	全面提高绿色建筑质量	国务院办公厅下发 1 号文件《绿色建筑行动方案》;共有 704 个项目,共计 8690 万平方米的建筑获得绿色建筑评价标识,项目个数及建筑面积分别比 2010 年增长了 81% 和 112%。工信部与住建部联合发布《关于开展绿色农房建设的通知》
2014 年	普及绿色建筑,促进节能减排	普及绿色建筑的捷径——装配式住宅	《国家新型城镇化规划(2014—2020 年)》指出,未来 6 年城镇绿色建筑占新建建筑比将提到 50%。住建部发布《绿色保障性住房技术导则》
2015 年	提升绿色建筑性能,助推新型城镇化		从无霾建筑到生态城市,从建筑节能大数据到智慧城市设计、大数据时代下的绿色建筑新发展
2016 年	绿色化发展背景下的绿色建筑再创新		"十三五"规划出台,提出必须牢固树立和贯彻落实创新、协调、绿色、开放、共享的新发展理念
2017 年	提升绿色建筑质量,促进节能减排低碳发展	立体园林——体现人文精神的绿色建筑	住建部印发《建筑节能与绿色建筑发展"十三五"规划》;"十三五"加快推进我国绿色建筑政策激励;住建部办公厅《绿色建筑后评估技术指南》(办公和商店建筑版)(建办科〔2017〕15 号)

本 章 小 结

　　建筑绿色化是建设绿色城市的基本单元，也是建筑节能可持续发展的必然结果。从节能建筑到绿色建筑，从建筑节能到城市节能，仿生建筑节能作为保证生态平衡的一种手段，既是中国建筑"天人合一"理想的一种表达，又是建筑节能和绿色建筑走向可持续发展的必然选择。未来建筑节能将以仿生学、人工智能和系统控制为指导，将实现建筑能源系统智能化与智慧环境营造，赋予传统建筑以生命，使之能够适应自然环境和气候变化，使节能建筑和绿色建筑走向智慧建筑。

本章主要参考文献

　　[1] 龙惟定. 对建筑节能 2.0 的思考[J]. 暖通空调，2016，46(8)：1-12.

　　[2] 仲继寿，李新军. 从健康住宅工程试点到住宅健康性能评价. 城市住宅，2015(1)：1-5.

　　[3] 秉承"健康建筑"理念，朗绿科技将健康落到实处[J]. 能源世界，2017(01)：23.

　　[4] 汪任平. 生态办公场所的活性建构体系[D]. 同济大学博士论文，2007.

　　[5] 西安建筑科技大学绿色建筑研究中心，"Design for harmony with the pleasant：Design for peace of spirit：Design for the health of the body"，绿色建筑，149.

　　[6] 吴良镛. 世纪之交展望建筑学的未来——国际建协第 20 届大会主旨报告[J]. 建筑学报，1999 (8)：6-11

　　[7] 喻弢. 生态建筑美学与当代生态建筑审美初探[D]. 武汉：华中科技大学，2003

　　[8] 吕爱民. 应变建筑——大陆性气候的生态策略[M]. 上海：同济大学出版社，2003

　　[9] Brenda，Robert vale. Green Architecture – Design Architecture：Design for an energy conscious future [M]. Bulfinch Press，1991.

　　[10] [美]唐纳德. 沃斯特著. 自然经济体系—生态思想史[M]. 侯文惠译. 北京：商务印书馆，1999：198.

　　[11] 王嘉亮. 仿生·动态·可持续——基于生物气候适应性的动态建筑表皮研究[D]. 天津大学，2011：103.

　　[12] 吴锦绣，秦新刚. 建筑应该像一棵大树：建筑与大树的比较研究[J]. 新建筑，2002，(3)：58-60.

　　[13] 季杰，韩崇巍，陆剑平，等. 扁盒式太阳能光伏热水一体墙的理论研究[J]. 中国科学技术大学学报，2006，37(1)：46-52.

　　[14] 谭畅，田文涛，孙美玲，等. 基于仿生的建筑暖通空调设计理念[J]. 河南科技，2015，Vol. 558. No. 4：44-46.

［15］赵继龙，徐娅琼．源自白蚁丘的生态智慧——津巴布韦东门中心仿生设计解析，建筑科学，2010，26(2)：19－23.

［16］史蒂芬·柯克兰．巴黎的重生[M]．郑娜，译．北京：社会科学文献出版社，2014.

［17］Gay, C. F., Wilson, J. H., Yerkes, J. W. Performance advantages of two－axis tracking for large flat－plate photovoltaic energy systems[C]. Conference Record of the 16th IEEE Photovoltaic Specialists Conference, 1982：1368－1371.

［18］Mooney, H. A., Ehleringer, J. R. The carbon gain benefits of solar tracking in a desert annual[J]. Plant, Cell & Environment, 1978, 1(4)：307－311.

［19］Stegmaier, T., et al. Bionics in textiles: flexible and translucent thermal insulations for solar thermal applications[J]. Phil. Trans. R. Soc. A, 2009, 367(1894)：1749－1758.

［20］李钢，吴耀华，李保峰．从"表皮"到"腔体器官"——国外3个建筑实例生态策略的解读[J].建筑学报，2004(3)：51－53.

［21］李保峰．仿生学的启示[J].建筑学报，2002(9)：24－26.

［22］赵峥，张亮亮．绿色城市：研究进展与经验借鉴[J]．城市观察，2013，26(4)：161－168.

［23］中国城市科学研究会．中国绿色建筑(2016)[M]．北京：中国建筑工业出版社，2016.

［24］仇保兴．绿色建筑发展十年回顾[J]．住宅产业，2014(4)：10－13.

附录 中国和德国主要建筑节能技术政策

表 A-1 德国建筑节能技术政策

时 期		建筑节能技术政策	主要内容及特点
第一阶段	1952 年	DIN4108《高层建筑保温》出版	引入了三个保温等级；德国第一个建筑保温设计的技术标准，制定了建筑保温设计的最低要求，旨在保护建筑部件不受凝露和水浸的破坏；典型新建建筑的采暖热耗限值约大于 $350kW \cdot h/(m^2 \cdot a)$
第二阶段	1976 年	联邦政府颁布《建筑节能法》（EnEG）	对新建建筑的保温、采暖、通风和热水供应的耗能标准和热效率作了立法规定
	1977 年	第一部《建筑保温规范》（WSVO '1977）	规定了建筑墙体的最大允许传热系数、窗墙比、体型系数等指标来控制建筑物热能消耗；典型新建建筑的采暖热耗限值约 $200kW \cdot h/(m^2 \cdot a)$
	1984 年	第二部《建筑保温规范》（WSVO '1984）	增加了对既有建筑改建维修时要达到的节能要求；典型新建建筑的采暖热耗限值约 $150kW \cdot h/(m^2 \cdot a)$
	1995 年	第三部《建筑保温规范》（WSVO '1995）	在 2000 年前全面推行低能耗房屋计划，所有建筑的采暖耗能量在现有基础上降低 30%，鼓励设计和技术创新；典型新建建筑的采暖热耗限值约 $100kW \cdot h/(m^2 \cdot a)$；首次对建筑部件改造提出了相关要求
第三阶段	2002 年	建筑节能保温及节能设备技术规范 EnEV2002	第一次提出能源证书概念；出台低能耗房屋标准，典型新建建筑的采暖热耗限值约 $70kW \cdot h/(m^2 \cdot a)$
	2003 年	十万屋顶太阳能发电计划	开发利用太阳能，将总共 300MW 的太阳能发电能力并入德国供电系统
	2004 年	对 EnEV2002 局部修改	将采暖、通风、热水的总能源基本消耗量作为评价的指标，对大量既有建筑分步骤实施节能改造
	2005 年	联邦政府修订《建筑节能法》	建筑能源证书正式加入《建筑节能法》，将建筑物的终端能耗作为建筑节能的核心
	2007 年	建筑节能法规修订 EnEV2007	建立控制单位建筑面积能耗为核心的节能体系；确定了控制一次性能源消耗的先进理念

时　　期		建筑节能技术政策	主要内容及特点
第三阶段	2009 年	建筑节能法规重新修订 EnEV2009	所有新建、出售或出租的居住建筑，都必须依照法律规定出具能源证书；进一步提高保温规范要求，典型新建建筑的采暖热耗限值约 45kW·h/(m²·a)
	未来目标	制定被动式房屋标准	典型新建建筑的采暖热耗限值低于 15kW·h/(m²·a)
	2012 年	建筑节能法规重新修订 EnEV2012	加强了新建筑能效指标的规定，提出能耗降低 30% 的目标
	2014 年	建筑节能法规重新修订 EnEV2014	要求在 2016 年 1 月 1 日起，新建建筑一次能源消耗减少到总消耗的 25%

主要参考文献

[1]德国能源署. 中国建筑节能简明读本——对照德国经验的全景式概览[M]. 北京：中国建筑工业出版社，2009：20 - 25.

[2]张神树，高辉. 德国低/零能耗建筑实例解析[M]. 北京：中国建筑工业出版社，2007：7 - 8.

表A-2　中国主要建筑节能技术政策

时　　期		建筑节能技术政策	主要内容及特点
第一阶段	1986年	《民用建筑节能设计标准(采暖居住建筑部分)》(JGJ 26—86)	是我国第一部建筑节能设计标准,要求新建居住建筑在1980年当地通用设计能耗水平基础上节能30%
	1993年	《旅游旅馆建筑热工与空气调节节能设计标准》(GB 50189—93)	为强制性国家标准,将公共建筑纳入建筑节能范围
	1995年	《民用建筑节能设计标准(采暖居住建筑部分)》(JGJ 26—95)于次年执行;建设部发布《建筑节能"九五"计划和2010年规划》	将第二阶段采暖居住建筑节能指标提高50%
第二阶段	1996年	建设部发布的《建筑节能技术政策》和《市政公用事业节能技术政策》	开始执行第二阶段的采暖居住节能设计50%标准
	1998年	《中华人民共和国节约能源法》颁布	建筑节能成为这部法律中明确规定的内容
	2001年	《夏热冬冷地区居住建筑节能设计标准》(JGJ 34—2001)	与采取节能措施前相比,采暖空调能耗应节约50%
	2003年	《夏热冬暖地区居住建筑节能设计标准》(JGJ 75—2003)	与采取节能措施前相比,采暖空调能耗应节约50%
	2004年	正式颁布《能源效率标识管理办法》	标志着我国能效标识制度的启动
	2005年	《公共建筑节能设计标准》(GB 50189—2005)	公共建筑开始第二阶段节能指标提高到50%,提高了建筑围护结构保温隔热标准
		《绿色建筑技术导则》和《绿色建筑评估标准》	这是我国颁布的第一个关于绿色建筑的技术规范,建立了绿色建筑指标体系
第三阶段	2006年	国家标准《住宅性能评定标准》实施	适用于城镇新建和改建住宅的性能评定,反映的是住宅的综合性能水平,体现节能、节地、节水、节材等产业技术政策
	2007年	《中华人民共和国节约能源法》修订	扩大调整范围,增设了"建筑节能"一节、"交通运输节能"一节、"公共机构节能"一节、"重点用能单位节能"一节;完善节能的基本制度,增加节能目标责任制和节能评价考核制度,实行固定资产投资项目节能评估和审查制度、重点用能单位报告能源利用状况制度等

续表

时　期		建筑节能技术政策	主要内容及特点
第三阶段	2008 年	《民用建筑节能条例》	是在总结多年来民用建筑节能工作实践及国内外相关立法经验基础上制定的专门性行政法规，是《节约能源法》的重要配套法规
		《公共机构节能条例》	这部法规旨在推动全部或者部分使用财政性资金的国家机关、事业单位和团体组织等公共机构节能，提高公共机构能源利用效率，发挥公共机构在全社会节能中的表率作用
	2011 年	《建筑节能十二五规划》	围绕建筑绿色化推动建筑节能，积极发展绿色建筑，推动既有居住建筑以及公共建筑节能改造
	2012 年	建筑工业行业产品标准《建筑能耗数据分类及表示方法（JG/T 358—2012）》	2012 年 8 月 1 日正式实施
第四阶段	2014 年	《国家应对气候变化规划（2014—2020 年）》	中国应对气候变化领域的首个国家专项规划，中国到 2020 年将建成 150 家左右的低碳产业示范园区、创建 1000 个左右的低碳商业试点、开展 1000 个左右低碳社区试点
		《国家新型城镇化规划（2014—2020 年）》	提出以人为本、生态文明建设和绿色发展道路；对于建筑节能明确提出了"节能节水产品、再生利用产品和绿色建筑比例大幅提高""城市地下管网覆盖率明显提高"
		《能源发展战略行动计划（2014—2020 年）》	提出"节约优先、立足国内、绿色低碳、创新驱动"四大战略，给出 2020 年一次能源消费总量控制在 48 亿 tce 左右、煤炭消费总量控制在 42 亿 tce 左右的目标。用于建筑运行的能耗不应超过 11 亿 tce
		《绿色建筑评价标准（GB/T 50378—2014）》	2015 年 1 月 1 日实施，将标准适用范围由住宅建筑和公共建筑中的办公建筑、商场建筑和旅馆建筑，扩展至各类民用建筑；将评价分为设计评价和运行评价；绿色建筑评价指标体系在节地与室外环境、节能与能源利用、节水与水资源利用、节材与材料资源利用、室内环境质量和运行管理六类指标的基础上，增加"施工管理"类评价指标；调整评价方法，对各评价指标评分，并以总得分率确定绿色建筑等级，相应地将旧版标准中的一般项改为评分项，取消优选项；增设加分项，鼓励绿色建筑技术、管理的创新和提高

续表

时　　期		建筑节能技术政策	主要内容及特点
第五阶段	2016年	《民用建筑能耗标准》（GB/T 51161—2016）	2016 年 12 月 1 日正式实施。分别对建筑供暖能耗、公共建筑能耗和居住建筑能耗提出了相应的指标，各项指标值分别给出实际运行能耗的约束值和引导值
	2017	《健康建筑评价标准》（T/ASC 02—2016）	中国建筑科学研究院、中国城市科学研究会、中国建筑设计研究院有限公司等制定的中国建筑学会标准，自 2017 年 1 月 6 日起实施